高 等 学 校 规 划 教 材

地下工程施工

牛 雷 仲崇梅 主编 彭 第 副主编

U0194449

化学工业出版社

·北京·

内容简介

《地下工程施工》较详细地介绍了公路隧道、城市地下空间等地下工程中较普遍且经常采用的施工技术与方法。本书简单易学，图文并茂，全书共分 9 章，内容包括钻爆法施工、盾构法施工、岩石隧道掘进机法施工、顶管法施工、沉管法施工、沉井法施工、盖挖法施工、地下工程防水以及地下工程施工监测。

本书为高等院校土木类专业教材，可作为土木工程专业的隧道与地下工程方向以及城市地下空间工程等专业的师生教学用书，同时也可供现场工程技术人员学习参考。

图书在版编目（CIP）数据

地下工程施工 / 牛雷，仲崇梅主编. —北京：化
学工业出版社，2021.10（2024.1重印）
ISBN 978-7-122-39703-4

Ⅰ.①地… Ⅱ.①牛… ②仲… Ⅲ.①地下工程-工
程施工-教材 Ⅳ.①TU94

中国版本图书馆 CIP 数据核字（2021）第 159769 号

责任编辑：刘丽菲
责任校对：王　静　　　　　　　　　　　　装帧设计：张　辉

出版发行：化学工业出版社（北京市东城区青年湖南街 13 号　邮政编码 100011）
印　　装：北京科印技术咨询服务有限公司数码印刷分部
787mm×1092mm　1/16　印张 13¾　字数 352 千字　2024 年 1 月北京第 1 版第 2 次印刷

购书咨询：010-64518888　　　　　　售后服务：010-64518899
网　　址：http://www.cip.com.cn
凡购买本书，如有缺损质量问题，本社销售中心负责调换。

定　　价：68.00 元　　　　　　　　　　　　　　　版权所有　违者必究

前　言

自工业革命以来，资源和财富在空间上的高度集聚，推动了世界各国的城镇化进程。城市地下空间的开发利用正是在此背景下，历经300余年，从浅层利用到大规模开发，从解决城市问题到提升城市竞争力，空间资源的集约复合利用已经被视作支撑城市现代化持续发展的标准范式。通过地下空间开发利用，可在有限的城市土地资源上拓展生存空间，增加城市空间容量，形成城市地面空间、上部空间和城市地下空间协调发展的城市空间新格局。中国已成为世界地下空间领军大国。

地下工程施工技术是土木工程专业、城市地下空间专业、矿井建设专业、水利水电工程专业等的主干课程之一。通过本课程的学习，学生应掌握地下施工技术的基本理论、方法和工艺流程，具备综合运用专业知识解决实际问题以及从事地下工程施工的初步能力。本书的编写，编者结合我国当前行业发展现状，吸收了学科的最新理论和成果，取材面广，内容丰富，尽量反映当前地下工程施工的主要工艺与技术，实用性较强。

本书由吉林建筑大学牛雷和长春工程学院仲崇梅担任主编，长春工程学院彭第担任副主编。全书分为9章，第1、2、3章由牛雷编写，第4章由彭第和长春工程学院章与非共同编写，第5章由彭第编写，第6章由仲崇梅编写，第7章由吉林省建苑设计集团有限公司李佳阳编写，第8、9章由长春工程学院杨明月编写。

由于编写时间和水平有限，书中难免存在不足之处，敬请广大读者批评指正。

编者

2021年6月

目 录

第1章 钻爆法施工

■ **案例导读**

郑万高铁向家湾隧道，如图1-1所示，位于宜昌市兴山县境内，跨越南阳、昭君二镇，隧道全长4663m，最大埋深约1025m。2017年4月15日，向家湾隧道开始进洞施工，参建员工奋力拼搏、攻坚克难，在持续推进隧道施工标准化、机械化建设基础上，克服岩溶软弱地层、有害气体等不良地质段施工困难，历经37个月施工，由中铁隧道局集团承建的向家湾隧道于2020年5月4日顺利贯通。

图1-1 郑万高铁向家湾隧道（中铁隧道局集团）

向家湾隧道施工有"两险"，一是隧道地质高风险，二是洞外便道地势险，如图1-2所示。向家湾隧道属于秦岭大巴山体系，为岩溶剥蚀中山地貌区，隧道穿越岩溶、断层破碎带、突泥涌水、瓦斯涌出及岩爆等不良地质，为高风险隧道。

图1-2 地质高风险

　　隧道施工以大型机械化配套为主，如图1-3所示。主洞采用两台全电脑三臂液压凿岩台车施钻、半自动拱架安装机、湿喷机械手、钻注一体机、自行式移动栈桥、半自动防水板铺设台架、无骨架衬砌台车、自动温控喷淋养护等性能先进的配套设备，充分利用机械化作业优势，配套开展初期支护与工艺工法优化，实现了软弱围岩大断面施工工法，中硬岩全断面带仰拱一次性开挖爆破施工工艺，简化了工序，节约了工序时间，大大提高了施工效率，在复杂的地质施工中，实现了单工作面最高月掘进150m，双工作面月掘进315m的纪录。

图1-3　机械化施工

讨论

　　上述案例导读中有一些专业术语，初次接触会觉得有些词汇晦涩难懂，甚至一头雾水。另外，我们不禁有些疑问，在山区修建隧道，是用什么方法进行开挖碎岩？破碎后的岩石运到哪里？开挖后如果不及时支护隧道会塌方吗？支护结构要多大尺寸才能承受住上面的重量？施工过程中如何预先识别突泥涌水等风险？诸如此类问题，希望读者能在学习完本章后获得一定的认识与理解。下面先从岩石强度和围岩稳定性谈起，因为两者，尤其后者，对隧道施工具有重要影响。

1.1　岩体的工程分级

　　岩石是矿物的集合体，其中主要的造岩矿物有正长石、斜长石、石英、黑云母等，其含量的多少因不同岩石而异。

　　岩石是岩体的组成部分，岩体是地质体的一部分。岩体可由一种或多种岩石组成，岩体中存在断层、节理、层面等各种结构面（亦称不连续面）；被结构面切割成的块体称为结构体，结构面和结构体的不同的排列组合特征称为岩体结构。岩体基本质量应由岩石坚固程度和岩体完整程度两个因素确定。另外，未经人为开挖扰动的岩体称为原岩，开挖后地下工程周围发生应力重分布的岩体称为围岩，其中重分布的应力称为二次应力。当围岩的二次应力不超过岩石的弹性极限时，围岩压力将全部由围岩自身承担，地下工程也就可以不加支护而自稳，否则，就应该采取支护措施。

　　地下工程直接与岩土打交道，为了合理进行地下工程的设计与施工，我们先来讲述岩石强度，进而掌握围岩的稳定性分级方法，据此可以衡量岩体质量的"优劣"，从而可以选择合适的支护形式，确保地下工程的安全。

1.1.1　岩石强度

岩石强度主要包括岩石的饱和单轴抗压强度、单轴抗拉强度、剪切强度以及三向压力强度等。影响岩石强度的因素很多，这些因素可以分为两方面，一方面是岩石本身的因素，如矿物成分、岩石结构、风化程度和含水情况等；另一方面是试验方法方面的因素，如试样的大小、尺寸相对比例、试样加工情况和加载速率等。岩石强度的分级方法也很多，这里主要介绍两种方法，分别为按岩石饱和单轴抗压强度划分方法和按岩石坚固性系数划分方法。表 1-1 所示为按岩石饱和单轴抗压强度划分的岩石强度等级。

表 1-1　按岩石饱和单轴抗压强度 R 划分的岩石强度等级

坚硬程度类别	坚硬岩	较硬岩	较软岩	软岩	极软岩
f_{rk}	$60 < f_{rk}$	$30 < f_{rk} \leq 60$	$15 < f_{rk} \leq 30$	$5 < f_{rk} \leq 15$	$f_{rk} \leq 5$

注：f_{rk} 为饱和单轴抗压强度标准值，MPa。

苏联 M. M. 普罗托奇雅可诺夫于 1926 年提出用坚固性这一概念作为岩石分级的依据。他认为，岩石的坚固性在各方面的表现都是趋于一致的，难破碎的岩石用各种方法都难于破碎，容易破碎的岩石用各种方法都易于破碎。因此，他建议用一个综合性的指标"坚固性系数 f"来表示岩石破坏的相对难易程度，$f = R/10$，R 为岩石饱和单轴抗压强度（MPa），通常称 f 为普氏岩石坚固性系数，简称普氏系数。根据 f 值的大小，将岩石分为 10 级，数值越大，岩石越坚硬。

在工程实践中，岩体基本质量应由岩石坚硬程度和岩体完整程度两个因素确定。这两个因素又往往采用定量指标和定性划分两种方法平行进行综合确定，目的是互相校核和检验，以提高划分因素选择的准确性和可靠性。岩石坚硬程度定性划分如表 1-2 所示，影响岩体稳定的因素很多，不过在这些因素中，只有岩石的物理力学性质和构造发育情况是独立于各种工程类型之外的，两者反映了岩体的基本特征。在岩石的各项物理力学性质中，对稳定性影响最大的是岩石坚硬程度。岩体的构造发育状况，则集中反映了岩体的不连续性及不完整性这一属性。这两者是各种类型岩石工程的共性，对各种类型工程岩体的稳定性都是重要的，是控制性的。另外，按岩石坚硬程度划分时，表 1-2 中的岩石风化程度应按表 1-3 确定。

表 1-2　岩石坚硬程度的定性划分

坚硬程度		定性鉴定	代表性岩石
硬质岩	坚硬岩	锤击声清脆，有回弹，震手，难击碎；浸水后，大多无吸水反应	未风化～微风化的： 花岗岩、正长岩、闪长岩、辉绿岩、玄武岩、安山岩、片麻岩、硅质板岩、石英岩、硅质胶结的砾岩、石英砂岩、硅质石灰岩等
	较坚硬岩	锤击声较清脆，有轻微回弹，稍震手，较难击碎；浸水后，有轻微吸水反应	1. 中等(弱)风化的坚硬岩； 2. 未风化～微风化的： 熔结凝灰岩、大理岩、板岩、白云岩、石灰岩、钙质砂岩、粗晶大理岩等
软质岩	软质岩	锤击声不清脆，无回弹，较易击碎；浸水后，指甲可刻出印痕	1. 强风化的坚硬岩； 2. 中等(弱)风化的较坚硬岩； 3. 未风化～微风化的： 凝灰岩、千枚岩、砂质泥岩、泥灰岩、泥质砂岩、粉砂岩、砂质页岩等。
	软岩	锤击声哑，无回弹，有凹痕，易击碎；浸水后，手可掰开	1. 强风化的坚硬岩； 2. 中等(弱)风化～强风化的较坚硬岩； 3. 中等(弱)风化的较软岩； 4. 未风化的泥岩、泥质页岩、绿泥石片岩、绢云母片岩等

续表

坚硬程度		定性鉴定	代表性岩石
软质岩	极软岩	锤击声哑,无回弹,有较深凹痕,手可捏碎; 浸水后,可捏成团	1. 全风化的各种岩石; 2. 强风化的软岩; 3. 各种半成岩

表 1-3　岩石风化程度的划分

风化程度	风化特征
未风化	岩石结构构造未变,岩质新鲜
微风化	岩石结构构造、矿物成分和色泽基本未变,部分裂隙面有铁锰质渲染或略有变色
中等(弱)风化	岩石结构构造部分破坏,矿物成分和色泽较明显变化,裂隙面风化较剧烈
强风化	岩石结构构造大部分破坏,矿物成分和色泽明显变化,长石、云母和铁镁矿物已风化蚀变
全风化	岩石结构构造完全破坏,已崩解和分解成松散土状或砂状,矿物全部变色,光泽消失,除石英颗粒外的矿物大部分风化蚀变为次生矿物

1.1.2　围岩稳定性

围岩,就是地下工程开挖后所形成的空间周围的岩体。围岩稳定性、围岩压力和支护结构三者密不可分。影响围岩稳定的因素主要是岩石的物理力学性质、构造发育情况、承受的荷载(工程荷载和初始应力)、应力应变状态、几何边界条件、水的赋存状态等。

当岩石比较坚硬完整时,重分布以后的应力一般都在岩石的弹性极限以内,围岩应力重分布过程中所产生的弹性变形在开挖过程中就完成了,此时可不进行支护,也就没有围岩压力;有时需要进行必要的防护以防止围岩风化、填平围岩表面、防止个别小块碎石掉落等。如果岩石的强度比较低或吸水后性状变差,围岩应力重分布过程中不仅产生弹性变形,还会产生塑性变形和松弛,这时需要进行支护以限制围岩塑性变形的继续发展和由此导致的各种破坏,从而产生围岩压力。

围岩压力的类型、大小主要由七个方面决定:

① 围岩建造特征。包括岩石类型及其强度,原生结构面的发育特征;对于膨胀性岩石,当含水量增加时,会产生膨胀压力。

② 围岩结构特征、类型、主控结构面与硐室的关系。围岩中的结构面主要包括硐室开挖前的原生结构面,各类构造结构面和浅表生结构面,此外,在硐室开挖过程中,岩爆作用也会产生新的结构面。

③ 围岩赋存环境特征。主要指初始应力场、地下水和温度场特征。初始应力较高,可导致围岩局部应力较高,超过围岩强度,脆性围岩会发生突然破坏,即岩爆。地下水可弱化岩体,也可能会直接对支护结构产生作用力,硐室开挖和施工用水,会改变围岩中的地下水状态。

④ 硐室形态。形态包括最终形态,开挖过程中的形态变化,还有硐室平整程度。

⑤ 施工方法。钻爆法施工时应采用控制爆破技术,分部开挖时,要注意过程中的硐室形态及分段支护效果。

⑥ 支护结构。支护结构的类型、刚度和支护时机。

⑦ 围岩稳定程度和安全系数大小。

前三个方面决定了围岩质量以及相应的物理力学性质，而围岩稳定程度取决于前六个方面，是进行围岩压力量化分析的前提，是隧道安全施工及运营的基础。因此，对围岩稳定程度进行客观、综合评价变得尤为重要，公路隧道围岩级别划分如表 1-4 所示。

表 1-4　公路隧道围岩级别划分

围岩级别	围岩岩体或土体主要定性特征	岩体基本质量指标 BQ 或岩体修正质量指标[BQ]
Ⅰ	坚硬岩，岩体完整	＞550
Ⅱ	坚硬岩，岩体较完整； 较坚硬岩，岩体完整	550～451
Ⅲ	坚硬岩，岩体较破碎； 较坚硬岩，岩体较完整； 较软层，岩体完整，整体状或巨厚层状结构	450～351
Ⅳ	坚硬岩，岩体破碎； 较坚硬岩，岩体较破碎～破碎； 较软岩，岩体较完整～较破碎； 软岩，岩体完整～较完整	350～251
Ⅳ	土体： 1. 压密或成岩作用的黏性土及砂性土； 2. 黄土（Q_1、Q_2）； 3. 一般钙质、铁质胶结的碎石土、卵石土、大块石土	—
Ⅴ	较软岩，岩体破碎； 软岩，岩体较破碎～破碎； 全部极软岩和全部极破碎岩	≤250
Ⅴ	一般第四系的半干硬至硬塑的黏性土及稍湿至潮湿的碎石土、卵石土、圆砾、角砾土及黄土（Q_3、Q_4）。非黏性土呈松散结构，黏性土及黄土呈松软结构	—
Ⅵ	软塑状黏性土及潮湿、饱和粉细砂层、软土等	—

注：本表不适用于特殊条件的围岩分级，如膨胀性围岩、多年冻土等。

土质围岩分级尚无统一标准，还需对土质围岩分别进行专门研究，提出定性与定量相结合的土质围岩分级。另外，在实际应用过程中，会出现按照定性指标与定量指标[BQ]值确定的岩质围岩级别不一致的现象，采用[BQ]值定量分级较定性分级普遍偏高半级。造成这一现象的原因，主要是岩体基本质量指标 BQ 的计算公式，是在现有抽样总体的基础上确定的，它还没有也不可能完全覆盖公路隧道所有的围岩类型，特别是Ⅳ级和Ⅴ级围岩，误差较大。随着使用中经验和数据的积累，对公式中的系数可能要做一定的调整，但其数学模式和分级可保持不变。公路隧道各级围岩的自稳能力，可根据围岩变形量测和理论计算分析评定或按表 1-5 判定；另外，水工隧洞围岩工程地质分类和隧洞硐室围岩级别分别如表 1-6、表 1-7 所示。

表 1-5　隧道各级围岩自稳能力判断

围岩级别	自稳能力
Ⅰ	跨度≤20m，可长期稳定，偶有掉块，无塌方
Ⅱ	跨度 10～20m，可基本稳定，局部可发生掉块或小塌方； 跨度＜10m，可长期稳定，偶有掉块

围岩级别	自稳能力
Ⅲ	跨度 10～20m，可稳定数日至 1 月，可发生小～中塌方； 跨度 5～10m，可稳定数月，可发生局部块体位移及小～中塌方； 跨度<5m，可基本稳定
Ⅳ	跨度>5m，一般无自稳能力，数日至数月内可发生松动变形、小塌方，进而发展为中～大塌方；埋深小时，以拱部松动破坏为主；埋深大时，有明显塑性流动变形和挤压破坏； 跨度≤5m，可稳定数日至 1 月
Ⅴ	无自稳能力，跨度 5m 或更小时，可稳定数日
Ⅵ	无自稳能力

注：1. 小塌方，塌方高度<3m 或塌方体积<30m³。

2. 中塌方，塌方高度 3～6m 或塌方体积 30～100m³。

3. 大塌方，塌方高度>6m 或塌方体积>100m³。

表 1-6　水工隧洞围岩工程地质分类

围岩类别	围岩稳定性	支护类型
Ⅰ	稳定。围岩可长期稳定，一般无不稳定块体	补支护或局部锚杆喷薄层混凝土，大跨度时，喷混凝土、系统锚杆加钢筋网
Ⅱ	基本稳定。围岩整体稳定，不会产生塑性变形，局部可能产生掉块	
Ⅲ	局部稳定性差。围岩强度不足，局部会产生塑性变形，不支护可能产生塌方或变形破坏。完整的较软岩，可能暂时稳定	喷混凝土，系统锚杆加钢筋网，必要时采取二次支护（或衬砌）
Ⅳ	不稳定。围岩自稳时间短，规模较大的各种变形和破坏都可能发生	
Ⅴ	极不稳定。围岩不能自稳，变形破坏严重	根据具体情况确定

表 1-7　隧洞硐室围岩级别

围岩级别	岩体结构	单轴饱和抗压强度/MPa	毛洞稳定情况
Ⅰ	整体状及层间结合良好的厚层状结构	>60	毛洞跨度 1～10m 时，长期稳定，无碎块掉落
Ⅱ	同Ⅰ级围岩结构	30～60	毛洞跨度 5～10m 时，围岩能较长时间（数月至数年）维持稳定，仅出现局部小块掉落
	块状结构和层间结合较好的中厚层或厚层状结构	>60	
Ⅲ	同Ⅰ级围岩结构	20～30	毛洞跨度 5～10m 时，围岩能维持一个月以上的稳定，主要出现局部掉块，塌落
	同Ⅱ级围岩块状结构和层间结合较好的中厚层或厚层状结构	30～60	
	层间结合良好的薄层和软硬岩互层结构	>60（软岩>20）	
	碎裂镶嵌结构	>60	

围岩级别	岩体结构	单轴饱和抗压强度/MPa	毛洞稳定情况
Ⅳ	同Ⅱ级围岩块状结构和层间结合较好的中厚层或厚层状结构	10～30	毛洞跨度 5m 时,围岩能维持数日到一个月的稳定,主要失稳形式为冒落或片帮
	散块状结构	＞30	
	层间结合不良的薄层、中厚层和软硬岩互层结构	＞30(软岩＞10)	
	碎裂状结构	＞30	
Ⅴ	散体状结构	—	毛洞跨度 5m 时,围岩稳定时间很短,约数小时至数日

注:1. 围岩按定性分级与定量指标分级有差别时,应以低者为准。

2. 层状岩体按单层厚度可划分为:厚层＞0.5m,中厚层 0.1～0.5m;薄层＜0.1m。

3. 一般条件下,确定围岩级别时,应以岩石单轴湿饱和抗压强度为准;洞跨小于 5m,服务年限小于 10 年的工程,确定围岩级别时,可采用点荷载强度指标代替岩块单轴饱和抗压强度指标,可不做岩体声波指标测试。

4. 测定岩石强度,做单轴抗压强度测定后,可不做点荷载强度测定。

1.2　主要施工方法介绍

针对不同类型工程的特点,根据影响岩体稳定性的各种地质条件和岩石物理力学特性,将按照稳定性对围岩进行分级,以此为标尺作为评价岩体稳定的依据,是岩体稳定性评价的一种简易快速的方法。围岩稳定性分级既是对岩体复杂的性质与状况的分解,又是对性质与状况相近岩体的归并,由此区分不同的岩体质量等级,结合地下工程自身特点,从而采取不同的施工方法。

地下工程通常包括交通山岭隧道工程、城市地铁隧道工程、矿山井巷工程、水工隧洞工程、水电地下硐室工程、地下空间工程、军事国防工程等,其泛指修建在地面以下岩层或土层中的各种工程空间与设施,是地层中所建工程的总称。地下工程按断面与长度的比例大小,有隧道和硐室之分,但不同的专业,对于隧道的称谓亦不相同,矿山中称为平巷,水利水电部门称之为隧洞,军事部门称为地道,为了行文描述方便,本章不做区分,将其统一称为隧道工程。

隧道按其空间状态可分为水平式、倾斜式和垂直式,按埋藏深度有浅埋式与深埋式两种,尽管分类方法很多,但是地下工程所处的介质、位置、形状和使用要求是其最重要的四个因素。

根据地下工程自身的特点,结合围岩的性质,应因地制宜,经技术经济比较后综合确定施工方法,下面简要介绍几种施工方法并对比分析。

1.2.1　矿山法

矿山法是修筑隧道的暗挖施工方法,分为传统矿山法和现代矿山法。传统矿山法是指采用钻眼爆破方式的施工方法,又称钻爆法;现代矿山法包括软土地层浅埋暗挖法及由其衍生的其他暗挖方法。传统的矿山法是人们在长期施工实践中发展起来的,采用钻眼爆破方式破岩,以木或钢构件作为临时支撑,待隧道和地下工程开挖成形后,逐渐将临时支撑换下来,而代之以整体式衬砌作为永久性支护的施工方法。

1.2.2　新奥法

新奥法（NATM）的核心是充分利用围岩的自承与自稳能力，开挖后及时锚喷（网）支护，封闭围岩，控制围岩变形。同时，在施工中连续监测围岩动态，根据监测到的信息，随时调整设计、施工参数。所谓新奥法不是单纯的开挖、支护的方法和顺序，而是按照实际观察到的各项围岩动态指标来指导开挖隧道的方法，应该理解为"新奥法原则"，而不能将其片面理解为施工的一种方法。因此新奥法的原则为：充分保护、利用围岩自身的承载能力；其施工要点为控制爆破、锚喷支护和施工监测；其实施方法为设计、施工和监测三位一体的动态模式。

中国在 20 世纪 70 年代末开始了解和接收新奥法的概念。随着新奥法基本原理在隧道工程实践中的应用以及开挖方法、辅助工法、锚喷技术、现场监测技术等的不断完善和提高，逐步总结出浅埋暗挖法。

1.2.3　浅埋暗挖法

浅埋暗挖法是在距离地表较近的地下进行各种类型地下硐室暗挖施工的一种方法。1984年王梦恕院士在军都山隧道黄土段试验成功，又于 1986 年在具有开拓性、风险性、复杂性的北京复兴门地铁折返线工程中应用，在拆迁少、不扰民、不破坏环境的条件下获得成功。同时，结合我国国情及水文地质条件，创造了小导管超前支护技术、"8"字形网构钢拱架设计和制造技术、正台阶环形开挖留核心土施工技术及变位进行反分析计算的方法，突出时空效应对防塌的重要作用，提出在软弱地层快速施工的理念，由此形成了浅埋暗挖法。

浅埋暗挖法沿用了新奥法的基本原理，创建了信息化量测反馈设计和施工的新理念；采用先柔后刚复合式衬砌新型支护结构体系，初期支护按承担全部基本荷载设计，二次衬砌作为安全储备，初期支护和二次衬砌共同承担特殊荷载，应用浅埋暗挖法进行设计和施工时，同时采用多种辅助工法，超前支护，改善加固围岩，调动部分围岩的自承能力；采用不同的开挖方法及时支护、封闭成环，使其与围岩共同作用形成联合支护体系；在施工过程中应用监控量测、信息反馈和优化设计，实现不塌方、少沉降、安全生产与施工。

浅埋暗挖法大多应用于第四纪软弱地层中的地下工程，由于围岩自身承载能力很差，为避免对地面建筑物和构筑物造成破坏，需要严格控制地面沉降量。因此，要求初期支护刚度要大，支护要及时，施工要点可以概括为管超前、严注浆、短进尺、强支护、早封闭、勤量测、速反馈。初期支护必须从上向下施工，二次模筑衬砌必须通过变位量测，当结构基本稳定时，才能施工，而且必须从下向上进行施工，绝不允许先拱后墙施工。

浅埋暗挖法是在软弱围岩浅埋地层中修建山岭隧道洞口段、城区地下铁道及其他适用于浅埋结构物的施工方法。它主要适用于不宜明挖施工的土质或软弱无胶结的砂、卵石等第四纪地层，修建最小覆跨比可达 0.2 的浅埋地下硐室。对于高水位的类似地层，采取堵水或降水、排水等措施后也适用。尤其对于结构埋置浅、地面建筑物密集、交通运输繁忙、地下管线密布且对地面沉陷要求严格的都市城区，如修建地下铁道、地下停车场、热力与电力管线时，这项技术方法更为适用。

1.2.4　挪威法

挪威法（NMT）简单地说就是由正确的围岩评价、合理的支护参数和高性能的支护材料（即锚固支护＋喷射钢纤维混凝土相结合）三部分组成的一种经济而安全的隧道施工方法，它适用于公路隧道、铁路隧道、水工隧洞及大型地下工程中节理发育与极度松散破碎的岩体。

挪威法在支护体系上的最大特点是把一次支护作为永久衬砌，只是在运营后，如果有涌水、冰霜等危害的情况下，才修筑二次衬砌。通常一次支护时采用高质量的湿喷钢纤维混凝土和全长胶结型高拉力耐腐蚀的锚杆。湿喷钢纤维混凝土的回弹量很小，通常仅为 4%～6%。采用挪威法可以大大降低成本，仅为采用新奥法成本的 1/3。与其他方法相比，采用挪威法可以省劳动力，更多地采用机械手，较少地进行监控。因此，挪威法在钻爆法施工的隧道中进度快、施工安全，且工作环境得到了根本改善。我国从 20 世纪 90 年代初开始进行挪威法理论探讨和室内试验，并在铁路隧道和公路隧道进行了大规模现场试验。

1.2.5 新意法

新意法全称意大利全断面预加固隧道施工工法，主要关注工作面超前和围岩的稳定，并以此为基础对施工方法进行选择。新意法适用于低黏聚力的软弱地层、大断面隧道开挖及用于浅埋隧道控制地面沉降和挤压地层的深埋隧道开挖，该工法被意大利公路及铁路领域纳入规范并广泛采用。欧洲国家的大型项目施工也较多采用此工法。

1.2.6 对比分析

（1）传统矿山法与新奥法的区别和联系

从钻爆开挖过程来讲，二者在施工顺序上大致相同，但实际在工程机理和工程实施方面区别较大。

在工程机理方面，新奥法与传统矿山法的最大区别是：

① 传统矿山法的工程机理是："稳定"建立在对围岩"松弛荷载"的支撑概念上；而新奥法的工程机理是建立在维护及提高围岩的"自承能力"、使围岩与支护共同形成承载结构的概念上。

② 传统矿山法采用的是传统的、一般工程构筑的思维模式，把注意力放在内外因果关系上，其工程行为重在"支撑效果"和对"支撑"的处理上；而新奥法则采用信息化的动态管理模式，注重"岩变"过程及过程控制，依靠信息化的先进手段达到最优化的工程管理目标。

在工程实施方面，新奥法的重要特征在于：

① 两阶段的地质调查和两阶段的施工设计，即为施工前的地质调查工作和施工中的地质调查工作；施工前的设计和施工中的信息反馈修正设计。

② 必须在隧道及地下工程现场进行密集的监控量测，建立起信息收集、分析、传递和反馈系统，为隧道设计和施工提供可靠的依据。

新奥法的这些特别而又非常重要的工程措施与隧道及地下工程的基本特点相符合，相比之下，较传统的矿山法优势明显。

（2）新意法与新奥法的区别和联系

新奥法概念的内涵就是保护围岩，充分调动和发挥围岩的自承能力。不论采用什么开挖方法、爆破技术、支护形式、支护施作时机和辅助工法，其目的就是"保护围岩"，充分调动和发挥围岩的自承能力。新意法是以工作面超前核心岩土的变形与隧道的稳定性为主要评价目标，设计和施工都是以此为基础进行确定；它不但考虑到了隧道后方的变形影响，同时重点考虑前方工作面的变形对隧道稳定性的影响。而新奥法没有考虑前方工作面核心岩土的影响，因此，在一定程度上可以认为新意法是新奥法的继承和发扬，其精髓都是"保护围岩，充分调动和发挥围岩的自承能力"。两者的重要区别在于新意法提出了新奥法未提及的但很重要也很有价值的"临时保护超前核心围岩，充分调动和发挥超前核心围岩的自承能力"的方法，这个方法是通过加固工作面超前核心围岩，从而控制工作面超前核心岩土的变形及防止围岩失稳塌方。

（3）挪威法和新奥法的区别和联系

挪威法和新奥法在理论和应用上有显著差别。新奥法比较适用于软弱围岩，在软弱围岩中修建隧道，节理和超挖不是主要问题，无论人工或机械开挖，均能形成光滑轮廓，围岩能够形成完整的承载环。利用围岩作隧道的主要承载结构，是新奥法的理论核心。因此，新奥法强调围岩监测，根据监测结果决定二次支护施作时间和结构形式。挪威法则更适用于硬岩，在硬岩中修建隧道，无论用钻爆法或掘进机开挖，节理和超挖都占主导地位，在此条件下，锚杆调动围岩强度的动力最强。因此，挪威法以锚杆作为隧道的主要支护手段，由于很可能超挖，不宜使用钢拱架或网构拱架。由于节理充填物引起围岩不均匀，可能引起围岩失稳，因此要求用喷混凝土或喷钢纤维混凝土对系统锚杆补强。这种锚杆加喷混凝土（或喷钢纤维混凝土）支护系统，既可用作隧道临时支护，又可用作隧道永久支护。该系统对开挖轮廓性状适应性强，即使轮廓不平顺，喷层也能贴合岩面，远比钢拱架或网构拱架好。

（4）复杂施工方法的力学本质

目前，地下工程施工方法很多，其本质就是岩石（土）力学行为，比较典型的是古典山岩压力理论、塌落体理论、弹塑性平衡理论等。由于篇幅所限，本文以塑性流变岩体为切入点进行浅析，塑性流变岩体的特点是在隧洞开挖后，围岩变形量大，延续时间长。在这种情况下，如图1-4所示，若采用一次完成的刚性大的永久支护，对围岩过早地施加过强的约束力，会导致支护结构承受较大的荷载，甚至常出现破坏。

通过塑性流变岩体的隧洞，一般应分两期支护，即初期支护与后期支护。初期支护的作用是及时提供抗力保护和加固围岩，使围岩不致发生松散破坏，同时又允许围岩的塑性变形有一定发展，使围岩应力得以释放，以充分发挥围岩的自支撑作用。后期支护的作用是保持隧洞的长期稳定性，并满足工程使用要求。

显然，在塑性流变岩体的隧道中，采用薄层喷射混凝土加柔性较好的锚杆做初期支护，是较为理想的。但也必须指出，塑性流变岩体有明显的时间效应。如图1-5所示，在不同的时间阶段，岩体的应力-位移曲线是不同的。比较柔性的锚杆支护在t_1、t_2时，支护特性曲线与岩体特性曲线相交，说明两者能取得平衡。这时，支护结构承受较小的荷载，但却引起较大的位移。当超过t_2时，两者特性曲线不能相交，并出现过度的支护变形，易使围岩松散。因而，必须适时地提高支护抗力，使支护特性曲线在t_3时，与围岩特性曲线相交，以保证隧洞的长期稳定性。

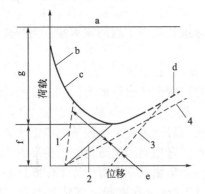

图1-4 岩石特性曲线与支护特性曲线相互作用
a—原始地应力；b—岩石特性曲线；c—岩石拱形成；
d—岩石拱破坏；e—支护特性曲线；f—支护承受部分；
g—岩石拱承受部分；1—太刚；2—适宜；3—太晚；4—太柔

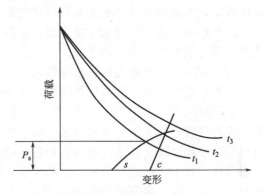

图1-5 不同时间阶段围岩特性曲线
与支护特性曲线的适应性
s—初期支护的特性曲线；c—后期支护
的特性曲线；P_s—支护结构的抗力

在塑性流变岩体中开挖隧洞，由于岩体潜在的应力的释放或岩体吸水膨胀，沿四周逐渐向隧洞内挤出。支护结构在一定程度上抑制了岩体的挤压膨胀，但如底部没有约束，围岩裸露，必然形成膨胀和应力释放的集中部位，产生底鼓。如底鼓不加控制，任其发展，常常造成隧洞墙角内部和支护结构的严重破坏，这在实际工程中是屡见不鲜的。因而，必须设置仰拱，形成全封闭环，以提高支护系统的整体抗力。

塑性流变岩体中的隧洞采取锚喷支护，应及时进行"围岩-支护"体系的受力与变形监测，了解不同时间阶段内围岩与支护的变形特性，根据现场监测数据的变化趋势，适时地调整支护抗力。直至水平收敛速度及拱顶或底板垂直位移速度明显下降，连续 5 天内隧洞周边水平收敛速度小于 0.2mm/d，拱顶或底板垂直位移速度小于 0.1mm/d 方可进行后期支护。

1.3　断面选择

1.3.1　断面形式

隧道的断面形状，按其构成的轮廓线分，有折线形和曲线形两大类，折线形如矩形、梯形、不规则形状等，曲线形如半圆拱形、圆弧拱形、三心拱形、马蹄形、椭圆形和圆形等，如图 1-6 所示。

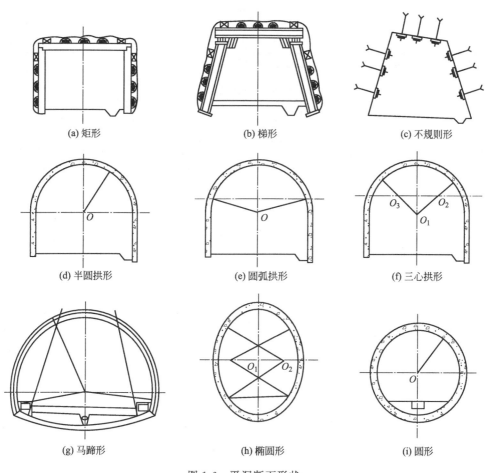

(a) 矩形　　　(b) 梯形　　　(c) 不规则形

(d) 半圆拱形　　　(e) 圆弧拱形　　　(f) 三心拱形

(g) 马蹄形　　　(h) 椭圆形　　　(i) 圆形

图 1-6　平洞断面形状

1.3.2　考虑因素

断面形式的选择需要考虑如下几个因素：①工程所在的位置及穿过的围岩性质；②隧道的用土及其服务年限；③支护材料和支护方式；④掘进方法与设备。这些因素紧密联系又相互制约，条件不同，各因素的主次地位也不同。选择时应综合比对，抓住主要因素，兼顾次要因素，选用合理的断面形式。

1.4　基本开挖方法

隧道开挖方法的选择应根据环境条件、地质、隧道长度、断面尺寸、设备条件、工期要求、场地条件等因素综合确定。隧道地质条件变化时，应及时变更设计，调整开挖方法，组织好工序衔接，并采用相应的工程措施。隧道开挖应根据围岩级别及其自稳能力合理控制循环进尺及施工步距。

隧道开挖方法的选取也要充分考虑隧道的长度对施工各方面的影响。公路隧道可按其长度划分为四类，划分标准如表 1-8 所示，铁路隧道可按其长度划分为四类，划分标准如表 1-9 所示。

表 1-8　公路隧道分类

隧道分类	特长隧道	长隧道	中隧道	短隧道
隧道长度 L/m	$L>3000$	$1000<L\leqslant3000$	$500<L\leqslant1000$	$L\leqslant500$

注：隧道长度系指两端洞口衬砌端面与隧道轴线在路面顶交点间的距离。

表 1-9　铁路隧道按长度分类

隧道分类	特长隧道	长隧道	中长隧道	短隧道
隧道长度 L/m	$L>10000$	$3000<L\leqslant10000$	$500<L\leqslant3000$	$L\leqslant500$

注：隧道长度是指进出口洞门之间的距离，以端墙面或斜切式洞门的斜切面与设计内轨顶面的交线同线路中线的交点计算。双线隧道按左线长度计算；位于车站上的隧道以正线长度计算；设有缓冲结构的隧道长度以缓冲结构的起点计算。

1.4.1　全断面法

全断面法是指按隧道设计开挖断面一次开挖成形的开挖方法，如图 1-7、图 1-8 所示。全断面作业空间较大，工序少、干扰小，有利于大型机械配套作业和提高施工速度，便于施工组织和管理。

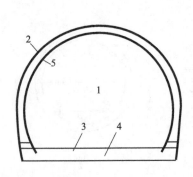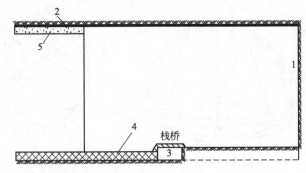

图 1-7　全断面法示意图

1—全断面开挖；2—初期支护；3—隧道底部开挖（捡底）；4—底板（仰拱及填充）浇筑；5—拱墙二次衬砌

图 1-8 全断面法施工

全断面法的施工流程如图 1-9 所示。

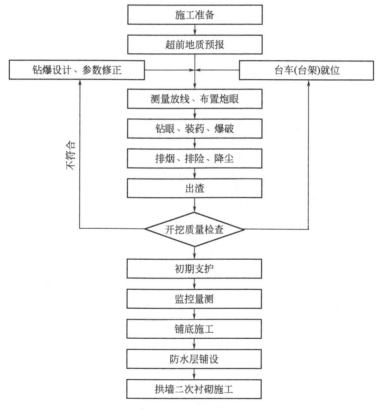

图 1-9 全断面法施工流程

全断面法适用于Ⅰ、Ⅱ、Ⅲ级围岩，Ⅳ、Ⅴ级围岩在采取有效措施稳定开挖工作面后，也可采用全断面法开挖。城市轨道交通中，Ⅰ、Ⅱ级围岩开挖，循环进尺不宜大于 3.5m；公路隧道中分两种情况，一是使用气腿式凿岩机时，可控制在 4m 左右，二是使用凿岩台车时，可根据围岩稳定性情况适当调整；Ⅲ级围岩循环进尺不宜大于 3m；Ⅳ、Ⅴ级围岩在采取有效的超前预加固措施稳定开挖工作面后，若采用全断面开挖，循环进尺不得大于 2m。全断面法在稳定岩体中应采用光面爆破，并按设计文件要求做初期支护或直接进行二次衬砌施工。

1.4.2　台阶法

台阶法是将设计开挖断面分成上、下断面（或上、中、下断面），先上后下，分次开挖成形的开挖方法，如图1-10、图1-11所示。台阶数量和台阶高度应综合考虑隧道断面高度、机械设备及围岩稳定性等因素，施工过程中可采用二台阶法或三台阶法，台阶数量不宜多于三级，台阶开挖高度宜为2.5～3.5m。台阶法施工应先开挖上台阶，后开挖下台阶，下部台阶应在拱部初期支护结构变形基本稳定且喷射混凝土达到设计文件规定强度的70%后，方可进行开挖，下部施工应减少对上部围岩、支护的干扰和破坏，否则容易引发事故。

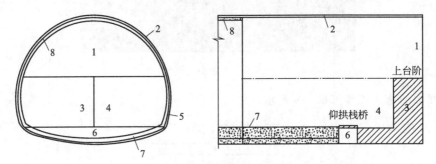

图1-10　台阶法示意图

1—上台阶开挖；2—上台阶初期支护；3、4—下台阶错开开挖；5—下台阶初期支护；
6—底部开挖（捡底）；7—仰拱及填充（底板）；8—二次衬砌

图1-11　台阶法施工

按上下台阶的长度，台阶法分为长台阶、短台阶和微台阶，微台阶又称超短台阶。不同的领域对台阶长度的要求并不相同，公路隧道中，长台阶的台阶长度为50m以上，短台阶的台阶长度为5～50m，超短台阶的台阶长度为3～5m。在地铁修建过程中，考虑隧道实际受力情况和地表沉降变形等因素，要求台阶长度不宜过长，控制在1倍洞径左右，且一般不宜大于4m。上台阶开挖每循环进尺，Ⅲ级围岩不宜大于3m，Ⅳ级围岩不宜大于2榀钢架间距，Ⅴ级围岩不宜大于1榀钢架间距；Ⅳ、Ⅴ级围岩下台阶每循环进尺宜不大于2榀钢架间距。下台阶土方开挖时，台阶连接处土方不应超挖，以保证上台阶拱脚稳定，下台阶单侧拉槽长度不宜超过15m，下台阶左右侧开挖宜前后错开3～5m，同一榀钢架两侧不得同时悬空。台阶形成后，各台阶开挖、支护宜平行作业。所以，地铁隧道中采用的是超短台阶法进行施工。

台阶法施工流程如图 1-12 所示。

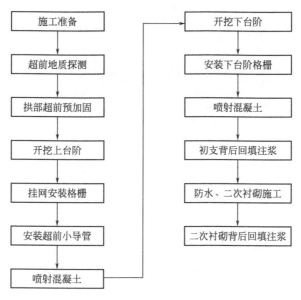

图 1-12 台阶法施工流程

一般土质或易坍塌的软弱岩层中，采用台阶法开挖掌子面自稳能力不足时，可采用环形开挖留核心土法，该方法可分为两台阶环形开挖留核心土法和三台阶环形开挖留核心土法，如图 1-13、图 1-14 所示。在公路隧道施工时，台阶开挖高度宜为 2.5～3.5m。环形开挖每循环进尺，Ⅴ级围岩不宜大于 1 榀钢架间距，Ⅳ级围岩不宜大于 2 榀钢架间距，中下台阶每循环进尺，不得大于 2 榀钢架间距。核心土面积不宜小于断面面积的 50%。上台阶钢架施工时，应采取有效措施控制其下沉和变形。拱部超前支护完成后，方可开挖上台阶环形导坑；留核心土长度宜为 3～5m，宽度宜为隧道开挖宽度的 1/3～1/2。各台阶留核心土开挖每循环进尺宜与其他部分循环进尺相一致。核心土与下台阶开挖应在上台阶支护完成且喷射混凝土强度达到设计强度的 70% 后进行。下台阶左右侧开挖应错开 3～5m，同一榀钢架两侧不得同时悬空。仰拱施作应紧跟下台阶，以及时闭合成稳固的支护体系。

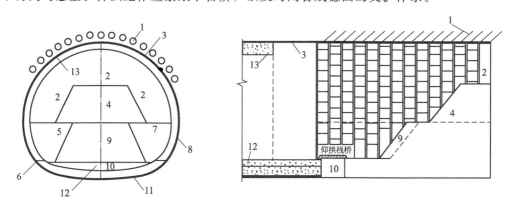

图 1-13 两台阶环形开挖留核心土法示意图

1—超前支护；2—上部环形导坑开挖；3—上部初期支护；4—上部核心土开挖；5、7—两侧开挖；6、8—两侧初期支护；9—下部核心土开挖；10—仰拱开挖；11—仰拱初期支护；12—仰拱及填充混凝土；13—拱墙二次衬砌

图 1-14　环形开挖留核心土法施工

1.4.3　导洞法

导洞法，又称导坑法，即先以一个或多个小断面导洞超前一定距离开挖，随后逐步扩大开挖至设计断面，并相继进行砌筑的方法。这种方法主要用于地质条件复杂或断面特大的硐室或隧道工程。导洞法主要分为中央下导洞法（如图 1-15、图 1-16 所示）、中央上导洞法（如图 1-17 所示）和侧壁导洞法，侧壁导洞法分单侧壁导洞和双侧壁导洞两种方法。

以图 1-15 为例，图中数字代表施工顺序，其具体步骤为：先开挖下导洞①区，考虑爆破作业安全、存放斗车及探明地质，下导洞宜超前一定距离；随后架设漏斗棚架，向上开挖②区（拉槽）和③区（挑顶），挑顶时要挖至拱部设计轮廓线，并考虑一定的预留沉降量；③区开挖完后立即进行刷帮，开挖④、⑤、⑥区，最后按先墙后拱的顺序浇筑衬砌⑦和⑧。

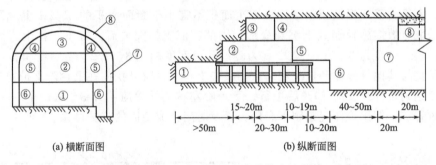

(a) 横断面图　　　　　　　　　　(b) 纵断面图

图 1-15　中央下导洞先墙后拱法示意图

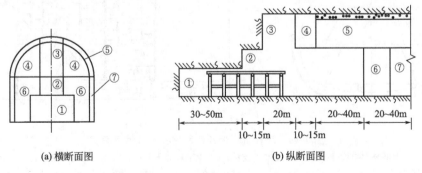

(a) 横断面图　　　　　　　　　　(b) 纵断面图

图 1-16　中央下导洞先拱后墙法示意图

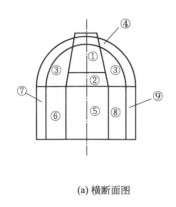
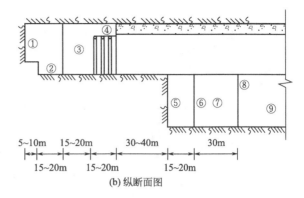

(a) 横断面图　　　　　　　　　　　(b) 纵断面图

图 1-17　中央上导洞法示意图

1.4.3.1　单侧壁导洞法

该方法一般将断面分成三部分，如图 1-18 所示，首先开挖导洞①，并进行钢架支撑和锚喷支护；待导洞向前掘进一定距离后，再在后面按照正台阶法进行断面②和③部分的开挖，并进行初次支护；挖至导洞位置后，逐步拆除支撑、及时封闭仰拱；最后浇筑全周圈的二次衬砌。二次衬砌拱墙可分部浇筑，也可一体浇筑。如果围岩条件允许，②、③部分也可不设台阶，一步开挖，如图 1-19 所示；如果围岩较差，断面很大，还可增设台阶。

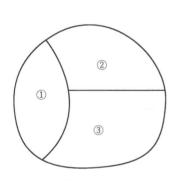

图 1-18　单侧壁导洞法示意图

图 1-19　单侧壁导洞法施工

导洞应结合边墙设置，其尺寸依据施工设备和施工条件而定，其宽度不超过全洞宽的 0.5 倍，高度以到起拱线为宜。该方法适用于断面跨度较大的松散软弱、顶板难以控制的双线交通隧道，特点是施工安全度较高，控制地层变形较好，但施工进度较全断面法和台阶法慢，造价略高。

1.4.3.2　双侧壁导洞法

双侧壁导洞法是将设计开挖断面分成左、中、右三个断面，先开挖隧道两侧断面，并设置施工隔离墙竖向支撑，再分部开挖中间断面的开挖方法，如图 1-20、图 1-21 所示。

双侧壁导坑法（以土质地层为例）由于地质、跨度、环境等因素，目前常见的做法有两种，如图 1-22～图 1-25 所示。导洞跨度不宜大于 1/3 隧道跨度，双侧壁导洞开挖时，先开挖隧道两侧导洞，再开挖中部剩余部分，侧壁导洞、中部开挖应采用短台阶，双侧壁导洞初支均封闭后，方可用台阶法施工中间剩余空间，并应及时封闭仰拱；左右导洞同时施工时，前后错开距离不宜小于 15m；导洞与中间土体同时施工时，导洞应超前 30～50m，双侧壁

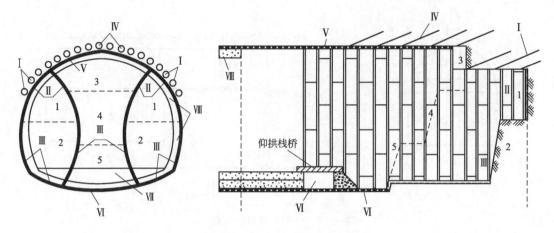

图 1-20 双侧壁导洞法示意图

1—左右侧导洞上部开挖；2—左右侧导洞下部开挖；

3—中壁上部开挖；4—中壁中部开挖；5—中壁下部开挖；

Ⅰ—两侧超前支护；Ⅱ—左右侧导洞上部初期支护；Ⅲ—左右侧导洞下部支护成环；

Ⅳ—拱部超前小导管；Ⅴ—中壁拱部初期支护与左右Ⅱ闭合；Ⅵ—中壁下部初期

支护与左右Ⅲ闭合；Ⅶ—仰拱及填充混凝土施工；Ⅷ—拱墙二次衬砌

图 1-21 双侧壁导洞法施工

导洞法一般应分段进行二次衬砌，如拱墙一体浇筑，其初支结构应满足大断面受力要求，并应符合设计文件要求。

双侧壁导洞法做法一步序如图 1-23 所示。

（1）步序一：超前注浆加固地层，开挖Ⅰ部并及时施作初期支护，打设锁脚锚杆加固墙角。左右洞室按要求错开。

（2）步序二：待Ⅰ部硐室封闭成环后，开挖Ⅱ部并及时施作初期支护，打设锁脚锚杆加固墙角。

（3）步序三：超前预注浆加固地层，开挖Ⅲ部并及时施作支护。应采取有效措施确保格栅连接质量。

（4）步序四：开挖Ⅳ部导洞并及时施作初期支护。

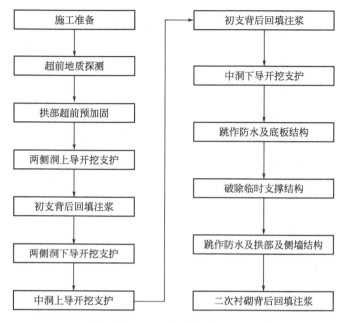

图 1-22　双侧壁导洞法做法一流程图

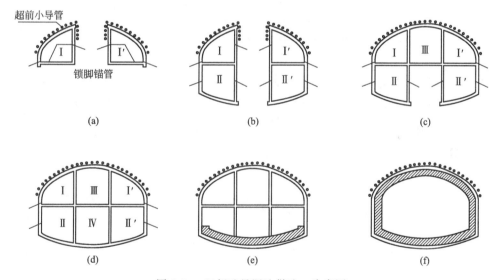

图 1-23　双侧壁导洞法做法一步序图

（5）步序五：逐段拆除底部临时竖撑，铺设防水层，施作底板、下部边墙二次衬砌。预留钢筋及防水板接头，根据施工监控量测结果，必要时进行换撑。

（6）步序六：逐段拆除支撑，铺设拱墙防水层，施作剩余边墙及顶拱二次衬砌。结构封闭成环，进行二次衬砌背后注浆。

如图 1-25 所示，双侧壁导洞法做法二步序如下。

（1）步序一：超前注浆加固地层，开挖Ⅰ部并及时施作初期支护，打设锁脚锚杆加固墙角。左右洞室按要求错开。

（2）步序二：待Ⅰ部硐室封闭成环后，开挖Ⅱ部并及时施作初期支护，打设锁脚锚杆加固墙角。

图 1-24　双侧壁导洞法做法二流程图

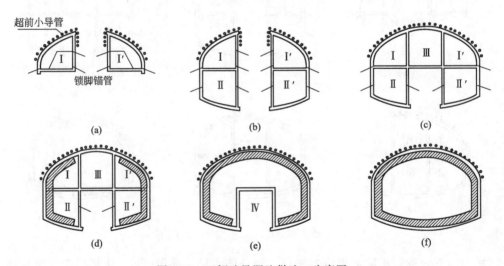

图 1-25　双侧壁导洞法做法二步序图

（3）步序三：超前预注浆加固地层，开挖Ⅲ部并及时施作支护。应采取有效措施确保格栅连接质量。

（4）步序四：分段拆除部分临时仰拱，施作Ⅰ、Ⅱ（Ⅰ′、Ⅱ′）部结构。再拆除部分拱部临时支撑，施作拱部结构。

（5）步序五：施作Ⅲ部结构。

（6）步序六：开挖Ⅳ部土方，封闭仰拱初期支护。逐段拆除剩余初支，铺设底板防水层，施作剩余底板二次衬砌。结构封闭成环。

1.4.4　中隔壁法

中隔壁法也叫 CD 法，英文名称为 Center Diaphragm，是指将设计开挖断面分成左、右大致相等的两个断面，先开挖隧道一侧，随之施作竖向支撑中隔壁，再开挖隧道另一侧的开挖方法，如图 1-26、图 1-27 所示。

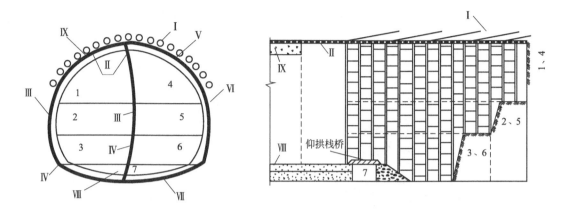

图 1-26　中隔壁法示意图

1—左侧上部开挖；2—左侧中部开挖；3—左侧下部开挖；
4—右侧上部开挖；5—右侧中部开挖；6—右侧下部开挖；7—拆除中隔壁；
Ⅰ—超前支护；Ⅱ—左侧上部初期支护；Ⅲ—左侧中部初期支护；Ⅳ—左侧下部初期支护；Ⅴ—右侧上部初期支护；Ⅵ—右侧中部初期支护；Ⅶ—右侧下部初期支护；Ⅷ—仰拱及填充混凝土；Ⅸ—拱墙二次衬砌

图 1-27　中隔壁法施工

中隔壁法的施工流程和步序如图 1-28、图 1-29 所示，开挖时，采用台阶法施工的左右硐室错开长度需满足设计要求。在土质地层开挖时，各部上台阶应留置核心土，每个分部周边轮廓应圆顺，开挖进尺不得大于 1 榀钢架间距；初期支护完成、强度达到设计规定后方可进行下一分部开挖；当开挖形成全断面时，应及时完成全断面初期支护闭合；临时支撑拆除后，应及时浇筑仰拱和仰拱填充、施作拱墙二次衬砌，一次拆除长度应与仰拱浇筑长度相适应，临时支撑拆除前后，应进行变形量测。

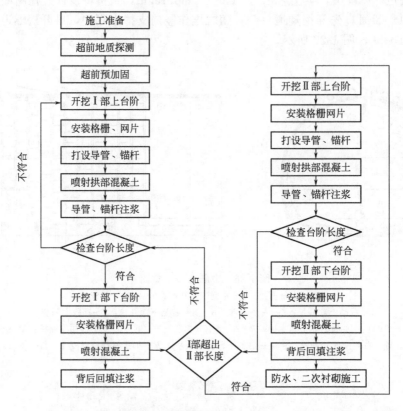

图 1-28　中隔壁法施工流程图

中隔壁法施工步序如下：

（1）步序一：超前预注浆加固地层，采用环形开挖预留核心土的方式开挖Ⅰ部上台阶并施作初期支护，打设锁脚锚杆加固墙角。

（2）步序二：待Ⅰ部上台阶开挖支护一定长度后，开挖Ⅰ部下台阶并施作初期支护，打设锁脚锚杆加固墙角。

（3）步序三：超前预注浆加固地层，采用环形开挖预留核心土的方式开挖Ⅱ部导洞上台阶并施作初期支护，Ⅰ、Ⅱ步开挖峒室应按设计、规范要求错开一定距离。

（4）步序四：开挖Ⅱ部下台阶并施作初期支护，初支封闭成环后，进行背后回填注浆。

（5）步序五：逐段拆除底部临时竖撑，铺设防水层，施作底板、边墙二次衬砌。根据监测数据结果确定是否进行换撑。

（6）步序六：逐段拆除支撑，铺设防水层，施作剩余边墙及拱部二次衬砌。封闭成环后，进行二次衬砌背后注浆。

1.4.5　交叉中隔壁法

交叉中隔壁法也叫 CRD 法，英文名称为 Cross Rib Diaphragm，如图 1-30、图 1-31 所示，是将设计开挖断面分成左、右两个断面，先按台阶法开挖隧道一侧，施作中隔壁竖向支撑和横隔板；再按台阶法开挖隧道另一侧，并施工横隔板的开挖方法。

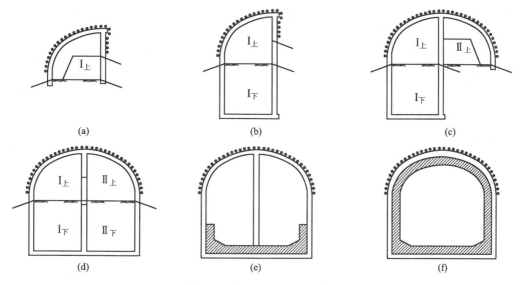

图 1-29　中隔壁法施工步序图

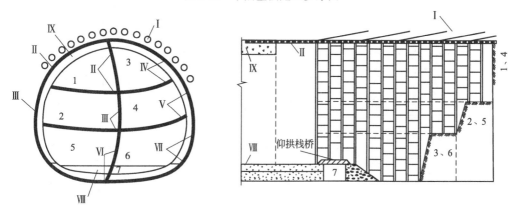

图 1-30　交叉中隔壁法示意图

1—左侧上部开挖；2—左侧中部开挖；3—右侧上部开挖；
4—右侧中部开挖；5—左侧下部开挖；6—右侧下部开挖；7—拆除中隔壁及临时仰拱；
Ⅰ—超前支护；Ⅱ—左侧上部初期支护成环；Ⅲ—左侧中部初期支护成环；Ⅳ—右侧
上部初期支护成环；Ⅴ—右侧中部初期支护成环；Ⅵ—左侧下部初期支护成环；
Ⅶ—右侧下部初期支护成环；Ⅷ—仰拱及填充混凝土；Ⅸ—拱墙二次衬砌

图 1-31　交叉中隔壁法施工

交叉中隔壁法的施工流程如图 1-32 所示。根据地铁相关规范，交叉中隔壁法施工时导洞应采用台阶法，每个台阶底部均应按设计规定及时施工临时钢架或临时仰拱。导洞跨度不宜大于 0.5 倍隧道跨度；中隔壁法左右两导洞掌子面开挖错开距离不应小于 15m，各分部开挖时，周边轮廓应圆顺，开挖进尺不得大于 1 榀钢架间距，并应在先开挖侧初期支护封闭，并喷射混凝土，达到设计文件规定的强度后方可进行另一侧开挖；当开挖形成全断面时，应及时完成全断面初期支护闭合，临时支护拆除宜在仰拱施工前进行，一次拆除长度宜与仰拱浇筑长度相适应，且应进行变形量测。临时支护拆除后，应及时浇筑仰拱和仰拱填充、施作拱墙二次衬砌。二次衬砌应在拆除中隔壁和临时仰拱后，应充分利用初支结构的时空效应，及时施工，并符合设计文件要求。

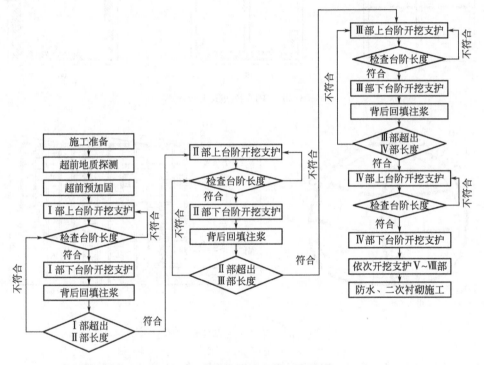

图 1-32　交叉中隔壁法施工流程图

中隔壁法与交叉中隔壁法的区别与联系：

① 中隔壁法与交叉中隔壁法的联系：中隔壁法可适用于比较弱的 Ⅳ～Ⅴ 级围岩浅埋大断面双车道、三车道隧道的场合；交叉中隔壁可适用于软弱的 Ⅳ～Ⅵ 级围岩浅埋大断面双车道、三车道、四车道隧道的场合。

② 中隔壁法与交叉中隔壁法的主要区别：中隔壁法是用钢架和喷射混凝土的隔壁将断面分割开进行开挖的方法，一般临时仰拱没有横撑；交叉中隔壁法是用隔壁和仰拱把断面上下、左右分割进行开挖的方法，是在地质条件要求分部开挖及时封闭的条件下采用的，一般临时仰拱有横撑。交叉中隔壁法和中隔壁法的区别是在施工过程的每一步，都要求临时仰拱（横撑）闭合。交叉中隔壁法对地层的变形控制较中隔壁法更为有效。

1.4.6　中洞法

当地层条件差、隧洞断面特大时，一般设计成多跨结构，跨与跨之间由梁、柱、墙连接，施工多采用中洞法、侧洞法、柱洞法及桩洞法等，其核心思想是使施工大断面变为中小断面，提高施工安全度。中洞法相较于其他方法更为基础，本节以中洞法为例进行说明，如图 1-33、图 1-34 所示，施工过程中，可采用中隔壁、交叉中隔壁法施工中洞。

图 1-33　中洞法施工现场

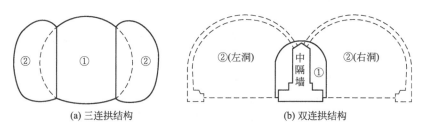

(a) 三连拱结构　　　　　　　　　　(b) 双连拱结构

图 1-34　中洞法

　　中洞法初期支护完成后，应分段施工中墙，中洞二次衬砌施工完成后，方可进行侧洞的开挖，短隧道可先贯通中洞，中洞初期支护完成后，应分段施工二次衬砌和梁、柱结构，二次衬砌混凝土达到设计文件规定的强度后方可拆模，并应假设临时横向支撑后方可开挖侧洞，两侧洞可按台阶法对称进行开挖，其施工流程如图 1-35 所示。中墙顶部结构浇筑应密实，如浇筑不密实需注浆填充，待填充密实后方可进行两侧相邻硐室开挖支护。两侧硐室按台阶法对称进行开挖，两侧拱墙二次衬砌结构施工时，应分段拆除中隔壁及临时仰拱，保证结构安全，施工步序如图 1-36 所示，具体施工步序如下。

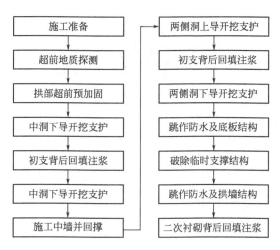

图 1-35　中洞法施工流程图

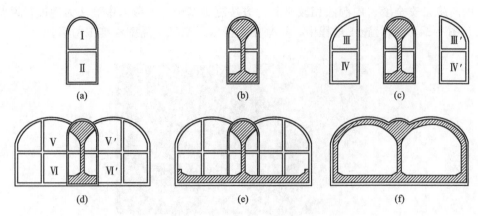

图 1-36　中洞法施工步序图

（1）步序一：深孔注浆加固地层，施工小导洞，依次开挖Ⅰ、Ⅱ号硐室，采用侧壁导管加固墙脚，封闭初期支护。

（2）步序二：铺设相应部位防水层，依次施工部分底板、隔墙、部分顶部结构，并在临时仰拱位置进行回撑。

（3）步序三：依次开挖Ⅲ、Ⅳ号硐室，采用侧壁导管加固墙脚。

（4）步序四：依次开挖Ⅴ、Ⅵ号硐室。

（5）步序五：分段破除下层中隔壁混凝土，施作底板防水，浇筑底板混凝土。

（6）步序六：逐段进行换撑，施作侧墙、顶拱防水层，浇筑混凝土，进行二次衬砌背后注浆。

1.4.7　拱盖法

拱盖法是在明挖法、盖挖法和洞桩法基础上创建的适用于特殊地层的一种暗挖施工方法，如图 1-37 所示。该方法完全遵循地下工程浅埋暗挖法理论，较好地解决了采用钻爆法暗挖施工的大跨度地铁车站的施工安全和变形控制要求，具有环境影响小、工序少、效率高、施工安全可靠等突出优点。

图 1-37　青岛太行山路站拱盖法施工

拱盖法施工流程如图 1-38 所示,开挖采用控制爆破,以减少超挖对围岩的扰动,充分发挥围岩的自承能力。周边存在建筑物时,施工中爆破震动速度应控制在允许范围以内。当隧道临近不良工程地质段、地面文物保护建筑、加油站、精密仪器仪表车间或医院等特殊地段,最大爆破震动速度应根据实际情况确定。下部爆破开挖时严格控制爆破质量,同时应对既有拱部衬砌进行有效保护。其横断面施工示意图、下部开挖施工示意图、施工步序图见图 1-39、图 1-40 和图 1-41。

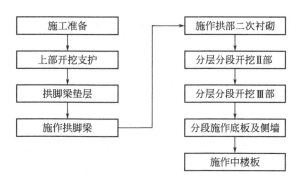

图 1-38 拱盖法施工流程图

图 1-39 拱盖法横断面施工示意图   图 1-40 下部开挖施工示意图

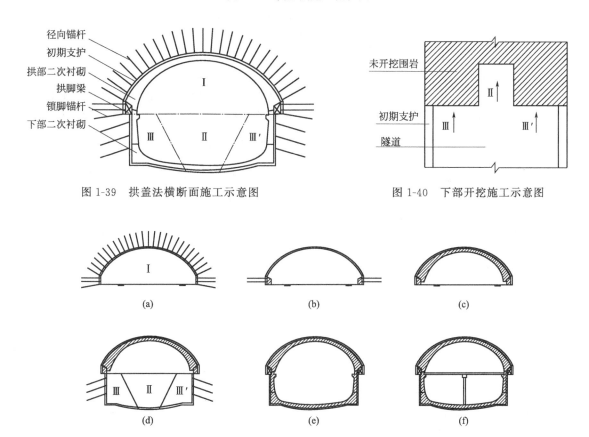

图 1-41 拱盖法施工步序图

拱盖法施工步序如下。

(1) 步序一:采用中隔壁法、双侧壁等方法开挖Ⅰ部围岩,及时施作初期支护(锚杆、拱架、喷混凝土、临时仰拱)。

（2）步序二：施作拱脚梁垫层和拱脚梁。

（3）步序三：施作拱部二次衬砌。

（4）步序四：错开开挖隧道Ⅱ、Ⅲ部围岩；施作初期支护（锚杆、拱架、喷混凝土、临时仰拱）。

（5）步序五：施作剩余二次衬砌，封闭成环。

（6）步序六：施作中楼板和剩余结构。

1.5　工法转换

工法转换通常涉及开挖面大小变化，当由大断面向小断面变化时，宜采取大断面封端后，再由封端墙处进行小断面马头门破除施工；当由小断面向大断面变化时，应由小断面逐渐扩大过渡至大断面施工，且过渡段需在小断面施工里程范围内，避免大断面结构侵限。

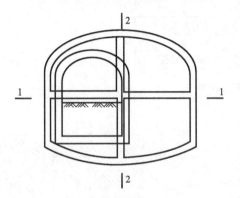

图1-42　台阶法转交叉中隔壁法过渡示意图

以台阶法转交叉中隔壁法为例，阐述小断面向大断面过渡的施工过程，如图1-42、图1-43所示。工法转换施工前，应根据现场地质条件、开挖支护参数等确定工法过渡段长度，即每循环开挖进尺外扩尺寸。由于顶部开挖多向上仰挖施工，超前加固宜选用深孔注浆或全程管棚等可一次完成的加固措施，确保仰挖超前加固效果。工法过渡段的临时中隔壁及临时仰拱的设置宜早不宜晚，且架设位置须经过设计认可。

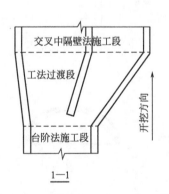

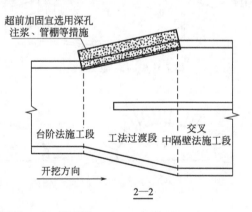

图1-43　1—1和2—2剖面图

如因特殊原因，断面变化时，在小断面里程内无法提前逐步扩大断面，则需在大断面里程内逐渐扩大断面，待完成断面扩大并稳定后，对过渡段进行反掏开挖施工，如图1-44所示。反掏施工需提前对反掏部位周边围岩进行预加固。反掏施工需对既有过渡段初支结构逐榀破除并开挖支护，严禁一次多榀破除过渡段初支结构。通过侧壁开马头门，应提前做好通道自身加强支护。通道侧壁破口前，应对破口部位围岩进行超前预加固，一般选用小导管注浆加固、深孔注浆加固、管棚超前加固、地层冷冻法加固等超前预加固方法。

通道侧壁开口施工时，宜采用风镐人工破除既有侧壁初支，应预留部分侧壁初支格栅钢筋及连接筋，与开口首榀钢架连接牢固。通道侧壁开口一般会造成围岩土方超挖。如破除震

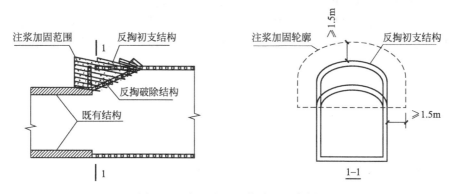

图 1-44　断面变化反掘施工示意图

动造成土方超挖较严重，应暂停破口并喷射混凝土封闭，重新对围岩做超前预加固；如围岩预加固效果良好，破口处超挖不严重，可一次密排架设两榀格栅，并做好侧壁钢筋与架设格栅的连接。

1.6　爆破

爆破是隧道施工的重要工序，如图 1-45 所示，对隧道的安全、质量、进度、造价均很关键，所以，需要进行钻爆设计并形成完整的钻爆设计文件。爆破要严格按照设计文件进行，爆破后应根据爆破效果分析比较，及时反馈，修正钻爆参数，提高爆破效果，改进技术经济指标。钻爆设计应根据工程地质、地形环境、开挖断面、开挖方法、循环进尺、钻孔机具、爆破材料和出渣能力等因素综合考虑。

图 1-45　隧道爆破施工

爆破工程均应编制爆破设计文件，一般包括的内容有：爆破方法，炮眼的布置、数目、深度和角度，炸药种类，装药量和装药结构，起爆方法，起爆器材和爆破顺序等。爆破设计文件主要由说明书和图纸两部分构成，其中，图纸主要包括炮眼布置图、周边孔装药结构图、爆破参数表、主要技术经济指标及必要的说明，如图 1-46、图 1-47、表 1-10 和表 1-11 所示。

爆破设计具体包括：①工程概况，即爆破对象、爆破环境概述及相关图纸，爆破工程的质量、工期和安全要求；②爆破技术方案，即方案比较、选定方案的爆破参数及相关图纸；

③起爆网路设计及起爆网路图；④安全设计及防护、警戒图；⑤复杂环境爆破技术设计应制订应对复杂环境的方法、措施及应急预案。其中，起爆网路是指向多个起爆药包传递起爆信息和能量的系统，包括电雷管起爆网路、导爆管雷管起爆网路、导爆索起爆网路、混合起爆网路和数码电子雷管起爆网路等。

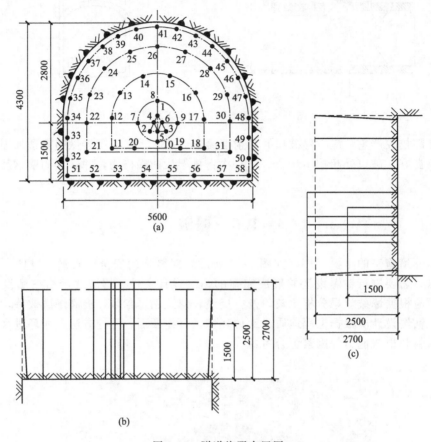

(a)

(b)

(c)

图 1-46 隧道炮眼布置图

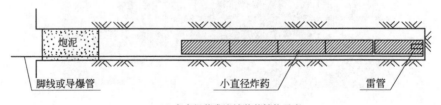

(a) 小直径药卷连续装药结构示意

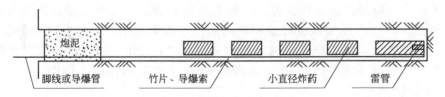

(b) 间隔装药结构示意

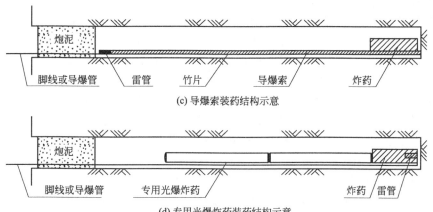

(c) 导爆索装药结构示意

(d) 专用光爆炸药装药结构示意

图 1-47　周边孔装药结构图

表 1-10　爆破参数

序号	炮眼名称	眼号	眼数/个	眼深/m	眼距/mm	倾角/(°) 水平	倾角/(°) 垂直	装药量/kg 单孔	装药量/kg 小计	起爆顺序	连线方式
1	中心眼	0	1	2.7		90	90				
2	掏槽眼	1~3	3	1.5	500	90	90	1.35	4.05	Ⅰ	
3	掏槽眼	4~6	3	2.7	250	90	90	1.20	3.60	Ⅱ	
4	辅助掏槽眼	7~10	4	2.7	850	90	90	2.40	9.60	Ⅲ	串联
5	辅助眼	11~20	10	2.5	800	90	90	1.65	16.50	Ⅳ	
6	辅助眼	21~31	11	2.5	800	90	90	1.65	18.15	Ⅴ	
7	边眼	32~50	19	2.5	600	87	87	0.8	15.2	Ⅵ	
8	底眼	51~58	8	2.5	800	90	87	1.65	13.2	Ⅶ	
9	合计		59						80.30		

表 1-11　爆破主要技术经济指标

指标名称	单位	数量	指标名称	单位	数量
掘进断面面积	m^2	20.71	炮眼利用率	%	85
岩石性质		中硬岩($f=4\sim6$)	循环进尺	m	2.13
工作面瓦斯情况		无	循环实体岩石量	m^3	44.11
炸药名称		2号岩石硝铵炸药	炸药单位消耗量	kg/m^3	1.82
雷管名称		段发(延时100ms)	雷管单位消耗量	发/m^3	1.31
循环炸药用量	kg	80.3	每米进尺炸药消耗量	kg	37.70
循环雷管用量	发	58	每米进尺雷管消耗量	发	27.23

1.6.1　爆破作业

(1) 工业炸药

工业炸药是指用于矿山、公路、水利等国民经济建设部门的民用炸药。一般来说，炸药是一种在一定外能作用下可能发生高速化学反应并释放出大量热量和生成大量气体的物质。矿山爆破中最早使用的炸药是黑火药。在 19 世纪中期，诺贝尔发明了以硝化甘油为主的混合炸药，取代了黑火药。硝化甘油炸药威力大，但成本高，安全性相对较差。20 世纪初，以硝酸铵为主的混合炸药出现后，其性能及安全性更适合用于矿山生产及各类工程爆破，因此得到了广泛应用，并形成了各种品种、系列的炸药。工业炸药一般有按化学成分、组成成分、作用特性与用途、使用条件和物理状态 5 种分类法。按化学成分分为硝铵类炸药、硝化甘油类炸药、芳香族硝基化合物类炸药和液氧炸药。按组成成分分为单质炸药和混合炸药。按作用特性与用途分为起爆药、猛炸药和发射药。按使用条件分为第一类安全炸药、第二类非安全炸药和第三类非安全炸药。按物理状态分为固态、塑性、液态和气体炸药。

TNT 炸药是一种烈性炸药，由 J·威尔勃兰德发明，纯品为无色针状结晶，工业品呈黄色粉末或鱼鳞片状，难溶于水，可用于水下爆破。由于威力大，常用来做副起爆药。爆炸后呈负氧平衡，产生有毒气体。性质稳定，不易爆炸，即使直接被子弹击中也不会引爆。需要用雷管进行引爆。

（2）雷管（图 1-48）

炸药的感度是指炸药在外界能量（如热能、电能、光能、机械能及冲击波等）的作用下发生爆炸变化的难易程度，是衡量爆炸稳定性大小的一个重要标志。通常以引起爆炸变化的最小外界能量来表示，这个最小的外界能量习惯上称为**引爆冲能**。很显然，所需的引爆冲能越小，其感度越高；反之则越低。目前对大量使用的炸药的安全性要求很高，自然而然地选择了感度极低的那种，一般的撞击、摩擦、火、激光这些外界作用不足以引爆，所需的引爆冲能要非常高，雷管的超高输出起爆能功率以及能量的集中度恰好符合大部分炸药的起爆需要。

图 1-48　雷管

（3）炮眼类型

按其用途和位置不同，掘进工作面的炮眼分为掏槽眼、辅助眼和周边眼三类，周边眼按位置不同分为顶眼、帮眼和底眼。起爆顺序一般为掏槽眼、辅助眼、帮眼、顶眼和底眼。

（4）掏槽方式

全断面一次开挖或导洞开挖时，只有一个临空面，必须先开出一个槽口，作为其余部分新的临空面，以提高爆破效果，先开这个槽口称为**掏槽**，掏槽形式分为**斜眼**和**直眼**两类。常见的掏槽方式如图 1-49 所示，（a）～（f）为斜眼掏槽；（g）～（l）为直眼掏槽。

斜眼掏槽的特点是：炮眼方向与倾斜工作面呈一定角度，钻眼不易掌握，适用范围广，爆破效果较好，所需炮眼少，炮眼受操作空间限制，碎石抛掷距离大。

直眼掏槽的特点是：所有炮眼都垂直于工作面且相互平行，炮眼方向容易掌握，同等爆破效果下，所需炮眼较斜眼掏槽多，且炸药、雷管消耗量大，但孔眼不受操作空间限制，碎石抛掷距离小。

（5）炮眼布置

掏槽炮眼可用直眼也可用斜眼，在岩层层理或节理发育时，斜孔掏槽的炮眼方向宜与层理面或节理面垂直；掏槽炮眼宜布置在开挖面的中央稍靠下部；两个掏槽炮眼间距不宜小于 200mm；掏槽炮眼宜比辅助炮眼眼底深 100～200mm。周边炮眼应沿设计文件规定的开挖轮廓线布置；辅助炮眼应均匀交错布置在周边炮眼与掏槽炮眼之间；开挖断面底面两隅处，宜

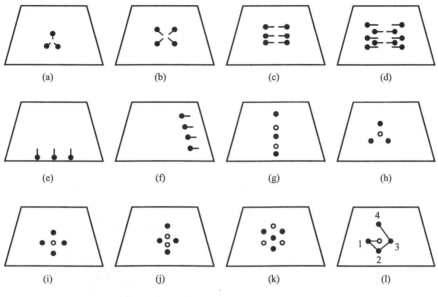

图 1-49　常用掏槽方式

合理布置辅助炮眼，适当增加药量，消除爆破死角，断面顶部应控制药量；爆破后开挖面凹凸较大时，应按实际情况调整炮孔深度及装药量。在城区等复杂周边环境条件下炮眼深度应控制在 1～1.5m，并应进行控制爆破。

（6）爆破参数

① 炸药消耗量。炸药消耗量包括单位炸药消耗量和总炸药消耗量。爆破每立方米原岩所需的炸药量叫单位炸药消耗量，简称单耗；每循环所使用的炸药消耗量为总炸药消耗量。炸药单耗不仅影响有效进尺、岩石破碎块度、岩堆形状、飞石距离，而且影响巷道轮廓形状、围岩稳定性和材料消耗，因此合理确定炸药单耗具有十分重要的意义。

② 炮眼数目。炮眼数目主要与挖掘的断面、岩体性质、炸药性能、临空面数目等有关。

③ 炮眼深度。炮眼深度指炮眼眼底至临空面的垂直距离，我国常用眼深为 1.5～2.5m。

④ 炮眼直径。炮眼直径对钻眼效率、炸药消耗、岩石破碎块度等均有影响。合理的炮眼直径，在相同条件下，能使掘进速度快、爆破质量好且费用低。目前，国内药卷直径使用较多的是 32mm 和 35mm，采用不耦合装药时，炮眼直径一般比药卷大 5～7mm，故炮眼直径多为 38～42mm。

（7）注意事项

隧道双向开挖接近贯通时，开挖面岩体已较薄。从围岩稳定和爆破安全等角度考虑，当隧道对向开挖的工作面相距达到 4 倍隧道跨度时，两端施工应加强联系，统一指挥，两工作面不得同时起爆；对于土质和软弱破碎围岩，两开挖面间距达到 3.5 倍隧道跨度时，应改为单向开挖；对于围岩条件较好地段，两开挖面间距离达到 2.5 倍隧道跨度时，应改为单向开挖。

周边炮眼宜采用低密度、低爆速、低猛度或高爆力炸药；宜采用小直径连续或间接装药结构；软岩中，可采用空气柱反向装药结构；硬岩的眼底可装一节加强药卷；炮孔内炸药应采用非电毫秒雷管＋导爆管或导爆索起爆方式，炮孔外部起爆网络应采用电雷管＋起爆器或非电毫秒雷管＋导爆管＋激发笔引爆方式。低段别非电毫秒雷管应跳段使用。周边炮眼宜采用同段别雷管起爆。

装药布线现场如图 1-50 所示，严禁装药与钻孔平行作业，另外，严禁作业人员穿戴化纤衣物，防止施工过程中产生静电，引发事故。装药前，无关人员与机具等应撤离至安全地点，清理炮眼，并使用木质或竹质炮棍装药。已装炮的炮孔应及时用炮泥堵塞密封，其目的在于使炸药爆炸的能量得到很好利用，改善岩石爆破破碎效果。堵塞长度主要与炮眼直径、最小抵抗线有关，炮眼直径大，则堵塞长度大，且不宜小于 200mm。炮泥通常用炮泥机制作，除膨胀岩土地段和寒区隧道外，炮泥宜采用水炮泥、黏土炮泥，黏土炮泥配合比一般为 1∶3 的黏土和砂子，加含有 2‰～3‰ 食盐水制成，且干湿适度，严禁用块状材料、粉煤或者其他可燃材料作炮泥。

图 1-50　装药布线

1.6.2　延时爆破

延时爆破是指采用延时雷管使各个药包按不同时间顺序起爆的爆破技术，分为毫秒延时爆破、秒延时爆破等。

延时爆破是把一个爆破工作面分成多个区段分开起爆，这样一次爆破的爆破药量远远小于工作面的总爆破药量，从而极大地减弱了爆破振动。由于爆破振动和爆破药量正相关，所以控制爆破振动首先要控制各个区段的爆破药量，特别是各个区段中装药量最多区段的装药量，及"单段最大爆破药量"，也就是俗称的"最大单响爆破药量"。

1.6.3　光面爆破

岩石隧道爆破宜采用光面爆破，分部开挖时，应采用预留光面层的光面爆破，爆破前应进行爆破设计，并根据爆破效果调整爆破参数，光面爆破参数应经现场试爆后确定。

所谓光面爆破是指由开挖面中部向轮廓面顺序依次起爆，设计轮廓面周边布置密集炮眼，采用不耦合装药或装填低威力炸药，最后同时起爆。光面爆破振动小并形成平整轮廓面，采用光面爆破后的隧道如图 1-51 所示，其目的是使隧道开挖断面尽可能地符合设计轮廓线，减轻对围岩的扰动，减少超挖、欠挖。

光面爆破应根据围岩特点合理选择周边孔眼间距及周边孔眼的最小抵抗线，可根据工程类别选择初始爆破参数，根据爆破效果及时调整优化。严格控制周边孔眼的装药量，并使药量沿炮眼全长合理分布；周边孔眼宜采用小直径药卷不耦合装药或装填低威力炸药，可借助导爆索实现空气间隔装药，最好采用毫秒雷管微差顺序起爆，使周边爆破时产生临空面。周

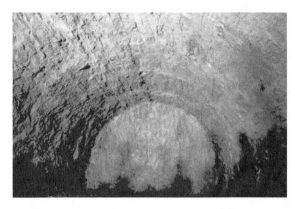

图 1-51 光面爆破的隧道

边孔宜采用导爆索网路同时起爆,当同时起爆药量超过安全允许药量时,也可分段起爆。

爆破工程按工程类别、一次爆破总药量、爆破环境复杂程度和爆破物特征,分 ABCD 四个级别,实行分级管理,如表 1-12 所示。

表 1-12　爆破工程分级

作业范围	分级计量标准	级别			
		A	B	C	D
岩土爆破[①]	一次爆破药量 Q/t	$100 \leqslant Q$	$10 \leqslant Q < 100$	$0.5 \leqslant Q < 10$	$Q < 0.5$
拆除爆破	高度 $H^{②}/m$	$50 \leqslant H$	$30 \leqslant H < 50$	$20 \leqslant H < 30$	$H < 20$
	一次爆破药量 $Q^{③}/t$	$0.5 \leqslant Q$	$0.2 \leqslant Q < 0.5$	$0.05 \leqslant Q < 0.2$	$Q < 0.05$
特种爆破	单张复合板使用药量 Q/t	$0.4 \leqslant Q$	$0.2 \leqslant Q < 0.4$	$Q < 0.2$	

① 表中药量对应的级别指露天深孔爆破。其他岩土爆破相应级别对应的药量系数:地下爆破 0.5;复杂环境深孔爆破 0.25;露天硐室爆破 5.0;地下硐室爆破 2.0;水下钻孔爆破 0.1;水下炸礁及清淤、挤淤爆破 0.2。

② 表中高度对应的级别指楼房、厂房及水塔的拆除爆破;烟囱和冷却塔拆除爆破相应级别对应的高度系数为 2 和 1.5。

③ 拆除爆破按一次爆破药量进行分级的工程类别包括:桥梁、支撑、基础、地坪、单体结构等;城镇浅孔爆破也按此标准分级;围堰拆除爆破相应级别对应的药量系数为 20。

1.7　出渣

工作面爆破后,岩渣的转载和运输是隧道掘进中比较繁重的工作,耗时约占掘进循环的 35%～50%,出渣运输方式宜采用汽车无轨运输方式。通风、掉头、会车、爬坡困难时,可选用有轨运输、皮带运输或混合运输方式。出渣运输设备的选型配套应保证机械设备充分发挥其功能,并应使出渣能力、运输能力与开挖能力相适应。

1.7.1　装渣工作

装渣机械的装渣能力应与开挖能力及运输能力相匹配,并应保证装运能力大于最大开挖能力。隧道内装渣宜采用适合隧道断面的扒渣机、装载机、挖掘机等设备。装渣机械种类繁多,如图 1-52 所示,按取渣构件名称分有铲斗式、爬斗式、蟹爪式、立爪式等;按行车方式分有轨轮式、胶轮式、履带式以及履带与轨道兼有式;按驱动方式分有电动式、风动式、液压式、内燃式;按卸渣方向分有后卸式、前卸式、侧卸式等。

(a) 铲斗前卸式装渣机

(b) 挖斗式装渣机

(c) 铲斗侧卸式装渣机

(d) 铲斗后卸式装渣机

图 1-52　装渣机械

机械装渣作业应严格按设备操作规程进行，并不得损坏已有的初支及临时设备。采用有轨装渣机械时，轨道应紧跟开挖面，调车设备应及时向前移动或采用梭式矿车、皮带运输机等设备进行连续装渣；在临时支护架上装渣时应设置漏斗，漏斗处应有防护设备和联络信号，装渣结束后漏斗处应加盖；在台阶或临时支护架上向下扒渣时，渣堆应稳定，防止滑塌伤人。

1.7.2　运输工作

隧道内运输宜采用皮带运输、无轨运输、有轨运输三种方式或混合运输方式。运输方式应根据开挖断面、运量、挖运机械设备、施工方法及施工工期等确定。

无轨运输作业如图 1-53 所示，在洞口、平交道口、狭窄的施工场地，应设置明显的警示标志，必要时应设专人指挥交通；从隧道的开挖面到弃渣场地，会车场所、转向场所及行人的安全通路设置应按施工方案要求执行。单车道净宽不得小于车宽加 2m，并应间隔适当距离设置错车道；双车道净宽不得小于 2 倍车宽加 2.5m；会车视距宜大于 40m。行车速度在施工作业地段和错车时不应大于 10km/h；成洞地段不宜大于 25km/h。车辆行驶中严禁超车，洞内倒车和转向应由专人指挥。二次衬砌完成后可加装隔离设施，人车分流。

图 1-53　无轨运输作业

有轨运输作业时，轨道运输的弃渣线、编组线和联络线，应形成有效的循环系统。洞外应根据需要设置调车、编组、出渣、进料、设备整修等作业线路。洞内宜铺设双道；在单道地段，应根据装渣作业时间和行车速度合理布设错车道、调车设备，增加岔线和岔道等。

1.8　支护技术

隧道是围岩与支护结构的综合体。隧道在开挖过程中，对隧道周围的土体或岩层产生不同程度的扰动，打破了地层的初始应力、应变状态。为控制围岩的变形，防止坍塌，保证施工期和运营期安全，并能满足防水、防渗、防潮等要求，开挖后的隧道应及时施作钢、混凝土等支撑物，向硐室周边提供抗力，控制围岩变形。这种开挖后隧道内的支撑体系，称为**隧道支护**。

隧道支护按施加的不同阶段可分为**超前支护**、**初期支护**和**二次衬砌**，每一部分的特点和作用不同，应根据实际需要进行选择。超前支护是指在隧道未开挖之前对开挖面前方岩体采取的预加固措施，保障顺利开挖；隧道一经开挖宜及时施作初期支护，其施工流程如图 1-54 所示，用以保护和加强围岩的强度和自稳能力；当围岩与初期支护体系逐渐稳定下来，则采取二次衬砌以确保隧道的永久稳定和安全。初期支护和二次衬砌构成了隧道的**复合式支护**，复合式支护也是以新奥法理论作为指导思想进行设计和施工的一种现代支护技术，近年来在国内外的地下工程中得到普遍的采用。在复合式支护结构中，通常采取**锚喷支护**作为初期支护，采取模筑混凝土衬砌为二次衬砌。

此外，隧道支护还有很多其他分类方法，例如，根据支护作用分，有永久支护和临时支护；按照支护原理分，有主动支护和被动支护。主动支护主要是指锚喷支护等，它能充分利用围岩的承载能力，与围岩共同承受围岩压力。被动支护是依靠支架自身抗力保持围岩稳定的一种支护方式，主要是指现浇混凝土衬砌等。

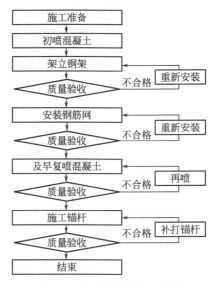

图 1-54　初期支护施工流程

锚喷支护是指以锚杆和喷射混凝土为主体的一类支护形式的总称，根据地质条件及围岩稳定性的不同，它们可以单独使用也可联合使用。锚喷支护是薄型柔性支护结构，只有与围岩密贴，才能与围岩共同工作，形成组合结构，起到加固围岩、控制变形、充分利用和发挥围岩自承能力的作用。及时施作锚喷支护是喷锚支护施工的关键，是围护围岩稳定的需要。锚喷支护并不是一般的喷射混凝土与锚杆的简单组合，而是近年发展起来的一种全新概念的支护方法，是新奥法的核心内容之一，现在人们普遍认为，锚喷支护、现场监控量测和光面爆破是新奥法的"三大支柱"。锚喷支护主要包括：①锚喷支护，即锚杆＋喷射混凝土支护；②锚注支护，即锚杆＋注浆支护；③锚网喷支护，即锚杆＋钢筋网＋喷射混凝土支护；④锚喷钢架支护，即锚杆＋钢架＋钢筋网＋喷射混凝土支护；⑤锚注喷支护，即锚杆＋注浆＋喷射混凝土支护。

支护设计方法有**工程类比法**、**现场监控法**和**理论计算法**等三种方法，这三种方法互相渗透、补充，实行"动态设计"。以围岩稳定性分级为基础的工程类比法是目前国内外隧道与地下工程锚喷设计的主要方法，但在施工前的设计阶段，对围岩性态的认识往往不全面或不透彻，很难对围岩稳定性级别做出准确的判断，只有在隧道开挖后围岩特性被充分揭示，特别在锚喷支护施作后，围岩-锚喷支护相互作用、共同工作的性能被监控量测的信息所揭露后，才能对锚喷支护的适应性、安全性以及是否需要对设计参数进行调整做出正确的判断，因此隧道与地下工程锚喷支护设计必须采用**工程类比**与**现场监控量测**相结合的方法。

另外，目前理论分析的方法取得了长足进展，**理论计算法**已成为大型或复杂地下工程锚喷支护设计的一种重要辅助方法。由于岩体情况复杂，施工状况又受诸多条件影响，理论计算参数选择又有很强的综合性，很多情况下还不能作出准确的定量计算，还需与其他方法综合使用。对复杂的大型地下硐室群还可以进行**地质力学模型试验**，以验证其超载能力和破坏状态。因其试验费用较高，仅适用于个别重要、复杂的地下硐室群工程。

支护施工应根据具体情况具体分析，例如，岩石隧道钻爆开挖后，应及时清理松散碎石并喷射混凝土封闭围岩，及早完成初期支护。软弱围岩隧道，初期支护应选用锁脚锚杆（管）、扩大拱脚、临时仰拱等措施，以控制围岩及初期支护变形量。当围岩地质较差、开挖掌子面不稳定时，可采用喷射混凝土或锚杆等对围岩进行加固。在含有临时支撑结构的工法施工中，应根据地质、监测成果、围岩变形等情况，分段拆除临时支撑。软弱地层采用强支护手段的矿山法施工隧道，一般在初期支护完成并验收后进行二次衬砌结构施工。对于需要二次衬砌结构跟进的矿山法施工隧道，其仰拱结构施工时宜采用仰拱栈桥，防止车辆通过破坏新浇仰拱混凝土。暗挖施工期间，应及时对地表及隧道围岩进行观察和监测，根据审批后的监控量测方案，监测围岩变形和地表沉降情况，反馈量测信息指导设计和施工。

1.8.1 锚杆支护

锚杆是指安设于地层中的受拉杆件及其体系，目前国内外适用于不同地质条件、具有各种用途的锚杆有数百种，主要包括预应力锚杆、砂浆锚杆、药卷锚杆、中空注浆锚杆、自进式锚杆、组合中空锚杆、树脂锚杆和楔缝式端头锚固型锚杆，根据不同领域、不同功能要求，其分类方法也不尽相同。

按锚杆与被锚固岩体的锚固方式划分，主要有预应力锚杆、全长胶结式锚杆、摩擦式锚杆、端头锚固式锚杆以及复合并用式锚杆等类型，当然，也可以将锚杆分为预应力锚杆和非预应力锚杆两大类。**预应力锚杆**是指将张拉力传递到稳定的或适宜的岩土体中的一种受拉杆件（体系），一般由锚头、锚杆自由段和锚杆锚固段组成，其在隧道中的应用如图 1-55 所示。

锚杆杆体是指由筋材、防腐保护体、隔离架和对中支架等组装而成的锚杆杆件；**锚头**是指能将拉力由杆体传递到地层面和支撑结构面的装置；**锚杆自由段**是指锚杆锚固段近端至锚头的杆体部分；**锚杆锚固段**是指借助浆体或机械装置，能将拉力传递到周围地层的杆体

图 1-55　预应力锚杆施工现场

部分。

　　预应力锚杆按其锚固体受力状态可分为**拉力型锚杆**、**压力型锚杆**，其中，**拉力型锚杆**是指将张拉力直接传递到杆体锚固段，锚固段注浆体处于受拉状态的锚杆，其主要特点是锚杆受力时锚固段浆体受拉并通过浆体将拉力传递给周围地层，如图 1-56 所示。这种锚杆结构简单，施工方便，是目前使用最广的锚杆类型，特别在土层、坚硬或中硬岩体中使用，效果良好。**压力型锚杆**是指将张拉力直接传递到杆体锚固段末端，且锚固段注浆体处于受压状态的锚杆，其主要特点是利用锚杆底端的承载体使锚杆受力时锚固段浆体受压，并通过浆体将拉力传递给周围地层，如图 1-57 所示。这类锚杆的防腐性能好，但由于灌浆体承压面积受到钻孔直径的限制，因而在土中的压力型锚杆不可能得到高承载力。

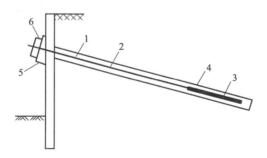

图 1-56　拉力型预应力锚杆结构简图
1—杆体；2—杆体自由段；3—杆体锚固段；4—钻孔；5—台座；6—锚具

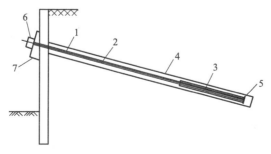

图 1-57　压力型预应力锚杆结构简图
1—杆体；2—杆体自由段；3—杆体锚固段；4—钻孔；5—承载体；6—锚具；7—台座

另外，拉力型和压力型锚杆又可分别衍生出拉力分散型与压力分散型锚杆，如图1-58、图1-59所示。其特点是工作时能充分利用地层固有强度，其承载力随锚固段长度增加成比例提高，特别是压力分散型锚杆，不仅工作时锚固段灌浆体剪应力较均匀，可有效抑制锚杆的蠕变，而且锚杆全长采用无黏结钢绞线，锚杆工作时灌浆体处于受压状态，因而具有良好的防腐性能，是目前在软弱破碎岩体和土体锚固工程中大力推广使用的锚杆，具有广阔的发展前景。

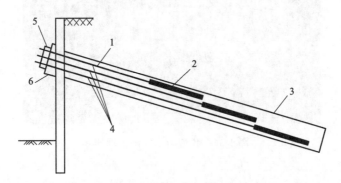

图1-58　拉力分散型预应力锚杆结构简图

1—拉力型单元杆体自由段；2—拉力型单元杆体锚固段；3—钻孔；4—杆体；5—锚具；6—台座

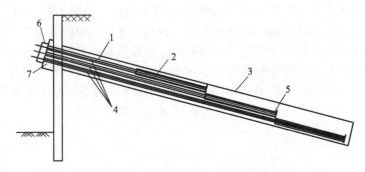

图1-59　压力分散型预应力锚杆结构简图

1—压力型单元杆体自由段；2—压力型单元杆体锚固段；3—钻孔；4—杆体；5—承载体；6—锚具；7—台座

按锚杆使用年限可将其分为永久性锚杆和临时性锚杆，其中，**永久性锚杆**是指永久留在构筑物内并能保持其应有功能的锚杆，其设计使用期超过2年，且使用期限不应低于工程结构的设计使用年限；**临时性锚杆**是指设计使用期不超过2年的锚杆。

锚杆的作用原理，比较公认的有悬吊作用、组合梁作用、内压作用、挤压加固拱作用和围岩改良作用，具体如表1-13所示。

表1-13　锚杆的作用

锚杆的作用	概念图
■ 悬吊作用 把因爆破而松动的岩块固定在没有松动的围岩上，防止掉落。在裂隙发育的围岩中与喷射混凝土并用，效果增强	

锚杆的作用	概念图
■ 组合梁作用 　对隧道周边的层状围岩,使分离的层里面叠合而形成叠合梁。因锚杆的叠合效果可使层理面传递剪力,使层理围岩作为组合梁而发挥效果	
■ 内压作用 　锚杆轴力通过喷射混凝土作用在隧道壁面上,发挥了内压效果,使隧道附近保持三轴应力状态。这抑制了隧道周边围岩的塑性化的扩大,同时也发挥了抑制隧道净空位移的效果	
■ 挤压加固拱作用 　由于系统锚杆的内压效果,对一体化的围岩形成了压力拱,提高了隧道周边围岩的自承载能力,也发挥了抑制隧道净空位移的作用	
■ 围岩改良作用 　围岩内插入锚杆后增大了围岩自身的抗剪强度,围岩屈服后的残余强度也增大了。因此,锚杆能够改善围岩的特性	

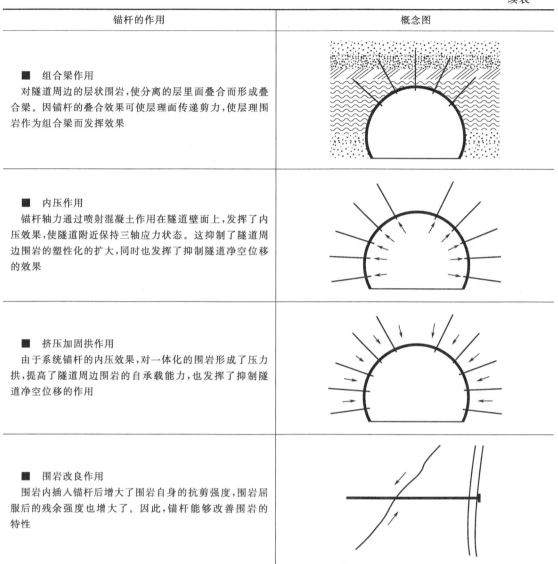

　　锚杆钻孔前,应按设计布置要求,标出钻孔位置,钻孔数量不得少于设计数量;锚杆孔宜采用锚杆钻孔机或钻孔台车钻孔,隧道锚杆钻孔要求使用专用钻孔设备钻孔,钻孔方向灵活,以实现钻孔方向和深度的要求;采用气腿式凿岩机只能是在侧墙及拱腰部位钻孔时,基本可以做到钻孔方向和深度的要求,而在拱部不能实现径向垂直开挖轮廓线钻孔。系统锚杆钻孔方向应为设计开挖轮廓法线方向,垂直偏差不宜大于 20°;局部锚杆应与岩层层面或主要结构面成大角度相交,这是为了更好地发挥锚杆作用。锚杆钻孔直径应大于锚杆杆体直径15mm,这是为了保证砂浆的基本厚度。钻孔深度应满足设计要求,与设计锚杆长度允许偏差为±50mm,锚杆深度是指锚杆杆体完全锚入岩体部分,通常是锚杆设计长度减锚杆外露长度,锚杆外露长度≤100mm,如图 1-60 所示。

　　锚杆施作顺序如图 1-61 所示,在设有系统锚杆的地段,系统锚杆宜在下一循环开挖前完成;在无钢架地段,锚杆在初喷射混凝土、挂钢筋网后施作或在初喷射混凝土、挂钢筋网、复喷后施作;在有钢架地段,锚杆在初喷射混凝土、挂钢筋网、立钢架、复喷射混凝土后施作。

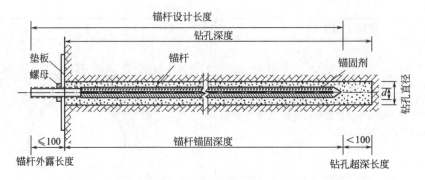

图 1-60　锚杆钻孔深度说明图（尺寸单位：mm）

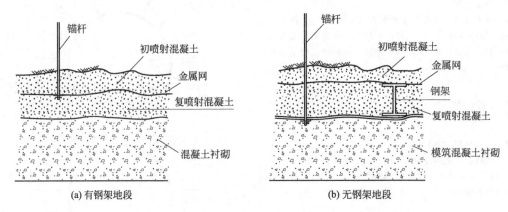

(a) 有钢架地段　　　　　　　　　　(b) 无钢架地段

图 1-61　锚杆施工时序

1.8.2　喷射混凝土支护

喷射混凝土是将水泥、骨料和水按一定比例拌制的混合料装入喷射机，借助压缩空气，从喷嘴喷出至受喷面所形成的致密均质的一种混凝土，施工现场如图 1-62、图 1-63 所示，喷射混凝土适用于隧道、硐室、边坡和基坑等工程的支护或面层防护。

图 1-62　喷射混凝土用于隧道工程

图 1-63　喷射混凝土用于基坑工程

喷射混凝土工艺主要有干喷、潮喷和湿喷三种，具体如下：

干喷是将喷射混凝土混合料、速凝剂在无水的情况下搅拌均匀，混合料拌和时仅有骨料含水率所占的水量，用压缩空气使干骨料在软管内呈悬浮状态压送到喷枪，再在喷嘴处与高压水混合，以较高速度喷射到岩面上，如图 1-64（a）所示。干拌法喷射混凝土的主要优点有施工机械简单，喷射机体积小、操作轻便、作业灵活、转移方便，输料管长度远大于湿喷法喷射机械，可在狭小的地下空间实施喷射作业。其不足之处是如不加控制，喷射作业区粉尘量较大，对作业环境造成不良影响，混凝土质量过于依赖喷射手的个人技术，容易出现波动。当采取适当的控制措施，如混合料拌和时严格控制骨料含水率 5％～6％，及对喷射人员实施考核准入制等，其缺陷将会在很大程度上得以缓解。公路隧道内不允许使用该方法，其他领域是否允许需要参照相应的规范而定。

潮喷是将骨料预加少量水，浸润成潮湿状，再加水泥、速凝剂拌和均匀，但大量的水仍是在喷头处加入和喷出，其喷射工艺流程和使用的机械与干喷相同。潮喷作业可以降低上料、拌合和喷射时作业区的粉尘，喷射混凝土质量相对较好。

湿喷是将喷射混凝土按骨料、水泥和水按比例拌和均匀，混凝土中的全部水量在混合料拌和时一次加入，用湿式喷射机压送到喷头处，再在喷头上添加速凝剂后喷出，以较高速度喷射到岩面上，如图 1-64（b）所示。湿喷作业能显著减少粉尘、提高喷射混凝土的密实度，混凝土均匀性好，喷射质量容易得到控制，喷射过程中产生的粉尘少和回弹量少，其不足之处是对喷射机械要求高，喷射机体积较大、较笨重，如图 1-65 所示，转移设备麻烦，一般需有机械手配合。输料管距离较短，对一些难以进出的区域，喷射混凝土使用量较少的地方及在富含地下水的地层中喷射施工适应性差。

在隧道支护中采用喷射混凝土，一般需掺入速凝剂，其目的在于：

① 防止喷层因重力作用而流淌或坍落，提高喷射混凝土在潮湿岩面或轻微含水岩面中使用的性能；

② 增加一次喷射混凝土厚度和缩短喷层之间的喷射间歇时间；

③ 提高早期强度以及时提供稳定围岩变形所需的支护抗力。

应选择速凝效果好，对喷射混凝土强度和收缩影响小的速凝剂，公路隧道相关规范规定：其初凝时间应不大于 3min，终凝时间应不大于 12min。

隧道开挖爆破后，应立即进行喷射混凝土初喷作业。初喷作业是指开挖爆破、清除危石

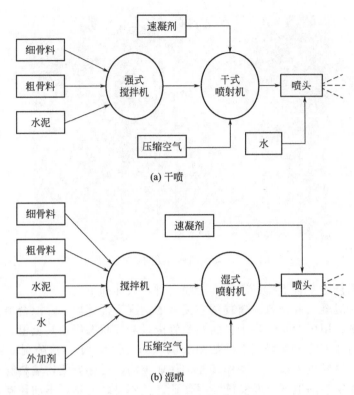

(a) 干喷

(b) 湿喷

图 1-64　喷射方式的系统图

图 1-65　HP-3017 混凝土湿喷台车（中铁装备）

后，在立钢架和挂钢筋网之前，对新暴露的围岩进行初喷，一般不超过 4h 完成，围岩条件较好时一般在 6h 内完成，这样能迅速封闭岩面、有效控制围岩松动变形，确保施工安全、保证喷射混凝土支护效果。

　　喷射混凝土的设计强度等级不应低于 C20；用于大型硐室及特殊条件下的工程支护时，其设计强度等级不宜低于 C25。喷射混凝土厚度设计应满足隧洞硐室工程稳定要求及对不稳定危石冲切效应的抗力要求，最小设计厚度不得小于 50mm。开挖后呈现明显塑性流变或高应力易发生岩爆的岩体中的隧洞，受采动影响、高速水流冲刷或矿石冲击磨损的隧洞和竖井，宜采用喷射钢纤维混凝土支护。

喷射混凝土施工前要清理受喷岩面的浮石、岩屑、杂物和粉尘等，一方面保证喷射混凝土与岩面的有效黏结，另一方面也是为防止松动碎块掉落，危及喷射作业安全。检查开挖面断面净空尺寸，凿除欠挖凸出部分，喷射混凝土作业完成后发现局部凸出，需凿除后补喷。岩面有渗水时，喷射混凝土难以与围岩岩面黏结，需采取相应措施进行处理。设置控制喷射混凝土厚度的标识，其目的是保证喷层厚度；一般是在初喷混凝土上插标示短钢筋或利用钢筋网、钢架设置标识。检查作业机具、设备、风水管路、电缆线路，并试运转正常，检查作业场地的通风和照明条件。

喷射混凝土作业应按初喷混凝土和复喷混凝土分别进行，即初喷混凝土将全部新暴露的围岩表面覆盖完全，并在达到终凝后再进行复喷，初喷混凝土厚度宜控制在 20～50mm，岩面有较大凹注时，可结合初喷找平。复喷可采用一次作业或分层作业，根据喷射混凝土设计厚度、喷射部位和钢架、钢筋网设置情况而定，拱顶每次复喷厚度不宜大于 100mm；边墙每次复喷厚度不宜大于 150mm；复喷最小厚度不宜小于 50mm。每次复喷混凝土厚度要适当，过薄则粗骨料不易黏结牢固，增加回弹量；过厚则由于混凝土自重下坠，影响喷射混凝土与岩面的黏结力，不易保证喷射混凝土层密实。

喷射混凝土应分段、分片、分层按由下而上顺序进行，拱部喷射混凝土应对称作业。分段、分片是为了便于厚度和密实度控制，保证喷射混凝土连续作业，也是考虑到喷射机械的工作能力和作业半径；按由下而上顺序进行，是为了避免上部喷射混凝土回弹物污染下部喷射的岩面混入喷层内；下部喷射混凝土层对上部喷射混凝土层起支托作用，可较少或防止喷射混凝土层松脱。另外，后一层喷射混凝土应在前一层喷射混凝土终凝后进行，若终凝后初喷射混凝土表面已蒙上粉尘时，后一层喷射混凝土作业前，受喷面应吹洗干净。

喷嘴宜垂直岩面，喷枪头到受喷面的水平距离宜为 0.6～1.2m，如图 1-66 所示。喷射机工作压力宜根据混凝土坍落度、喷射距离、喷射机械、喷射部位确定，可先在 0.2～0.7MPa 之间选择，并根据现场试喷效果调整。喷嘴垂直岩面时，喷射效果最好，斜向喷射时，容易产生分离、增加回弹量。喷射距离以冲击速度和附着强度为最佳状态来确定。喷射压力是影响喷射混凝土粉尘量和回弹量的重要因素之一，现场实时调整到合适压力。

喷射混凝土回弹物，已经发生水化作用，混凝土已凝固，是不可逆的，不得重新作喷射混凝土材料，

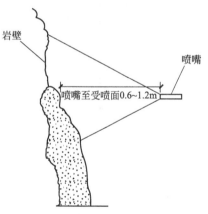

图 1-66　喷射混凝土施工示意图

只能作废料处理。未掺入速凝剂的混合料存放时间不宜大于 2h。由于混合料含有一定的水分，若停放时间过长，水泥易发生预水化，会造成混凝土后期强度的明显降低。

1.8.3　锚喷联合支护

1.8.3.1　锚喷支护

锚喷支护设计过程中，应采用工程类比与监测量测相结合的设计方法；对于大跨度、高边墙的隧道硐室，还应辅以理论验算法复核；对于复杂的大型地下硐室群可用地质力学模型试验验证。

锚喷支护施工过程中，隧洞洞口段、硐室交叉口洞段、断面变化处、硐室轴线变化洞段等特殊部位，均应加强支护结构；围岩较差地段的支护，应向围岩较好地段适当延伸；断

层、破碎带或不稳定块体，应进行局部加固；当遇岩溶时，应进行处理或局部加固；对可能发生大体积围岩失稳或需对围岩提供较大支护力时，宜采用预应力锚杆加固。在岩面上，锚杆宜呈菱形或矩形布置；锚杆的安设角度宜与硐室开挖壁面垂直，当岩体主结构面产状对硐室稳定不利时，应将锚杆与结构面呈较大角度设置；锚杆间距不宜大于锚杆长度的1/2。当围岩条件较差、地应力较高或硐室开挖尺寸较大时，锚杆布置间距应适当加密。对于Ⅳ、Ⅴ级围岩中的锚杆间距宜为 0.50～1.00m，并不得大于 1.25m；锚杆直径应随锚杆长度增加而增大，宜为 18～32mm。

对下列特殊地质条件的锚喷支护设计，应通过试验或专门研究后确定：①未胶结的松散岩体；②有严重湿陷性的黄土层；③大面积淋水地段；④能引起严重腐蚀的地段；⑤严寒地区的冻胀岩体。

1.8.3.2 钢筋网

喷射混凝土中一般都会挂钢筋网，这是由于钢筋网和喷射混凝土组成的一种联合支护结构。钢筋网的介入，提高了喷射混凝土的抗剪、抗拉及其整体性，使锚喷支护结构更趋于合理，钢筋网宜在工厂或现场集中加工。

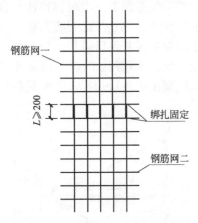

图 1-67　钢筋网安装施工示意图

钢筋网中所采用的钢筋应冷拉调直后使用，钢筋表面不得有裂纹、油污、颗粒或片状锈蚀；钢筋网交叉点可绑扎，也可点焊接，网片整体应平整、牢固，并与钢架或锚杆连接牢固；钢架采用双层钢筋网时应在第一层铺设好后再铺设第二层；为了保证发挥钢筋网的"网"的作用和整个支护面钢筋的连接作用，要求每个交点和搭接段均应绑扎或焊接，搭接长度不应小于 0.2m 且不应小于 30 倍钢筋直径，如图 1-67 所示。钢筋网钢筋每节长度不宜小于 2.0m，施工过程中利用钢架固定或者用铆钉、短锚杆固定钢筋网，目的是使钢筋网在喷射混凝土时不晃动。

钢筋网与钢筋混凝土中的钢筋一样，需要被混凝土完全包裹，初喷混凝土后再铺挂，才能保证被喷射混凝土包裹、发挥钢筋网的作用；同时，初喷混凝土后再进行钢筋网铺挂作业，能够有效防止落石伤人，有利于施工安全。再者，通常不将钢筋预焊成片进行铺挂，原因有二，一是因为钢筋网随受喷岩面起伏铺挂，在凹凸严重和局部超挖的围岩面，钢筋预焊成片铺挂时，难以实现与岩面的最大间隙不大于 50mm 的要求；二是采用钢筋网片时，网片与网片之间的钢筋搭接一旦错位，这一片钢筋全部错位，将不能满足搭接要求。

采用双层钢筋网时，要保持两层钢筋网之间有一定的距离，以更好地发挥两层钢筋网的作用，所以，第二层钢筋网需要在第一层钢筋网被喷射混凝土全部覆盖后进行铺挂。两层钢筋网同时铺挂后再复喷混凝土，会增加混凝土回弹量，也影响喷射混凝土的密实性，施工中不允许这样做。

1.8.3.3 钢架

围岩地质较差、自稳能力弱，开挖后要求早期支护具有较大的刚度，以阻止围岩的过度变形和承受部分松弛荷载，此时就需要采用刚度较大的钢架支护。另外，在浅埋、偏压隧道，当早期围岩压力增长快，需要提高初期支护的强度和刚度时，也多采用钢架支护。常见的有钢筋格栅钢架和型钢钢架，如图 1-68、图 1-69 所示。

图 1-68　钢筋格栅钢架

图 1-69　型钢钢架

钢架应按设计尺寸进行加工,当围岩实际开挖轮廓较设计开挖轮廓大时,钢架加工内轮廓尺寸允许根据隧道实际开挖轮廓进行加工,但内轮廓半径不能小于设计,这是由于初期支护的钢架越贴近围岩,支护效果越好。为了与开挖断面尺寸相适应,同时也为了方便施工,钢架可分节段制作,首榀钢架需进行试拼,当各部尺寸满足设计要求时,方可进行批量生产。每节段长度应根据设计尺寸和开挖方法确定,且不大于 4m,按照安装位置对每节进行编号。节段之间通过钢板连接,为了提高安装效率,保证质量,连续钢板设有螺栓孔,采用冲压或铣切成孔,清除毛刺,不得采用氧焊烧孔,否则很难保证成孔质量;螺栓孔不应少于4 个,如图 1-70 所示。

钢架安装时,为了安全,先初喷一层混凝土,在初喷混凝土的保护下进行钢架安装。安装前,应清除钢架脚底虚渣,使之支承在稳固的地基上。钢架上、下、左、右允许偏差为±50mm,钢架倾斜度允许偏差为±2°。另外,由于单榀钢架独立支护能力有限,相邻两榀钢架之间应用钢筋或型钢连接,可起到约束的作用,防止单榀倾斜,提高钢架沿隧道纵向的刚度和稳定性,发挥相邻多榀钢架的整体支护作用。固定安装后,应及时施作锁脚锚杆,防止拱架拱脚沉降,影响钢架效果。钢架和初期支护之间若存在间隙时,应采用钢楔块或木楔块楔紧,并用喷射混凝土充填密实,目的是保证钢架与围岩紧密接触和均衡受力,并尽早发挥作用;有多个楔块时,楔块和楔块的间距不宜大于 2.0m,如图 1-71 所示。

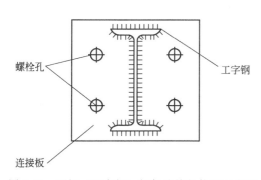

图 1-70　型钢(工字钢)钢架连接板构造示意图

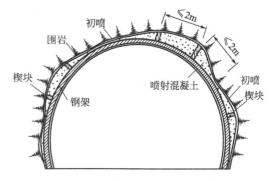

图 1-71　钢架与楔块的关系示意图

1.8.3.4　回填注浆

掌子面封闭成环 2～5m,开始背后回填注浆,注浆管环向布置与纵向布置如图 1-72、图 1-73 所示,注浆孔应在初期支护结构施工时预埋,其间距宜为 2～4m。初期支护背后回填注浆完成后，应检查背后注浆密实情况，若存在空洞应及时进行填充注浆处理。注浆宜采用水泥浆液、水泥砂浆或掺有石灰、黏土、粉煤灰等的水泥浆液；当注浆兼有堵水作用时，应先注水泥、水玻璃双浆液，后注其他浆液，其流程如图 1-74 所示。

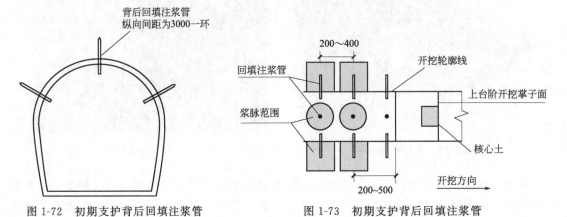

图 1-72　初期支护背后回填注浆管　　　　图 1-73　初期支护背后回填注浆管
　　　　　　环向布置示意图　　　　　　　　　　　　纵向布置示意图

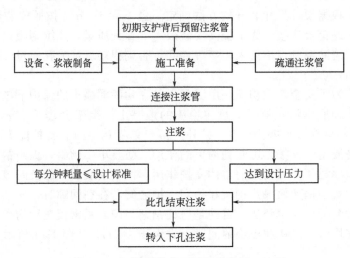

图 1-74　初期支护背后回填注浆施工流程

1.8.4　模筑混凝土衬砌

1.8.4.1　拼装式模板

拼装式模板由模板、支撑模板的拱架、斜撑和横撑及拱架纵向连接件等组成，如图 1-75 所示。

混凝土浇筑过程中，模板拱架不偏移、不扭曲，模板光滑、不变形，模板接缝平整不漏浆。拱架是模板的支撑骨架，其整体刚度不足可能引起模板沉降、位移和变形，影响混凝土质量，通过增加横撑、加强斜撑等措施提高拱架的整体刚度。模板拱架形状应与衬砌断面形状相适应，模板表面各点应不侵入衬砌内轮廓，放样时，可将设计衬砌轮廓线外扩 50～80mm，但不得影响衬砌厚度，并应预留拱架高程沉落量，施工中应随时测量、调整。模板拱架需要有规整的外形，考虑到混凝土受力后可能引起的变形和施工误差，拱架曲线半径需留出一定富余量。拱架高程预留沉落量可与富余量一并考虑，施工中随时测量、调整。每一

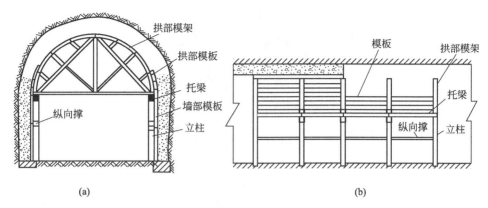

(a)　　　　　　　　　　　　　　　　　　　(b)

图 1-75　拼装式模板示意图

施工循环的前后两端拱架外形尺寸最大误差不宜大于 5mm。这是避免前后两环衬砌间出现错台的要求。

　　单块活动模板长度宜为 1000mm，最大不应超过 1500mm，宽度不宜大于 500mm。单块活动模板长度和宽度均不宜过大，模板长度过大可能造成板块刚度不足，宽度过大不利衬砌的弯曲过渡，可配若干宽度为 300mm 的窄模板。另外，拼装式模板一般是由人工现场拼装，且工作空间小，单块模板过大，不便操作。挡头模板应与衬砌断面相适应，方便止水带安装。衬砌施工缝是隧道渗漏水的主要渠道，衬砌施工缝防水通常采用止水带，除要求挡头板安装牢固外，还要求止水带安装方便、定位准确。挡头模板安装应固定牢固、封堵严密，不得损坏防水板。

　　模板重复使用时，使用前应进行检查，出现异常应予以修整。模板及支架反复使用后可能出现不正常的变形、扭曲、凹凸、接缝张开或临时开孔。模板、拱架架设位置应准确，高程应满足设计要求。拱架和模板设置位置要准确，架设时需要按隧道中线和高程就位，反复校核，把施工误差控制在允许范围内。一次浇筑长度宜为 3.0～8.0m。

1.8.4.2　模板台车

全断面衬砌模板台车如图 1-76、图 1-77 所示。模板台车将拱和墙的模架与模板制作成整体，隧道底板铺设有轨道，台车上装有行走的轨轮，衬砌完成一个段长并脱模后，整体移动到下一段继续浇筑。

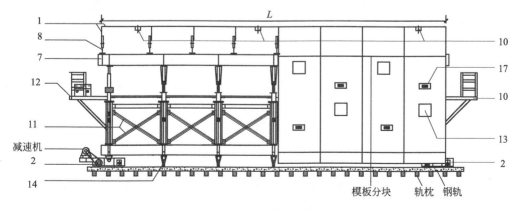

(a) 模板台车构造示意图一

图 1-76

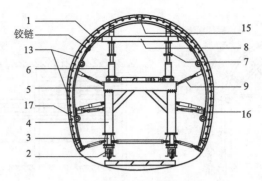

(b) 模板台车构造示意图二

1—台车模板；2—行走轮架；3—行走梁；4—立柱；5—横梁；6—液压系统；7—上纵梁；8—反跳梁；
9—双线丝杆；10—工作平台；11—门架支撑间；12—液压操作平台；13—工作窗；14—丝杠千斤顶；
15—进料孔；16—内围檩；17—振捣器

图 1-76　模板台车示意图

图 1-77　模板台车

　　模板台车支架、模板应满足混凝土浇筑过程中的强度、刚度和稳定性要求。台车支撑门架结构净空需满足施工车辆和人员安全通行要求。台车支撑门架间距不宜大于 2.0m，且门架位置宜与模板拼装重合。为便于衬砌、模板台车整体移动和准确就位，需要有自动行走装置、固定装置。应设置可整体调节升降的液压装置，边墙模板应设置可伸缩的液压调节或螺杆调节的支撑装置，并应满足边墙与边脚一次浇筑要求。设置可调节升降液压装置和可伸缩的液压调节或螺杆调节支撑装置，是便于模板准确就位和拆模。台车模板的模板应表面光滑、接缝严密，台车钢模板厚度不宜小于 10mm。

　　模板应留振捣窗，振捣窗纵向间距不应大于 2.5m，与端头模板距离不应大于 1.8m，横向间距不应大于 2.0m，振捣窗不宜小于 450mm×450mm，振捣窗周边模板应加强刚度，窗门应平整、严密、不漏浆。振捣窗的设置是为了便于进料、检查和混凝土振捣，振捣窗周边加强刚度是为了保证周边不变形。模板台车挡头模板应采用可重复使用并能同时固定止水带的定型模板，应便于固定。挡头模板采用定型模板，便于与止水带的固定和挡头模板与模板台车的固定。模板台车挡头模板安装应固定牢固、封堵严密，不得损坏防水板。模板台车应垂直于硐室中线方向架设，位置应准确，高程应满足设计要求。模板台车应根据施工通风风管设计参数预留风管穿越的空间。模板台车电缆线应穿入 PVC 管中。采用模板台车浇筑的混凝土，一次浇筑长度宜为 6.0～12.0m。

1.8.5 超前支护

在地质不良、水文条件较差或浅埋隧道开挖，为防止软弱地层的松弛，一般采用超前支护对地层进行预加固，从而改善掌子面上方的围岩状况。隧道施工前应根据设计提供的工程及水文地质资料，结合现场实际情况，对隧道自稳时间小于完成支护所需时间的地段，制订超前支护方案，进行超前支护。隧道应按照设计或经批准的方案施作超前支护。

超前支护主要包括预加固、超前管棚、超前锚杆、超前小导管、水平旋喷咬合桩以及开挖面喷射混凝土加固等方式。超前支护施工后及时观察支护效果，为下一工序创造条件并分析检测不满足要求的项目及产生原因，并制订整改措施，确保超前支护质量满足隧道开挖要求。

1.8.5.1 超前管棚

超前管棚法主要适用于第四纪覆盖地层、软弱、砂砾地层或软岩、岩堆、破碎带等易于崩塌、松弛、软化的地层。主要适用于：①作为公路、铁路下方修建隧道的辅助方法；②作为在地下结构物下方修建隧道的辅助方法；③作为修建大断面隧道施工的辅助方法；④作为隧道洞口段施工的辅助方法。

隧道洞口管棚一般采用套拱内埋设导向管定位，如图 1-78 所示，套拱长宜为 2～3m；套拱施工时应将导向管牢固、准确固定在拱架上，再浇筑混凝土。管棚节间宜用丝扣连接；管棚单、双序孔的连接丝扣宜错开半个节长。管棚安装后，管口应封堵钢管和孔壁间空隙，管棚注浆前，宜将开挖工作面用混凝土封闭，且应将钢管及其周围的空隙充填密实，防止漏浆。

图 1-78　洞口管棚

钻孔前应精确测定孔的平面位置、倾角、外插角，并对每个孔进行编号，严格控制钻孔平面位置。管棚不得侵入隧道开挖线内，相邻的钢管不得相撞和立交。钻孔过程中，要始终注意钻杆角度的变化，并保证钻机不移位，每钻进 10m 要用仪器复核钻孔的角度是否有变化，以确保钻孔方向。管棚的常规参数如表 1-14 所示。

表 1-14　管棚常规参数

项目	具体要求	项目	具体要求
外插角	1～5°	壁厚	6～8mm
搭接长度	≥3m	每节最佳长度	4～6m
直径	70～180mm	套拱	2～3m

钻进地层易于成孔时，宜采用引孔顶入法；地质状况复杂、不易成孔时，可采用跟管钻进工艺。管棚跟管钻进施工流程如图1-79所示。

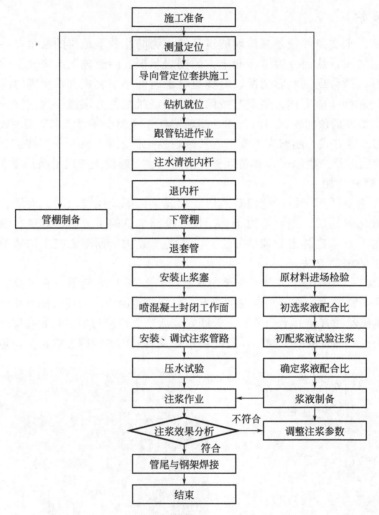

图1-79　管棚跟管钻进施工流程

1.8.5.2 超前锚杆

超前锚杆一般由水泥砂浆、锚杆、垫板、垫圈和螺帽组成，如图1-80所示，适用于各种地质，其纵、横剖面布设如图1-81所示。水泥宜使用强度等级不低于42.5号硅酸盐水泥，杆体直径一般为16~25mm。砂的粒径不大于2.5mm，使用前应过筛，严防石块和杂物等混入，杆体头部应制成尖头。

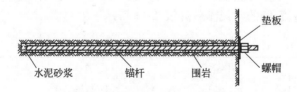

图1-80　锚杆加工及安装大样示意图

当孔深小于3m时，宜采用先注后插的施工方法；当孔深大于3m时，宜采用先插后注

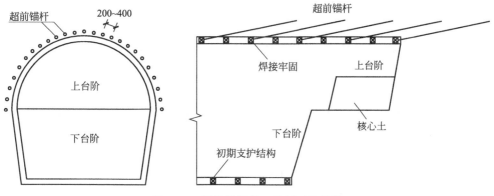

图 1-81　超前锚杆纵、横剖面示意图

的施工方法；锚杆的钻孔直径一般为 40～45mm，深度一般为 2～5m，多采用气腿式或向上式凿岩机；钻孔的横向间距一般为 0.2～0.4m，如采用双层，间距为 0.4～0.6m，倾角一般选用 6°～12°。

1.8.5.3　超前小导管

超前小导管注浆方法主要适用于自稳时间短的软弱破碎带、浅埋软弱地层和严重偏压、砂层、中粗砂层等地质松软、空隙较大的地层，超前小导管纵向布设如图 1-82 所示。

超前小导管设置应符合下列规定：

① 沿隧道拱部均匀布设，环向间距符合设计要求，宜为 0.3～0.5m，外插角度宜为 10°～15°；

② 小导管应按设计长度施作，应大于 2 倍循环进尺，宜为 2～3m，搭接长度不应小于 1m；

③ 应与钢架构成联合支护。

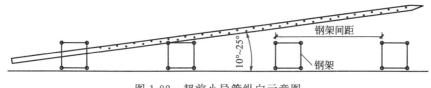

图 1-82　超前小导管纵向示意图

1.8.6　超前地质预报

通过超前地质预测预报隧道开挖前方的围岩地质条件、地下水等地质信息；通过施工监控量测对围岩和支护结构的观察、监测，掌握围岩动态及支护结构受力状态，根据预测和监测情况，对支护结构和开挖、支护方式进行调整，实行动态设计、动态施工。因此，隧道衬砌施工应结合超前地质预报和现场监控量测结果，与设计配合对支护结构、开挖和支护方式进行合理调整。

1.9　通风

通风的目的主要有：供给洞内新鲜空气，冲淡与排除有害气体，降低粉尘浓度，降低地下空间内温度。地下工程施工通风分自然通风和机械通风两种。机械通风以管道式最为普遍，管道通风也称风筒通风或风管通风，其方式有压入式、抽出式和混合式三种，如图1-83所示。

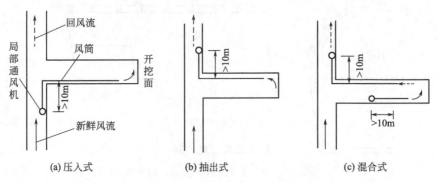

图 1-83　通风方式示意图

图 1-84　压入式通风

（1）压入式通风

该方式是通风机吸入新鲜空气，通过风筒压入工作面，吹走工作面有害气体和粉尘，使之沿隧道排除，通风机一般设立在洞口或有充足新鲜空气补给的地方，如图1-84所示。

（2）抽出式通风

抽出式通风方式是用通风机将工作面爆破所产生的有害气体通过风筒吸出，新鲜空气则经隧道自动补偿进入工作面。

（3）混合式通风

这种方式是压入式和抽出式的联合应用，通常以抽为主、以压为辅，它具有以上两者的优点，适合长度较大的隧道通风。

思考题与习题

1. 平洞的断面形式有哪些？断面形式的选择需要考虑哪些因素？
2. 岩石强度和围岩稳定性的关系？
3. 双侧壁导洞的开挖是对开还是错开？为什么？
4. 什么是 CD 法和 CRD 法？二者的区别是什么？
5. 直眼掏槽和斜眼掏槽的区别？
6. 掘进工作面的炮眼分哪几类？如何布置？
7. 光面爆破的标准是什么？
8. 简述锚杆的作用原理？
9. 常用的锚杆有哪些类型？
10. 干喷与湿喷的区别？
11. 锚喷联合支护有哪些类型？
12. 通风方式有哪些？

第2章 盾构法施工

■ 案例导读

央视《新闻联播》以《我国城市轨道交通发展迅速》为题，为城市轨道交通发展点赞，据报道，"十三五"期间，我国城市轨道交通新增运营里程4000km，发展迅速，在满足人民群众交通出行、缓解城市交通拥堵、促进经济社会发展方面发挥了重要作用，已成为改善城市居民生活品质、提升人民群众获得感幸福感的重要载体。以北京为例，每天有超过1000万人次乘坐地铁（图2-1）通勤，截至2019年底中国地铁运营城市分布如图2-2所示。

图 2-1　地铁

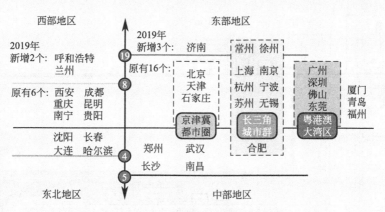

图 2-2　截至 2019 年底中国地铁运营城市分布图

2019 年全年共完成城市轨道交通建设投资 5958.9 亿元，同比增长 8.9%，在建项目的可研批复投资额累计 46430.3 亿元，在建线路总长 6902.5km，在建线路规模稳步增长，年度完成建设投资额创历史新高。

讨论

城市轨道交通是指在不同形式固定轨道上运行的城市公共客运系统的统称，其中包括地铁、轻轨和市区快速轨道交通等。从上述资料可以看出，国家正在大力发展城市轨道交通事业，2000 年国家首次把"发展地铁交通"列入国民经济"十五"计划发展纲要，并作为拉动国民经济持续发展的重大战略，经过多年发展，地铁在轨道交通中所占比例越来越高。那么地铁隧道是如何修建的？是采用第 2 章所学的方法吗？通过本章学习，我们将学习一种全新的隧道施工方法：盾构法。

盾构一词中"盾"本指盾壳，含有保护之意，"构"是指构筑、构建，盾构法，如图 2-3 所示是指在盾壳的保护之下进行隧道构筑的方法，其核心设备是盾构机，该机器在开挖土体的同时，不仅能防止开挖面的崩塌，也能防止上覆土体的塌陷，保护内部作业人员和设备的安全。

图 2-3 盾构施工

盾构法施工示意如图 2-4 所示，其步骤大体如下：①修建竖井；②盾构机就位；③开挖、出渣；④支护；⑤壁厚注浆；⑥循环往复。

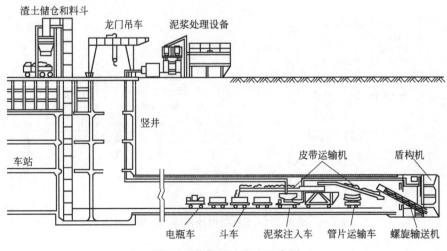

图 2-4 盾构机法施工示意图

　　地铁隧道施工的特点是隐蔽性大、作业循环性强、作业的综合性强、施工具有动态性、气候影响小、作业环境恶劣、作业风险大、作业空间有限等,选择施工工法时必须充分考虑这些特点。地铁隧道本质上也是隧道,只是建成后用于城市轨道交通领域,根据隧道穿越地层的不同情况和目前隧道施工方法的发展,隧道施工方法的分类如图 2-5 所示,本章主要介绍盾构法施工。

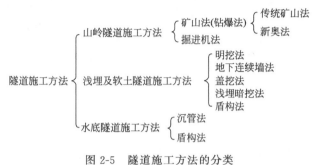

图 2-5　隧道施工方法的分类

2.1　盾构机的基本构造

　　盾构机由**专用机构**和**通用机构**组成。专用机构因机种的不同而不同,通用机构主要由壳体、推进系统、掘削机构、排土系统、拼装机构等组成。

　　(1) 壳体

　　整个外壳由钢板制成,内部设有环形梁等加强支撑,减小其变形,内部作业都是在该壳体的保护下进行,以工作面为起始点进行划分,一般分为切口环、支撑环和盾尾三部分。

　　切口环位于盾构机的最前端,配有掘削机械和挡土设备,起开挖和挡土作用,施工时最先切入地层并掩护开挖作业。

　　支撑环紧邻于切口环,如图 2-6 所示,因要承受作用于盾构机上的大部分荷载,所以是一个刚性很好的圆形结构,内部设有环状梁和支柱,沿内部周边布设推进千斤顶。

　　盾尾主要用于掩护管片的安装工作,如图 2-7 所示。盾尾末端设有密封装置,以防止水、土以及注浆材料从盾尾和衬砌间的缝隙进入盾构机内。

图 2-6　支撑环

　　(2) 推进系统

　　推进系统包括设置在盾构机钢壳支撑环内侧环向千斤顶群及其控制设备,如图 2-8 所示,千斤顶群是使盾构机在土层中向前推进的关键性设备,设计中需进行推力计算,所有千斤顶推力之和就是盾构机的总推力。

　　(3) 掘削机构

　　掘削机构通俗讲就是挖土设备,对人工掘削式盾构机而言,掘削机构即铁锹、风镐、鹤嘴锄等;对半机械式盾构机而言,掘削机构即铲斗、掘削头;对机械式、封闭式、复合式盾构机而言,掘削机构即切削刀盘。

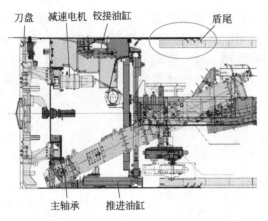

图 2-7　盾尾

刀盘设置在盾构机的最前方，如图 2-9 所示；刀盘主要有辐条式和面板式，如图 2-10 所示，既能掘削土体，又能对掘削面起到一定的支撑作用，从而保证开挖面的稳定；刀盘的支承方式有中心支承式、中间支承式和周边支承式三种，如图 2-11 所示；刀盘掘削方式有旋转掘削、摇动掘削和游星掘削三种，如图 2-12 所示。

图 2-8　推进系统

图 2-9　刀盘

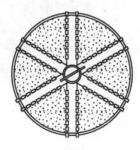
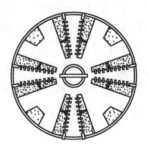

(a) 辐条式　　　　　　　　　　(b) 面板式

图 2-10　刀盘形式

（4）排土系统

盾构施工的排土系统因机器类型的不同而异。土压平衡盾构采用螺旋输送机排渣，如图 2-13 所示；泥水平衡盾构采用排浆泵排渣，如图 2-14 所示。

（5）拼装机构

管片拼装机构设置在盾构机的尾部，由举重臂和真圆保持器构成。

① 举重臂。举重臂是在盾尾内把管片按照设计所需要的位置安全、迅速拼装成环的装置，如图 2-15 所示。

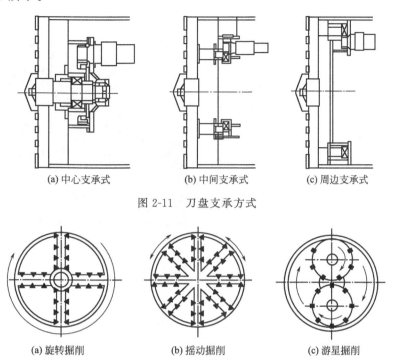

(a) 中心支承式　　　　(b) 中间支承式　　　　(c) 周边支承式

图 2-11　刀盘支承方式

(a) 旋转掘削　　　　(b) 摇动掘削　　　　(c) 游星掘削

图 2-12　刀盘掘削方式

图 2-13　螺旋输送机

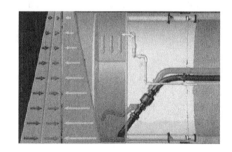

图 2-14　排浆泵排渣

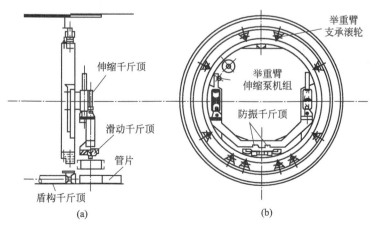

(a)　　　　　　　　　　　(b)

图 2-15　举重臂

② 真圆保持器。当盾构机向前推进时，管环就从盾尾脱离，管片受到自重和土压力的作用会产生变形，使横断面成为椭圆形，因此，就需要使用真圆保持器，使拼装后的管环保持真圆状态，如图 2-16 所示。

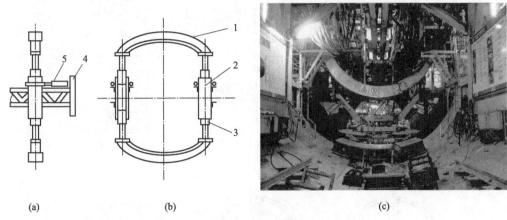

(a)   (b)   (c)

图 2-16 真圆保持器
1—扇形顶块；2—支撑臂；3—伸缩千斤顶；4—支架；5—纵向滑动千斤顶

2.2 盾构机的分类

盾构机从外形上分，主要有圆形、双圆搭接形、三圆搭接形、矩形、马蹄形或与隧道断面相似的特殊形状等，但绝大多数为圆形，如图 2-17 所示。

(a) 圆形   (b) 双圆搭接形

(c) 三圆搭接形   (d) 矩形

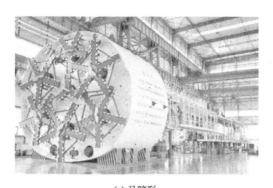

(e) 马蹄形

图 2-17　各种外形的盾构机

按开挖面对地层的支护形式可分为：自然支护式、机械支护式、压缩空气支护式、土压平衡支护式和泥水支护式；按出渣方式分有皮带输送机出渣、螺旋输送机出渣、排浆管泵排出渣 3 种；根据开挖面支护形式的不同，盾构可分为全敞开式盾构、半敞开式盾构、密封式3 种，均适用于相应的地质条件。

全敞开式是指没有隔墙和大部分开挖面呈敞露状态的盾构机，根据开挖方式不同，又分为手掘式、半机械式和机械式 3 种，全敞开式盾构对应于开挖面的自然支护或机械支护形式，采用皮带输送机排渣。半敞开式是指挤压式盾构，这种盾构机的特点是在隔墙的某处设置可调节开口面积的排土口。封闭式是指在机械开挖式盾构机内设置隔墙，由泥水压力和土压力提供足以使开挖面保持稳定的压力。封闭式盾构机又分为泥水平衡盾构机、土压平衡盾构机和复合平衡盾构机。土压平衡盾构机对应于开挖面的土压平衡支护形式，采用螺旋输送机排渣；泥水平衡盾构机对应于开挖面的泥水平衡支护形式，采用排浆泵排渣。

下面介绍几种典型的盾构机。

（1）手掘式盾构机

手掘式盾构机采用人工开挖隧道，属于全敞开式的一种。开挖采用铁锹、风镐、碎石机等工具由人工进行开挖。在含水地层中，往往需辅以降水等措施，劳动强度大、效率低且进度慢。不过正是由于人工开挖，施工人员可以随时观测地层变化情况，能够及时采取相应措施，遇到块石等障碍物时比较容易处理，便于曲线施工，容易纠偏。

（2）半机械式盾构机

半机械式盾构机也是一种全敞开式盾构机，如图 2-18 所示，它用机械代替人工开挖，其余与手掘式盾构机类似。

（3）敞开机械式

当掌子面土体形状较好，能够自立或采用辅助措施后能够自立时，可采用敞开机械式盾构机，如图 2-19 所示。与土压平衡盾构主要区别是刀盘后没有封闭隔板。

（4）盖板挤压盾构机

盖板挤压盾构机的开挖面用胸板封起来，如图 2-20 所示，把土体挡在胸板外，避免掌子面坍塌，确保施工人员和机具设备的安全。胸板上设置开口，当盾构机推进时，土体从胸板开口处挤入盾构机内，实现开挖过程，使用范围较小，只能在空旷的地区或江河、海滩等区域应用，否则会对建筑物造成较大影响。

（5）网格挤压盾构机

网格挤压盾构机包括干式网格盾构机和水力网格盾构机，是一种半敞开式，如图 2-21

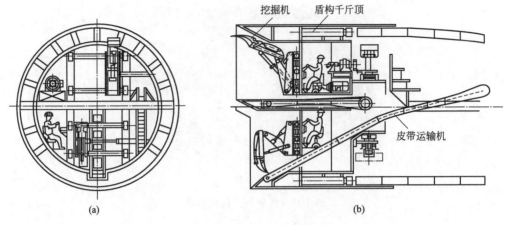

图 2-18 半机械式盾构机

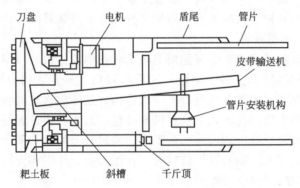

图 2-19 敞开式机械盾构机

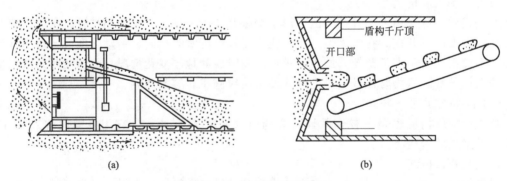

图 2-20 盖板挤压盾构机

所示。采用钢制的网格替代胸板，完成挡土、出土的工作，类似于"挤面条"，其使用范围也受到一定的限制。

（6）土压平衡盾构机

土压平衡盾构机属封闭式，如图 2-22 所示，它的前端有一个全断面切削刀盘，切削刀盘的后面有一个贮留切削土体的密封舱，在密封舱中心线下部设有长筒形螺旋输送机进行旋转出土，所谓土压平衡就是密封舱中切削下来的土体和泥浆充满密封舱，并可具有适当压力以平衡掌子面土压力，如图 2-23 所示。

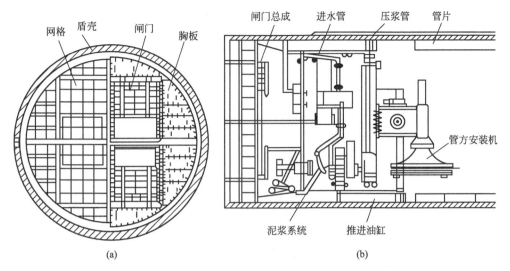

图 2-21　网格挤压盾构机

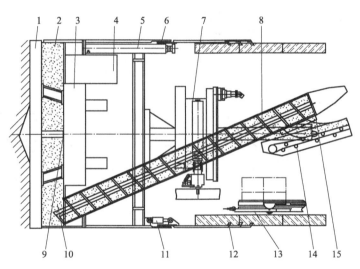

图 2-22　土压平衡盾构机

1—刀盘；2—盾体；3—主驱动单元；4—人仓；5—推进液压缸；6—铰接密封；7—管片拼装机；8—螺旋输送机；9—中心回转接头；10—土仓；11—铰接液压缸；12—盾尾密封；13—管片输送装置；14—带式输送机；15—螺旋输送机出渣闸门

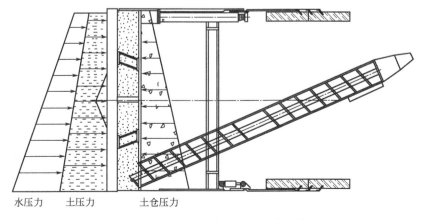

图 2-23　土压平衡盾构机压力平衡示意图

土压平衡盾构机的工作原理：由刀盘切削土层，切削后的泥水进入土仓工作室，土仓内的泥水与开挖面压力取得平衡的同时由土仓内的螺旋输送机出土，装于排土口的排土装置在出土量与推进量取得平衡的状态下，连续出土。

土压平衡式盾构机的开挖面稳定方式有：切削加压搅拌式、加水式、高浓度泥浆加压式和加泥式四类。

（7）泥水平衡盾构机

泥水平衡盾构机为封闭式，图2-24所示，隔板与刀盘之间作为泥水仓。在开挖面和泥水仓中充满加压的泥水，以保持开挖面土体的稳定。因靠泥水压力使掘削面稳定，故称为泥水平衡盾构机，简称泥水盾构机。刀盘掘削下来的土砂进入泥水仓，经搅拌装置与配置的泥水搅拌成高浓度的混合泥水，由泥浆泵泵送到地面的泥水分离系统。

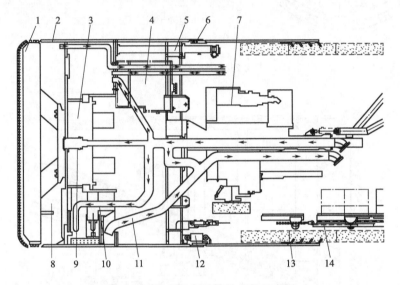

图 2-24　泥水平衡盾构机主机示意图

1—刀盘；2—盾体；3—主驱动单元；4—人舱；5—推进液压缸；6—铰接密封；7—管片拼装机；8—泥水仓；9—中心回转接头；10—进浆管；11—排浆管；12—铰接液压缸；13—盾尾密封；14—管片输送装置

（8）复合式盾构机

当隧道地层在开挖面断面范围内和开挖延伸方向上，由两种或两种以上不同地层组成，且地层的岩土力学性质、工程地质和水文地质等特征相差悬殊的复合地层时，任何单一掘进模式的盾构都不适用，需要将不同形式的盾构进行组合。在结构空间允许的情况下，将不同形式盾构的功能部件同时布置在一台盾构机上，掘进过程中可根据地质条件的变化进行工作模式的切换，这种在不同地层条件下经转换后可以以不同的工作模式运行的盾构机，称为复合盾构机，也称为混合盾构机或双模盾构机、多模盾构机。

复合盾构主要适用于复合地层，即既有软土、砂土或卵砾石类地层，又有软岩、硬岩的地层。其主要特点是：一是配置复合刀盘和刀具，即刀盘上既安装有切刀、刮刀等软土和砂土类切削刀具，又安装有滚刀等软、硬岩类破岩刀具；二是一般具有两套出渣系统。在模式转换时，因为刀盘基本是考虑了复合地层特征后的复合刀盘，一般是各种模式均可使用，不需刻意调整；只需转换或切换已配置于同一盾构的排渣装置和出渣方式即可。在模式切换时，为避免操作带来的开挖面暂时失去支护，一般采取辅助气压模式进行过渡，并选取在较好地层中完成。

2.3　盾构机的始发和接收

盾构机的始发和接收是盾构法施工的重要环节,包括工作井设计、基座与后座、洞门的形式、始发、接收和洞口土体加固等几个方面。

2.3.1　盾构工作井

为了便于进行盾构机安装和拆卸,在盾构施工段的始端和终端要建立竖井或基坑,建立的竖井或基坑称为工作井。如图 2-25 所示,如果推进线路特别长时,还应设置检修工作井,这些工作井都应尽量利用隧道规划线路上的地铁车站、通风井、设备井等来进行设置。

图 2-25　盾构法工作井

盾构正常掘进推力是由盾构机上的千斤顶来提供,千斤顶上的反作用力通过已拼装好的管片传递给周边土体。始发段所需的推力则需要安装反力架通过盾构机上的千斤顶来提供,反力架需要安装在盾构工作井结构上,因此,工作井结构的强度和刚度需要考虑盾构推力,以确保始发工作的顺利进行。盾构机一般在工作井内进行组装、始发和接收,也常常会出现在工作井内进行调头、平移或过站,因此需要根据其性质确定工作井的几何尺寸。一般组装、始发和接收左右两侧要比盾构机壳体各大 100cm,长度一般比主机长度长300cm;调头、平移或过站需要根据盾构机具体尺寸、需要的操作空间和安全界限进行专项设计。

盾构工作井内宜根据工程需要设置集水坑、集水槽、排水管、排渣管和抽水设备等,井口周围应设防淹墙和安全护栏。

2.3.2　洞口加固

正常段掘进掌子面的土体稳定是通过土仓压力来平衡土体,始发段(一般为 1 倍盾构主机长度)由于未建立起土仓压力,为确保掌子面土体稳定,需要对土层进行预加固;接收段由于在洞口处要凿除围护结构需要停机,土仓压力会下降至零,因此也需要对土体进行预加固。

一般的地层加固或止水方法有：注浆法、旋喷法、冻结法、降水法、搅拌桩法、搅喷桩法、纤维筋桩法、纤维筋墙法、素混凝土桩法、素混凝土墙法，部分如图 2-26 所示。

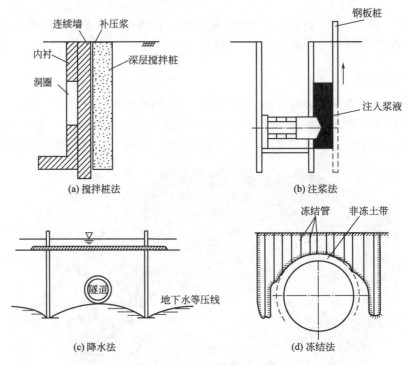

图 2-26　洞口土体加固方法

效果检测方法根据地层处理方法和设计要求选择钻孔取样、无损检测、综合评判等方法进行，目的是检验土体加固的强度、范围等指标是否符合设计要求。

2.3.3　基座与后座

盾构机基座置于工作井的底板上，如图 2-27 所示，用作安装及稳妥地搁置盾构机，更重要的是通过设在基座上的导轨使盾构机在施工前获得正确的导向。

图 2-27　盾构机基座

盾构机刚开始向前推进时，其推力要靠工作井后井壁来承担，因此在盾构与后井壁之间要有传力设施，此设施称为后座，一般分利用专用工作井布设（图 2-28）和利用车站布设（图 2-29）两种形式。后座不仅要作推进顶力的传递，还是垂直、水平运输的转折点，因此后座环不能是整环，是开口环。

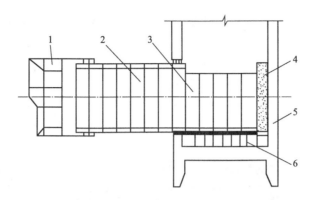

图 2-28　利用工作井时的后座形式

1—盾构机；2—工作管片；3—后座管片；4—后座墙；5—工作井井壁；6—盾构机基座

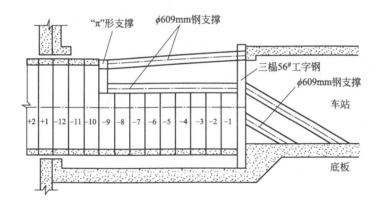

图 2-29　利用地铁车站时的盾构后座墙形式

2.3.4 始发

针对某种土质和某台盾构机，盾构掘进的前 100~200m 应作为试掘进段，目的是检验掘进的各项参数是否与盾构机相匹配，以便在后续的盾构掘进施工中做到安全、快速、保证施工质量。

盾构隧道与竖井接头的防水，包括施工阶段的临时接头、运营阶段的永久接头的防水都是技术关键。因为，竖井与隧道在该处接头相对沉降量大，容易发生渗漏，危害不小。盾构隧道与竖井接头在施工阶段用专用帘布橡胶圈密封，如图 2-30 所示。它既能使盾构机械壳体通过而不被撕裂，然后又紧裹在管片环外密封防止漏泥沙。在隧道推进完成后，进出口都要浇筑钢筋混凝土洞圈，隧道与洞圈两者是刚性连接（通过洞口附近的变形缝适应变形），但其接缝则用柔性密封材料密封。洞门圈、密封装置安装应符合设计要求，并应在验收合格后盾构机方可始发或接收。

帘布橡胶圈密封

图 2-30　洞门止水

洞门分两次凿除，如图 2-31 所示，先凿除外层大部分钢筋混凝土，当盾构机组装调试完成，并推进至离洞门 1.0~1.5m 时，再凿除里层，里层凿除方法是根据断面大小用凿槽的方式将其分割成 9~20 块，逐块去除。

图 2-31　洞门凿除

2.3.5　接收

盾构机接收是指距离接收井端 100m 左右时的施工过程。盾构机离接收井 100m 和 50m 时，必须对隧道轴线进行贯通测量，确保盾构机顺利到达。当刀盘距离洞门 10m 时要求开始控制土仓压力，要在洞门混凝土上开设观察孔，加强对其变形和土体的观测，并控制好推进时的土压力。在盾构机刀盘抵达洞门围护结构后，即距洞门 20～50cm 时，盾构机一般停止掘进，尽可能掏空平衡仓内的泥土，使正面的土压力降到最低值，以确保混凝土封门拆除的施工安全；洞门破除后，盾构机立即接收，并拼装管片，直至进入工作井，以防止洞口土体坍塌，如图 2-32 所示。

图 2-32　盾构机接收

盾构机进、出工作井时，其拼装成环的管片与隧道洞口之间的孔隙，除需要填实外，一般尚需采用特定的密封胶圈进行防水处理，并注浆填充或止水，以防止泥水流入工作井内。

2.4　正常掘进

盾构掘进应根据隧道工程地质和水文地质条件、隧道埋深、线路平面与坡度、周边环境、施工监测成果、盾构姿态以及试掘进阶段的掘进数据，确定和及时调整刀盘转速、掘进速度和仓内压力等参数。盾构掘进施工应严格控制排土量、盾构姿态和地表沉降。适当地保持土仓压力的目的是控制地表变形和确保开挖面稳定。如果土仓压力不足，可能发生开挖面坍塌；如果压力过大，会引起刀盘扭矩和推力的增大而导致掘进速度下降或开挖面隆起。土仓压力是利用开挖下来的渣土充满土仓来建立的，通过使开挖的渣土量与排出的渣土量相平衡的方法来保持。因此根据盾构掘进中所产生的地表变形，刀盘扭矩、推力和掘进速度等的变化及时调整土仓压力。根据土仓压力的变化及时观测并适当控制螺旋输送机的转速。

盾构掘进过程中遇到下列情况时，应及时分析原因并采取相应措施：
① 盾构掘进影响范围内地层发生坍塌或前方地层有障碍；
② 盾构机本体滚动角达到或超过 3°；
③ 盾构机轴线与隧道设计给定的轴线偏差达到或超过 50mm；
④ 盾构机实际推力、刀盘扭矩与预控值相差较大；
⑤ 管片开裂或错台超标；

⑥ 壁厚注浆系统发生障碍；

⑦ 盾构掘进扭矩发生异常波动；

⑧ 动力系统、密封系统、控制系统等发生故障。

2.4.1 土压平衡盾构掘进

土压平衡盾构掘进应根据工程地质和水文地质条件在土仓内注入适当添加剂，改良渣土性状，改善掘进参数。土压模式时应使开挖土充满土仓，并应保持土仓内泥土压力与开挖面水土压力相平衡；控制掘进速度和排渣速度，并保持排土量与开挖土量相平衡；根据掘进状况及时对土仓压力和排土量进行调整，控制地表沉降。

2.4.2 泥水平衡盾构掘进

设定并保持泥水仓泥浆压力应与开挖面水土压力相平衡；控制掘进速度和送排泥浆流量，并应保持排出渣土量与开挖渣土量相平衡；根据掘进状况应及时对泥水仓压力和排渣进行调整，并应控制地表沉降。

2.4.3 特殊地段掘进

应调查和分析影响盾构掘进范围内的特殊地质条件和环境条件，并应编制特殊地段盾构掘进专项施工方案，掘进前要检修盾构设备。特殊地段包括：浅覆土层地段，小半径曲线地段，大坡度地段，建（构）筑物、地下管线地段，地下障碍物地段，小净距隧道地段，水域地段，不良地质条件地段和存在有害气体地段。

2.4.4 壁后注浆

随着盾构机的推进，盾尾将逐渐前行，从而在管片与土体之间留下一圈环向空隙，施工中应及时对这些空隙进行注浆充填。壁后注浆分为同步注浆和二次注浆，同步注浆是在盾构掘进的同时通过盾构壳体预留注浆管或管片的注浆孔进行壁后注浆的方法；二次补强注浆是对壁后注浆的补充，其目的是填充同步注浆后的未填充部分，并补充注浆材料收缩体积减小部分，注浆的作用有三个方面：

① 填充空隙，抑制隧道周边地层松弛，防止或减小地表变形；

② 尽快让浆液包裹管片，改善衬砌的受力状况，减少隧道自身的沉降，减少衬砌变形；

③ 改善衬砌接缝的防水性能，形成有效的防水层。

另外，注浆压力过大会导致浆液溢出地面或造成地表隆起，应力过小会降低注浆作用。注浆出口压力稍大于注浆出口处的静止水土压力，注浆压力一般大于出口压力 0.1～0.3MPa。

2.4.5 盾构姿态控制

控制盾构姿态是为实现对管片拼装允许偏差的控制要求，主要包括推进的方向控制和自身扭转控制，盾构掘进施工中，经常测量和复核隧道轴线、管片状态及盾构姿态，发现偏差应及时纠正。

（1）盾构机偏向

① 原因

a. 地质条件因素。由于地层土质不均匀，以及地层有卵石或其他障碍物，造成正面及四周的阻力不一致，从而导致盾构机在推进中偏向。

b. 机械设备的因素。如千斤顶工作不同步，由于加工精度误差造成伸出阻力不一致；

盾构机外壳形状误差；设备在盾构机内安置偏重于某一侧；千斤顶安装后轴线不平行等。

c. 施工操作的因素。如使用挤压式盾构机部分千斤顶使用频率过高，导致衬砌环缝的防水材料压密量不一致，累积后使推进后座面不正，推进时有明显上浮；盾构机下部土体有过量流失，引起盾构机下沉；管片拼装质量不佳、环面不平整等。

② 纠偏方法。纠正横向偏差和竖向偏差时，采取分区控制盾构掘进液压缸的方法进行纠偏；纠正滚动偏差时采用改变刀盘旋转方向、施加反向旋转力矩的方法进行纠偏；曲线段纠偏时可采取使用盾构超挖刀适当超挖增大建筑间隙的办法来纠偏。当偏差过大时，在较长距离内分次限量逐步纠偏，纠偏时需防止损坏已拼装的管片和防止盾尾漏浆。

（2）盾构机自转

① 原因

a. 土质不均匀，盾构机两侧的土体有明显差别，土体对盾构机的侧向阻力不一；

b. 施工原因，施工中为了纠正轴线，对某一处超挖过量，造成盾构机两侧阻力不一；

c. 刀盘顺着一个方向使用过多；

d. 盾构机制作误差。

② 自转纠正方法。盾构机有少量自转时，可利用盾构机内的举重臂、转盘、大刀盘等大型旋转设备的使用方向来纠正。当自转量较大时，则采用压重的方法，使其形成一个纠偏力偶。

2.5 衬砌

盾构法施工的隧道衬砌多为圆形，如图 2-33 所示，一般采用管片衬砌，一环管片一般由若干块标准管片、2 块邻接管片和 1 块封顶管片构成，遇到转弯时，将增加楔形管片。从投影角度看，标准管片为矩形，邻接管片为直角梯形，而封顶管片为等腰梯形。

图 2-33 管片衬砌

2.5.1 几何尺寸

管片的外形如图 2-34 所示，其几何尺寸如图 2-35 所示，主要有管片的厚度 a、宽度 b 和弧长 c。厚度和宽度为直线段长度，弧长为曲线长度。

地下工程施工

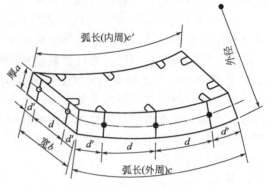

图 2-34 管片　　　　　　　　图 2-35 管片外形几何尺寸

（1）管片的厚度

管片的厚度 a 应根据隧道直径大小、埋深、承受荷载情况、衬砌结构构造、材质、衬砌所承受的施工荷载大小（主要是盾构顶推千斤顶的顶力）等因素综合确定，一般为隧道外径的 0.04～0.06 倍。直径为 6.0m 以下的隧道，钢筋混凝土管片厚度为 250～350mm；直径为 6.0m 以上的隧道，钢筋混凝土管片厚度为 350～600mm。

（2）管片的宽度

管片的宽度 b 即衬砌环的环宽。在目前施工中，对于直径为 3.5～10m 的隧道，国际上常用的管片宽度一般为 750～1000mm。国内地铁隧道常用的管片宽度为 1.0m、1.2m 和 1.5m 三种；对于特大隧道，管片宽度能达到 2.0m。

（3）管片的弧长

管片的弧长与衬砌环的分块数量有关，分块数目由管片的受力性能、制作模具、运输便捷、安装可靠等几个方面综合确定，最少可分为 3 块，由 2 块邻接管片和 1 块封顶管片构成。一般 3m 左右的隧道分成 4 块，6m 左右隧道分成 6～8 块，10m 左右的隧道分成 8～10 块。

2.5.2 管片拼装

管片与管片之间采用螺栓连接或无螺栓连接，从而使得管片横向拼接成环，纵向紧密连接，其质量好坏直接影响工程质量本身。管片螺栓连接形式如图 2-36 所示。无螺栓连接形式如图 2-37 所示。

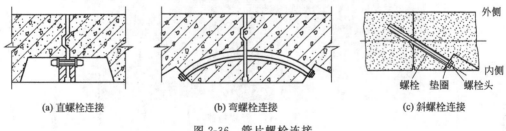

(a) 直螺栓连接　　　　　(b) 弯螺栓连接　　　　　(c) 斜螺栓连接

图 2-36 管片螺栓连接

隧道管片拼装按其整体组合，可分为通缝拼装和错缝拼装，如图 2-38 和图 2-39 所示。
① 通缝拼装：各环管片的纵缝对齐的拼装。
② 错缝拼装：前后环管片的纵缝错开拼装。

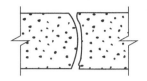
(a) 球铰形连接

(b) 榫槽形连接

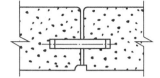
(c) 暗销形连接

图 2-37　管片无螺栓连接

图 2-38　通缝拼装

图 2-39　错缝拼装

　　针对盾构机有无后退，可分先环后纵和先纵后环拼装。先环后纵是指先拧环向螺栓，后拧纵向螺栓；先纵后环是指先拧纵向螺栓，后拧环向螺栓。

　　管片拼装前应复查管片防水、密封材料的完好性，拼装过程中应根据拼装顺序分组回缩千斤顶，盾构机土仓内应保持压力，下一管片拼装前应将上一管片环面清理干净。

　　管片拼装应按设计给定的管片位置和顺序逐块拼装成环，目前常被采用的管片拼装工艺可归纳为：先下后上、先纵后环、左右交替、纵向插入、封顶成环，其中先下后上指的是举重臂拼装是从下部管片开始拼装的。管片拼装成环时，需要检查衬砌环椭圆度和错台情况，连接螺栓要先逐片对称初步拧紧，脱出盾尾后再及时复紧管片螺栓。管片拼装的隧道结构是螺栓连接成环的，在每环管片拼装过程中，由于管片是随定位随穿螺栓连接，同时，工作空间也受到一定限制，因此要求初步拧紧。待盾构向下一环掘进后，即该环已脱出盾尾，这时已具备拧紧螺栓操作的工作面，再次将螺栓拧紧。

思考题与习题

1. 简述盾构法施工的基本步骤？
2. 地铁隧道可采取哪些施工方法？
3. 刀盘的支承方式有哪些？
4. 为什么盾构施工中要采用真圆保持器，其作用是什么？
5. 盾构机从外形上分，主要有哪些形状？
6. 常见的盾构机类型有哪些？在盾构选型时应考虑哪些因素？
7. 洞口加固方法有哪些？
8. 基座与后座设立的目的是什么？
9. 壁后注浆的作用？
10. 盾构机发生偏向的原因是什么？如何纠偏？
11. 衬砌管片的分类？
12. 管片衬砌防水的主要措施有哪些？

第3章　岩石隧道掘进机法施工

■ 案例导读

据中铁十八局集团有限公司官网消息，总投资超过636亿元的乐山至西昌高速公路全长约320km，设计为双向四车道，线路纵贯彝族主要聚居地，是我国首条深入大小凉山腹地的致富通道和生态旅游通道。乐西高速公路穿越青藏高原横断山脉，从海拔600多米的川西南山地爬升到海拔2000多米的高原草甸，线路高差达1450m，桥梁和隧道占比高达82%。线路途经自然生态保护区、小气候多变区，无路、无电、无通信，地质条件相当复杂，施工技术难度在国内山区高速公路中极其罕见。

由中铁十八局集团参建的全线咽喉控制性工程——长达15.3km的大凉山1号隧道，如图3-1所示，是我国西南地区最长的高速公路隧道，隧道下穿海拔近4000m的嘛咪泽自然保护区，生态环境脆弱，工程面临严峻挑战。按照设计要求，中铁十八局建设者们在乐西高速建设中采用TBM施工，不仅能有效降低安全风险，保护周边环境，还可以把常规施工需要6~7年的工期，缩短到两年半，这也是TBM在国内高速公路建设中的首次应用。

图 3-1　乐西高速大凉山一号隧道（月城凉山号）

据了解，乐西高速被誉为"千等等一路"，是四川大小凉山 200 万彝族同胞几辈人的期盼。乐西高速 2025 年建成通车后，将与成渝、京昆、蓉丽等多条国道主干线相通，不仅彻底结束凉山州的昭觉、美姑和雷波三县不通高速公路的历史，还将从昭觉、美姑、雷波到成都的行车时间由现在的 10 个小时以上缩短到 4 个小时。乐西高速将进一步强化川西少数民族地区与成渝双城经济圈的互联互通，成为大小凉山 200 万彝族同胞走出大山奔小康最快捷的交通要道，对巩固扩大凉山州地区脱贫攻坚成果，助力乡村振兴和对外文化交流交融，实现各民族百姓共同富裕将发挥十分重要的作用。

讨论

根据上述材料，长达 15.3km 的大凉山 1 号隧道采用 TBM 施工，这也是该法在国内高速公路建设中的首次应用，什么是 TBM？为什么采用该法施工能有效降低安全风险，大幅缩短工期？

岩石隧道掘进机按其结构特征和工作面机构破碎岩石方式的不同，可分为全断面隧道掘进机和部分断面隧道掘进机两大类。全断面隧道掘进机又简称 TBM，可一次截割出所需断面，主要用于岩石隧道的开挖掘进，如图 3-2 所示；部分断面岩石隧道掘进机，又称悬臂式掘进机，一次仅能截割断面的一部分，在煤矿中应用较多，如图 3-3 所示。

图 3-2　全断面岩石隧道掘进机（TBM）

图 3-3　部分断面隧道掘进机

全断面隧道掘进机（Full-Face Tunnel Boring Machine）简称掘进机，是指通过开挖并推进式前进实现隧道全断面成型，且带有周边壳体的专用机械设备。广泛应用于地铁、公路、市政、水电隧道工程，虽然国家做过名称统一，但不同部门其习惯称呼也依然存在，如交通部门称之为隧道掘进机，煤炭部门称之为巷道掘进机，水电部门称之为隧洞掘进机等。

采用机械设备实现的全断面法施工最早由 Brunel 于 1818 年提出，并成功应用于伦敦泰晤士河的泥沙隧道工程。此时针对硬岩的铁路隧道施工仍旧采用钻爆法，只是通过机械设备提高了钻孔效率，因而不能称为严格意义上的 TBM。

世界上首台硬岩 TBM 由美国工程师 Wilson 制造于 1851 年，与现代 TBM 结构不同的是，刀盘安装在一个绕重力方向旋转的平台上，因而开挖面是一个半球形，受限于驱动功率和刀具强度，该设备在 Hoosac 隧道掘进 3m 后即宣告停用。1853 年，Ebenezer Talbot 提出了一种滚刀安装在摆动臂上的新型刀具布置方式，但受限于当时的整体技术水平，该设备同样未能取得成功应用。与此同时，滚轮式和锥形凿式 TBM 也在这一时期被设计出并申请了相关专利，但这些结构形式存在明显弊端，虽然在当时起到了一定效果，但在后续研究中逐渐被舍弃。

真正意义上的 TBM 成功应用是在 1881 年，由 Beaumont 研制的蒸汽驱动掘进机在英吉利海峡隧道修建期间实现了日最高进尺 25m，累计掘进 3690m 的成绩。随后 TBM 应用略显势微，仅在矿产开发中保留应用。TBM 研究再次兴起的标志是 Whittaker 在 1922 年设计的直径为 3.6m 的 TBM，整体式的刀盘结构首次被设计出并沿用至今。到 19 世纪 50 年代，工程师 James. S. Robbins（后组建 TBM 行业知名的 Robbins 公司）设计了滚刀和刮刀混合的新型 TBM 刀盘，成功应用在加拿大多伦多的 Humber 排水隧道中，在砂岩、石灰岩地层取得了日进尺 30m 的好成绩，该机型已具备了现代 TBM 的基本结构特征，如推进-撑靴油缸系统，刀盘的渣斗结构等。同一时期，德国的 Writh（维尔特）公司开始学习北美罗宾斯公司的滚刀式 TBM 来挖掘硬岩地质，开发出自己的 TBM 产品，并在 Emosson 隧道和 Sonnenberg 隧道中得到了应用。随后，TBM 行业逐渐被美国的 Robbins，德国的 Writh 和 Herrenknecht 垄断，它们制造的设备在世界各地隧道建设中发挥了一定的积极作用。

国产 TBM 研发最早可追溯至 1964 年，和德国 Writh 公司几乎同时起步。TBM 的自主研发工作最早由原水电部上海勘测设计院和北京电力学院承担，1966 年生产出第一台直径 3.4m 的样机并在杭州人防工程中开展试验。20 世纪 70 年代进入工业性验证阶段，研制出编号为 SJ55、SJ58、SJ64 等多台样机。20 世纪 80 年代进入实用性阶段，研制出 SJ58A/B、SJ40/45 等机型，先后应用于河北引滦、福建龙门滩、青岛引黄济青等工程建设。受制于当时国内整体工业水平，同时缺少与国际同行的交流合作，此阶段研制的样机实际掘进速度仅为当时国际水平的 1/10 到 1/5，设备寿命和导向精度更是难以满足施工要求，因此基本上被闲置。

改革开放后，国家积极引入国外 TBM 厂家进入国内施工市场，众多国外承包商携带先进的 TBM 产品和施工技术进入中国，如意大利 CMC 公司承建的引大入秦（1991 年）、引黄入晋（1994 年）等水利工程均取得成功，引发国内施工和研发单位的参观和学习浪潮。随后，我国铁道部门采购 Writh 公司两台 TB880SE 敞开式硬岩 TBM 并交由国内铁道建筑总公司十八局和中铁隧道局使用，完成了高难度秦岭隧道的建设，极大鼓舞了国内团队的信心。国内企业逐渐以组装或维护的形式参与到 TBM 的生产装配和施工过程中，借此机会，基本掌握了 TBM 的施工技术和设计原理，为 TBM 技术的引进、消化吸收和再创新创造了条件。

2010 年以来，中国重型装备的设计和制造能力飞速进步，依托前期盾构的技术积累和人才建设，以中铁装备（中国中铁工程装备集团有限公司）、铁建重工（中国铁建重工集团股份有限公司）和中信重工（中信重工机械股份有限公司）为代表的国内企业开始全面进入 TBM 的研发生产领域。2012 年，铁建重工集团和神华集团联合研发长距离大坡度煤矿斜井

TBM，开挖直径达 7.62m，如图 3-4 所示，该机总长 238m，总重超过 1200t，集斜井施工开挖、衬砌、运输、通风、排水等功能于一身，是成套的斜井施工装备，日掘进进尺 30m以上。这台 TBM 还攻克了台格庙矿区试验斜井工程存在"深埋超长、连续下坡、富水高压、地层多变"等技术难点，设备具有盾构和 TBM 两种模式，通过模式的快速转换，可穿越软岩、硬岩和复合地层等复杂地层。

图 3-4　全球首台煤矿斜井 TBM

2013 年中信重工完成直径 5.0m 的 TBM 设计制造并应用于云南某矿井工程。2013 年，中铁工程装备收购德国 Writh 公司，成为全球第三家拥有完整 TBM 知识产权的公司。2014年，中铁装备和铁建重工联合中标吉林引松供水工程（图 3-5），两家企业完全自主研发生产的敞开式 TBM 相继下线并投入施工，其掘进性能赶超另一标段使用的国外 TBM 设备。随着"一带一路"倡议兴起，我国生产的 TBM 逐渐走出国门，"中铁 783 号"雪山号 TBM 直径 11.09m，整机长约 137m，重量约 2300t，如图 3-6 所示，该机应用于澳大利亚雪山 2.0水电站项目建设，是我国出口的最大直径硬岩 TBM，也是中国硬岩掘进机首次应用于澳大利亚隧洞项目建设。

图 3-5　"中铁 188 号" TBM（吉林引松供水工程）

图 3-6　"中铁 783 号"雪山号 TBM

国内的 TBM 发展经历了 20 世纪七八十年代的自力更生时期、2000 年前后的引进吸收时期和 2010 年以后的自主创新三个阶段，通过这三个阶段的自主尝试、科技交流、经验学习，组建形成了一支包含高校及研究所、龙头企业和一线施工队伍的 TBM 研发、设计、制造队伍，构建了 TBM"产学研用"为一体的布局，逐渐赶超国外同行争取领军地位。

3.1　类型及构造

TBM 施工时（图 3-7），通过旋转刀盘并推进，使滚刀挤压破碎岩石，采用主机带式输送机出渣的全断面隧道掘进机，能够直接切割、破碎工作面岩石，同时完成装载、转运岩石工作，并具有调动行走和喷雾除尘的功能。由于综合机械化程度高，掘进速度快，其开挖速度一般是钻爆法的 3~5 倍，因此大大缩短了建设工期。TBM 的基本功能是掘进、出渣、导向和支护，并配有完成这些功能的机构及后配套系统，如运渣、运料、支护、供电、供水、排水、通风等系统设备，其总长较长，一般为 150~300m，其外形如图 3-8 所示。

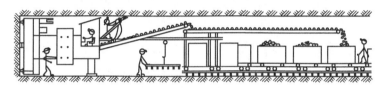

图 3-7　TBM 工作示意图

图 3-8　TBM

掘进机种类繁多，根据不同的参照标准有不同的分类方法，如按成洞开挖次数分一次成洞和先导后扩；按开挖的洞线分平洞、斜洞和竖井；按开挖隧道掌子面是否需要压力稳定分常压和增压；按是否带有护壳分为敞开式和护盾式。下文主要按照是否带有护壳进行讲解说明。

3.1.1　敞开式 TBM

敞开式 TBM 是指采用盘型滚刀，刀盘在主推液压油缸推力作用下，将锲刃压入岩面，同时在刀盘回转传动系统作用下，盘形滚刀沿同心圆滚动破碎岩石，岩渣靠自重落入洞底，由收渣口铲刀铲起，进入刀盘内部岩渣通道，随刀盘旋转卸入主机输送带，经由主机输送带转入一级转运输送带，再传到连续输送带运至洞外，使隧道全断面一次成型的设备，如图 3-9 所示。

图 3-10 是中国中铁工程装备集团有限公司生产的"云岭号"敞开式 TBM，该机掘进直径 9.83m，整机总重量 2050t，总长度 235m，最大推力 31526kN，总功率 5600kW，该

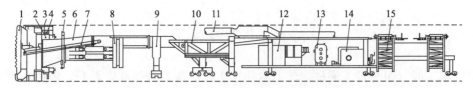

图 3-9　敞开式 TBM 示意图

1—刀盘；2—主驱动单元；3—顶护盾；4—钢拱架安装器；5—锚杆钻机系统；6—主梁；7—主机带式输送机；
8—撑靴；9—后支撑；10—连接桥及后配套拖车；11—通风系统；12—主控室；13—压缩空气系统；
14—液压系统；15—混凝土喷射系统

图 3-10　"云岭号"敞开式 TBM（中铁工程装备集团有限公司）

TBM 在云南省滇中引水工程香炉山隧洞中成功应用，采用了刀盘抬升式扩挖功能解决了软岩大变形问题，增加超前支护系统和超前地质探测系统解决大断层问题，同时，针对较破碎围岩增加了应急喷射混凝土系统。

（1）支撑系统

撑靴是指安装在撑靴液压油缸的活塞杆端部，掘进过程中用来支撑洞壁，承受反推力和反扭矩的构件。敞开式 TBM 按支撑形式可分为水平支撑（单撑靴）和 X 形支撑两种结构形式，如图 3-11、图 3-12 所示，撑靴借助球形铰自动均匀地支撑在洞壁上，可避免引起集中荷载对洞壁的破坏。

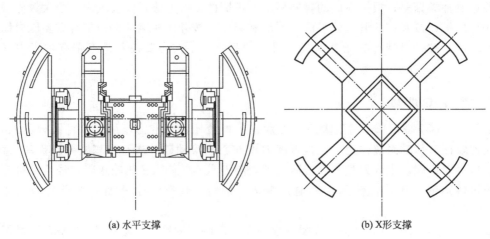

(a) 水平支撑　　　　　　　　　　　　　　(b) X形支撑

图 3-11　撑靴示意图

图 3-12　敞开式 TBM 撑靴

（2）刀盘与刀具

刀盘是由刀盘钢结构主体、刀座、滚刀、铲斗和喷水装置等组成，如图 3-13、图 3-14 所示，刀盘是掘进机中几何尺寸最大、单件重量最重的部件。因此它是装拆掘进机时起重设备和运输设备选择的主要依据。刀盘与大轴承转动组件通过专用大直径高强度螺栓相连接。刀盘的功能包括：

① 按一定的规则设计安装刀具。刀具在切削刀盘上平面布置是根据刀具的类型和合理刀间距来考虑的，一般而言，在硬岩中刀间距大约是贯入度（即大盘每转动一圈，滚刀切入岩石的深度）的 10～20 倍，约 65～90mm。

图 3-13　刀盘

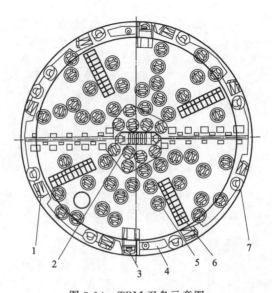

图 3-14　TBM刀盘示意图

1—铲斗；2—中心刀；3—扩孔刀；4—扩孔刮渣器；5—面刀；6—铲齿；7—边刀

② 岩石被刀具破碎后，利用切削刀盘圆周上的若干铲斗和刮渣器以及刀盘正面的进渣口，经刀盘内部的导引板将石渣通过漏斗传送到主机皮带输送机上运走。

③ 阻止岩石后的粉尘无序溢向洞后。

④ 必要时，施工人员可以通过刀盘，进入 TBM 刀盘前观察掌子面。

（3）破岩机理

在掘进时切削刀盘上的滚刀沿岩石开挖面滚动，刀盘均匀地对每个滚刀施加压力，形成对岩面的滚动挤压，刀盘每转动一圈，就会贯入岩面一定深度，继而对岩石产生挤压、剪切、拉裂等综合作用，形成岩石碎片，进而形成片状石渣，从而实现破岩，如图 3-15、图 3-16 所示。滚刀间的间距必须能保证相邻刀头之间的岩体在滚刀切削时能完全破坏。

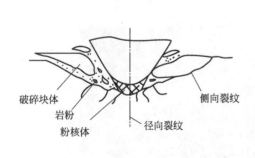

图 3-15　TBM 切削岩石机理示意图

图 3-16　掌子面

（4）支护系统

敞开式 TBM 的顶护盾后，洞壁岩石就裸露在外，因此，在顶护盾后必须设置锚杆机和钢环梁安装机。

锚杆机作业系统一般设在顶护盾后的主梁上或主梁两侧，如图 3-17 所示，一般左右各一台，由马达驱动在扇形轨道上运动。顶护盾的后翼制作成翅式，锚杆从翅间空隙打入洞

图 3-17　锚杆钻机

壁，锚杆机圆弧轨道还可沿大梁轴线移动，以增加锚杆机的作业范围。

钢环梁安装机具有夹住钢环梁的机械手，整个安装机可沿主梁轴线前后移动，钢环梁一般分段制作，现场组装，段间用高强度螺栓连接。

另外，在敞开式 TBM 后除配套拖车还配有混凝土喷射机、混凝土灌浆机、化学灌浆机和对含水量较高的破碎岩质所用的冻结机器等。

3.1.2　护盾式 TBM

护盾式 TBM 主要包括单护盾 TBM 和双护盾 TBM。

3.1.2.1　单护盾 TBM

单护盾 TBM 是指具有护盾保护，仅依靠管片承受掘进反力的岩石隧道掘进机。单护盾 TBM 相当于双护盾的单护盾掘进模式，适用于较弱岩层，没有撑靴系统，如图 3-18、图 3-19 所示。单护盾盾体较短，造价便宜，当隧道以软弱围岩为主时，则更宜采用单护盾 TBM。

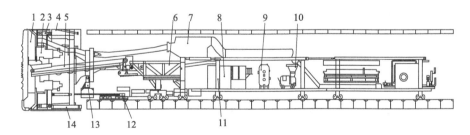

图 3-18　单护盾 TBM 示意图

1—刀盘；2—主驱动单元；3—铰接系统；4—护盾；5—主机带式输送机；6—连接桥；7—通风、除尘系统；
8—主控室；9—压缩空气系统；10—壁后回填系统；11—后配套拖车；12—管片输送装置；
13—管片拼装机；14—推进系统

3.1.2.2　双护盾 TBM

双护盾 TBM 是指具有护盾保护，依靠管片和/或撑靴撑紧洞壁以承受掘进反力和扭矩，掘进可与管片拼装同步的 TBM。双护盾一般由前护盾、伸缩护盾、支撑护盾等部分构成，其中与机头相连的是前护盾。支撑护盾是指双护盾 TBM 中用于安装撑靴、辅助支撑系统的

图 3-19　单护盾 TBM（中铁重工有限公司）

盾体部件。伸缩护盾是指安装于双护盾 TBM 前护盾与支撑护盾之间，可轴向伸缩，以实现掘进与管片拼装同步作业的护盾部件，包括外伸缩护盾和内伸缩护盾。撑靴系统是指敞开式和双护盾岩石隧道掘进机中可撑紧洞壁承受掘进反力的系统，主要由钢结构架、液压油缸、撑靴等组成。

　　双护盾 TBM 是在敞开式 TBM 的基础上发展起来的，主要适用于复杂岩层，比敞开式 TBM 更加安全。当岩石软硬兼有，且存在破碎带时，双护盾 TBM 可以充分发挥优势。当遇软岩时，由于围岩强度较低，撑靴不能撑紧洞壁，难以进行掘进作业，辅助推进油缸支撑在已经拼装的管片上的反力作为刀盘推进的动力。当遭硬岩时，则靠撑靴撑紧洞壁，由主推进油缸推进刀盘破碎岩石前进。双护盾岩石隧道掘进机如图 3-20 所示，双护盾硬岩掘进机如图 3-21 所示。

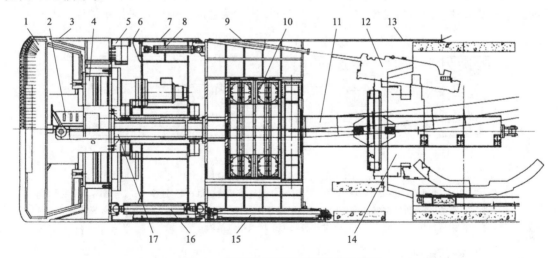

图 3-20　双护盾岩石隧道掘进机示意图

1—刀盘；2—溜渣槽；3—前护盾；4—主驱动单元；5—稳定器；6—外伸缩护盾；7—内伸缩护盾；8—伸缩液压缸（铰接液压缸）；9—支撑护盾；10—撑靴；11—主机带式输送机；12—超前钻机（选用）；13—尾护盾；14—管片拼装机；15—辅助推进液压缸；16—推进液压缸；17—防扭装置

图 3-21　双护盾硬岩掘进机（中铁科工集团有限公司）

3.1.3　循环作业原理

TBM 的掘进循环由掘进作业和换步作业交替组成。在掘进作业时，掘进机刀盘进行的是沿隧道轴线作直线运动和绕轴线作单向回转运动的复合螺旋运动，被破碎的岩石由刀盘的铲斗落入带式输送机向机后运输。

3.1.3.1　敞开式 TBM 掘进循环过程

敞开式 TBM 在施工过程中依靠支撑-推进-换步机构完成周期性作业。每个作业循环如图 3-22 所示，图中深色部分表示运动部件，由于后支撑在俯视图中无法显示其变化过程，所以在图 3-22 中将后支撑以水平方式显示，实则为竖直运动。

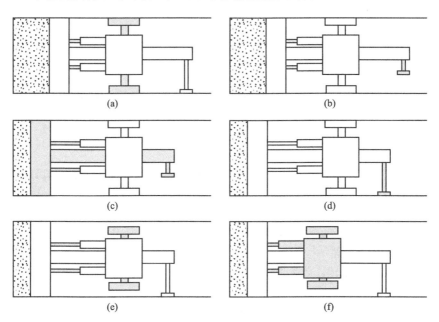

图 3-22　敞开式掘进机掘进循环示意图

支撑作业：在水平支撑油缸的驱动下，两侧撑靴同时缓慢外伸，直到撑紧岩壁为止［图 3-22(a)］；然后，将后支撑收回［图 3-22(b)］，此后的推进作业中，撑靴作为机构的机架，提供掘进所需的摩擦反力和力矩。

推进作业：在推进油缸的驱动下，刀盘向前运动完成破岩作业［图 3-22(c)］。

复位作业：首先，驱动后支撑向下伸出并撑紧地面，以确保在撑靴收回后其可以承担部分主机重量［图 3-22(d)］；然后，驱动扭转和水平支撑油缸回缩到初始状态［图 3-22(e)］，机构机架由撑靴变为刀盘及主梁；最后，驱动推进油缸带动撑靴复位至运动周期的初始状态［图 3-22(f)］。

对于敞开式 TBM，每一掘进循环所需时间一般在 20～60min，其中换步作业只需 2～4min。如果换步时间和每循环的总时间超过上述数值，则属于不正常掘进。

如图 3-23 所示敞开式 TBM 支撑-掘进-换步机构可实现 4 个可控自由度，其中推进油缸的伸长可驱动机构沿掘进方向前进；当支撑油缸伸缩时，可实现刀盘的左右调向纠偏；当左右扭矩油缸同向伸缩时，可实现刀盘的上下调向纠偏；当左右扭矩油缸反向运动时，可驱动机构实现绕掘进轴线的转动，用于掘进中出现主梁绕轴线发生侧滚时的机构复位。

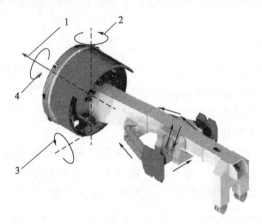

图 3-23　机构可控自由度示意图

1—直线推进；2—左右调向；3—上下调向；4—侧滚复位

3.1.3.2　护盾式 TBM 掘进循环过程

护盾式 TBM 是从敞开式 TBM 延伸演变而来的，它既能用于围岩能自稳并能提供支撑条件下的隧道，也能用于围岩能自稳但不能提供支撑的岩石的掘进，即护盾 TBM 有两种掘进循环模式：单护盾掘进模式和双护盾掘进模式。

（1）单护盾掘进模式

在能自稳但不可支撑的岩石中掘进时可采用单护盾掘进模式，此时，TBM 的推进液压缸（图 3-20 中编号 16）处于全收缩状态，并将撑靴收缩到与后护盾外缘一致，前后护盾连成一体，与双护盾 TBM 掘进循环一样，如图 3-24 所示。

① 掘进作业：旋转刀盘，伸出辅助推进液压缸（图 3-20 中编号 15）撑在管片上掘进，将 TBM 向前推进一个行程。

② 换步作业：刀盘停转，收回辅助推进液压缸，安装混凝土管片。至此完成一个循环作业。

在此模式下，混凝土管片安装与掘进不能同时进行，掘进效率较低。

（2）双护盾掘进模式

双护盾掘进模式在稳定可支撑的岩石掘进中采用，此时，TBM 的辅助推进液压缸

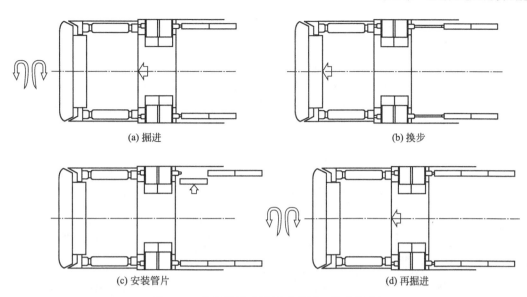

(a) 掘进　　　　　　　　　　　　　　　　　　(b) 换步

(c) 安装管片　　　　　　　　　　　　　　　　(d) 再掘进

图 3-24　单护盾掘进循环示意图（软岩模式）

（图 3-20 中编号 15）处于全收缩状态，不参与掘进。与开敞式掘进一样，一个循环作业分为掘进作业和换步作业，如图 3-25 所示。

① 掘进作业：伸出水平撑靴，撑紧在洞壁上，启动主机带式输送机，旋转刀盘，伸出推进液压缸（图 3-20 中编号 16），将刀头和前护盾向前推进一个行程实现掘进作业。推进作业的同时，在后护盾保护下安装预制的混凝土管片。

② 换步作业：当推进液压缸推满一个行程后，刀盘停转，收缩水平撑靴离开洞壁；然后，收缩推进液压缸，将掘进机后护盾向前移动一个行程，完成换步作业。至此已经完成一个循环作业。

在双护盾掘进模式下，混凝土管片安装与掘进可同步进行，成洞速度快。

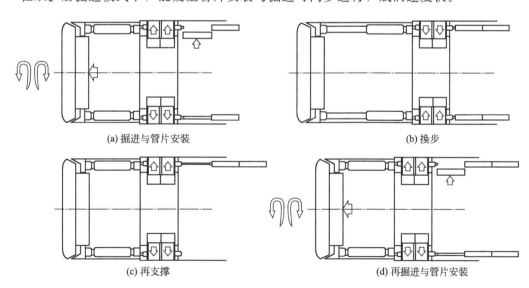

(a) 掘进与管片安装　　　　　　　　　　　　　(b) 换步

(c) 再支撑　　　　　　　　　　　　　　　　　(d) 再掘进与管片安装

图 3-25　双护盾掘进循环示意图（硬岩模式）

护盾式 TBM 在使用辅助推进油缸顶在混凝土管片上掘进时，由于掘进与衬砌不能同时进行，其每一循环时间是掘进时间和衬砌时间之和，为敞开式循环时间的 1.5～2 倍。

3.1.4 分次扩孔掘进式

当隧道断面过大时，会带来电能不足、运输困难、造价过高等问题。在隧道断面较大、采用其他 TBM 一次掘进技术经济效果不佳时就可采用扩孔式 TBM。扩孔式 TBM 是采用小直径 TBM 先行在隧道中心施作导洞，再用扩孔机进行一次或两次扩孔，扩孔机结构如图 3-26 所示。显然，这套掘进系统需要两套设备，一台小直径全断面导洞掘进机和一台扩孔机。

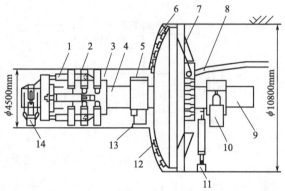

图 3-26 扩孔机示意图
1—推进液压缸；2—支撑液压缸；3—前凯氏外机架；4—前凯氏内机架；5—护盾；
6—切削盘；7—石渣槽；8—输送带；9—后凯氏内机架；10—后凯氏外机架；
11—后支承；12—滚刀；13—护盾液压缸；14—前支承

3.2 TBM 法施工

3.2.1 施工准备

（1）技术准备

掘进施工前应熟悉和复核设计文件和施工图纸，熟悉有关技术标准、技术条件、设计原则和设计规范。应根据工程概况、工程水文地质情况、工期要求、资源配备情况，编制实施性施工组织设计，对施工方案进行论证和优化，并按相关程序进行审批。施工前必须制订工艺实施细则，编制作业指导书。

（2）设备、设施准备

按工程特点和环境条件配备好试验、测量及监测仪器。通风、出渣、材料供应、供电、供水、管片等要准备齐全。

（3）材料准备

施工前必须满足施工所需要的各种材料，应结合进度、地质制订合理的材料供应计划。

（4）人员准备

隧道施工作业人员应专业齐全、满足施工要求，人员须经过专业培训、持证上岗。

（5）施工场地布置

隧道场地应包括主机及后配套拼装场、混凝土搅拌站、预制车间、预制管片堆放场、维修车间、料场、翻车机及临时渣场、洞外生产房屋、主机及后配套存放场、职工生活区等。

（6）预备洞、出发洞

隧道洞口一定长度内围岩一般不太好，TBM 的长度比较大，TBM 正式工作前需要用钻爆法开挖一定深度的预备洞和出发洞。预备洞是指自洞口挖掘到围岩条件较好的洞段，用于机器撑靴的撑紧；出发洞是由预备洞再向里按刀盘直径掘出用以 TBM 主机进入的洞段。

3.2.2　掘进作业

TBM 在进入预备洞和出发洞后即可开始掘进作业。掘进作业分掘进机始发掘进、正常掘进和到达掘进三个阶段。

（1）始发掘进

TBM 空载调试运转正常后开始掘进始发施工。开始时通过控制推进油缸行程使 TBM 沿始发台向前推进。刀盘抵达工作面开始转动，应以低速度、低推力进行试掘进，了解设备对岩石的适应性，对刚组装调试好的设备进行试机作业。在始发磨合期，要加强掘进参数的控制，逐渐加大推力，直至正常掘进。

（2）正常掘进

TBM 正常掘进的工作模式一般有三种：自动扭矩控制、自动推力控制和手动控制，应根据地质情况合理选用。在均质硬岩条件下，选择自动推力控制；在节理发育或软弱围岩条件下，选择自动扭矩控制；在围岩软弱不均条件下，选择手动控制。

（3）到达掘进

到达掘进是指 TBM 到达贯通面之前 50m 范围内的掘进，要制订掘进机到达施工方案，做好技术交底。TBM 掘进至离贯通面 100m 时，必须做一次 TBM 推进轴线的方向传递测量，保证贯通误差在规定的范围内。到达掘进最后 20m 要根据围岩情况确定合理的掘进参数，要求转速低、推力小和支护、回填注浆及时。

3.2.3　支护作业

TBM 法施工的隧道，其支护结构一般是由初期支护（或临时支护）和二次衬砌组成。初期支护紧随掘进机的推进进行，可用锚喷、钢架或管片进行支护，具体参数按设计图纸执行。地质条件很差时还要进行超前支护和加固。喷锚支护的工艺及技术要求与矿山法基本相同。管片支护时，其施工方法与盾构施工基本相同。

采用 TBM 法施工，由于开挖工作面被 TBM 刀盘所遮蔽，很难直接对围岩进行观察和判断；另外，TBM 机身有一定的长度，使得初期支护的位置要滞后开挖面一段距离，因此采用不同类型的 TBM，使用时就要采用不同的支护形式。一般在充分进行地质勘探后，隧道设计阶段就应确定基本支护形式。例如引水隧洞，为保证输水的可靠性，要求支护对围岩有密封性要求，所以大都采用护盾式 TBM 进行管片衬砌；对于一般公路和铁路隧道，除进行初期支护外，视地质情况可采用二次喷射混凝土或二次模筑混凝土作为永久支撑，也可直接采用管片衬砌。模筑衬砌必须采用拱墙一次成型法施工，施工时中线、水平、断面和净空尺寸应符合设计要求，不得侵入隧道建筑界限。

不管是采用何种类型的衬砌，为了安放轨道运渣，都必须设置预制仰拱块，它也是衬砌结构的一部分。

（1）复合式衬砌

使用敞开式 TBM，一般先施作初期支护，然后采用模筑混凝土进行二次衬砌，即复合式衬砌，如图 3-27 所示，其底部为预制仰拱块。由于 TBM 的掘进速度很快，不可能使二次模筑混凝土衬砌作业与开挖作业保持一样的速度，当衬砌作业落后较多时，主要依靠初期支护来稳定围岩，地质条件好的隧道甚至等贯通后再施作二次衬砌。

（2）管片式衬砌

使用护盾式 TBM 时，一般采用圆形管片衬砌，如图 3-28 所示。管片衬砌一般由若干块管片组成，分块数量由隧道直径、受力要求等因素综合确定，管片类型与盾构法一样，可分为标准块、邻接块和封顶块三类。其优点是适合软岩，当围岩承载力低，撑靴不能支撑岩面时，可利用尾部推力千斤顶，顶推已安装的管片衬砌获得推进反力。当撑靴可以支撑岩面时，双护盾 TBM 的掘进和换步可以同时进行，明显提高了循环速度。利用管片安装机安装管片速度快、支护效果好，安全性强，不过其造价较高。

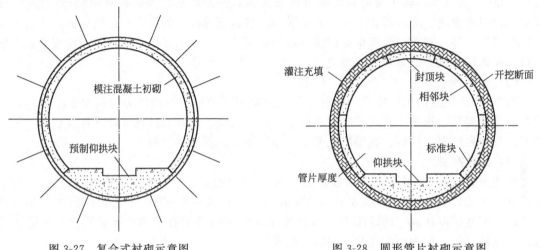

图 3-27　复合式衬砌示意图　　　　　图 3-28　圆形管片衬砌示意图

为满足防水要求，管片之间必须安装止水带，并需在管片外壁和岩壁间隙中压入豆砾石并注浆，以使管片衬砌与围岩形成整体结构，共同受力，减少管片在自重及荷载下的变形，并达到封闭管片衬砌和防水效果。为了生产预制管片，需要设有管片生产厂，若施工现场的场地条件允许，最好设在现场，以方便运输。

3.2.4　出渣与运输

TBM 施工，掘进岩渣的运出、支护材料的运进以及人员的进出，不仅数量大，而且十分繁琐，TBM 施工的隧道内，常用的运输方式是：有轨列车运输、无轨车辆运输、带式输送机运输。

3.2.5　超前预报技术

TBM 施工对地质条件很敏感，为应对各种突发事故，必须提前进行详细、准确的探测工作，以便掌握前方地质条件和围岩稳定性的变化，结合 TBM 设备适应性，及时采取针对性的措施，如调整掘进参数，采取有效支护手段等。然而，埋深稍大的隧道（大于 100m），地面地质勘查难度大，尤其是难以探查到可能造成危害的较小的不良地质体，也仅能大体确定许多界面和不良地质体在隧道开挖时可能出现的位置。因此，在施工过程中校准勘查资料，并对开挖面前方的各种不良地质作探查并准确定位十分必要。超前预报、超前防范是确保 TBM 快速、安全掘进的关键环节之一。

另一方面，由于 TBM 为全断面施工，刀盘占据了开挖面的整个空间，施工人员无法直接看到开挖面，对围岩状况不能做出准确判断，支护或超前支护缺乏可靠依据。而 TBM 配备的支护机构在机器上的位置是固定的，在施工过程中，支护具有很强的时间性，稍纵即逝，一旦错过机会，就会给后续施工带来困难。通过超前预报，及时发现异常情况，预报开挖面前方不良地质体的位置、产状及围岩结构的完整性和含水的可能性，为正确选择支护设计参数和优化施工方案提供依据，并为预防隧道灾害提供信息，提前做好施工准备，保证施工安全。因此，隧道超前预报对于安全科学施工、提高施工效率、缩短施工周期、避免事故损失、节约投资等具有重大的社会效益和经济效益。

3.2.5.1　超前预报范围

TBM 施工超前预报的范围，一般应包括：

① 灾害地质预报：预报开挖面前方灾害地质的范围、规模、性质，提供应对和预防措施；

② 水文地质预报：预报洞内突水的大小及变化规律，评价其环境影响；

③ 断层及其破碎带的预报：预报断层的地质特征和充水程度，判断其稳定性；

④ 围岩类别及稳定程度预报：预判开挖面前方的围岩类别与前期设计是否吻合，随时进行设计修正、调整支护类型和二次衬砌时间等；

⑤ 隧道内有害气体等特殊条件的预报。

3.2.5.2　超前预报分类

隧道施工超前预报如何进行合理分类，目前国内外尚未形成系统的分类标准。但超前预报分类的必要性是显而易见的，必须纳入 TBM 施工计划和管理的全过程。根据超前预报的内容、目的和作用，结合我国隧道施工超前预报的客观实际，以下简要介绍几种分类方法。

（1）按距开挖面的距离划分

隧道施工超前预报距离与隧道施工速度和工程实际需要密切相关。结合 TBM 技术现状和快速施工要求，按距开挖面的距离可分为 3 类：

① 短距离预报：根据我国目前的探测技术，预报开挖面前方 15m 范围内的地质条件并不困难，且测试工作基本可与施工同步进行。

② 中距离预报：结合 TBM 快速施工的特点，进行 15～50m 的中距离预报是必要的。从目前的预报实践来看，在开挖面上采用物探方法探测这样的距离已十分有效。

③ 长距离预报：50m 以上为长距离预报。

（2）按采用的手段划分

① 经验预报：在以往工程经验的基础上，凭感觉就能进行的预报。如钻孔过程中发现岩粉异常喷出，可能遇到了瓦斯或有害气体；听到岩石劈裂声、岩块弹射现象可能是岩爆；钻孔异常喷水可能有大涌水；隧道塌方也有先兆等。显然，经验预报效果与预报人员的阅历有关。

② 仪器预报：需借助仪器、设备进行预报，如钻机、地质雷达、物探仪器等。

③ 综合预报：应是上述两种或多种方法的结合，不同方法相互补充和印证，寻找最佳效果。

（3）按预报的作用划分

① 常规预报：该预报也称短距离预报，主要任务是判断围岩类别，了解开挖面前方短距离地质条件，手段多以地质素描为主，利用施工间隙进行，具有机动灵活的特点。

② 灾害预报：是指施工中因前方地质条件突变导致的机毁人亡、被迫停工的重大事故，如塌方、涌水、岩爆、瓦斯等，因此预报的目的就在于减灾、防灾。

③ 特殊预报：也称专门预报，如膨胀岩、放射性、高低温等，可采用专门手段作定量预报。

3.2.5.3　超前预报方法

（1）超前勘探法

一种是利用 TBM 上配备的超前钻机进行钻探，但它不能钻取岩心，只是从岩孔的时间、速度、压力、卡钻、跳钻以及冲洗液颜色、成分等数据，大致判断前方短距离的地质条件；另一种是使用水平定向岩心钻机，该法已在挪威的海底隧道工程中成功使用。

（2）岩土分析法

这一方法仍属于常规地质工作范畴，所使用的手段也是传统的，需要地质工程师的亲力亲为。其优点是占用施工时间很短，设备简单，不干扰施工，成果快速，预报效果较好；缺点是预报长度有限，需要全天候的现场工作。

（3）物探测试法

物探测试法亦称非损伤测试法。用于超前预报的非损伤测试方法主要有：以机械振动原理为基础的地震波反射法、以电磁波原理为基础的地质雷达法、以光学原理为基础的红外技术以及声发射法和电法等。

3.2.6　特殊洞段施工关键技术

3.2.6.1　特殊洞段的分类

对于 TBM 施工来说，特殊洞段就是不良地质条件洞段，导致 TBM 施工困难或不适合 TBM 施工。已有施工表明，围岩单轴抗压强度在 30～200MPa 时，TBM 掘进效率发挥较为正常。围岩单轴抗压强度小于 30MPa 时，被称为软弱围岩，TBM 适应性极差；大于 200MPa 时，TBM 掘进很困难，刀头磨损增大，当岩石弹性模量较大时，岩体内还可积蓄很大的弹性能，导致灾难性的岩爆事故。

TBM 特殊洞段包括松散、破碎、极硬岩和挤压围岩，还有岩爆、突泥、涌水、溶洞和偏压地段等，不仅为 TBM 施工带来麻烦，甚至可能造成 TBM 损坏、人员伤亡等事故，因此必须慎重对待，根据既有施工经验与教训，及时给出合理有效的针对性措施。

3.2.6.2　特殊洞段综合施工技术

（1）岩溶洞段施工技术

TBM 施工中可能遇到的溶洞，在数量、尺寸、产状、部位、是否充填以及充填物特性等方面都是不确定的，以引黄入晋工程为例，溶洞就分为包容型、底拱型、顶拱型和边墙型4 类。如图 3-29 所示。

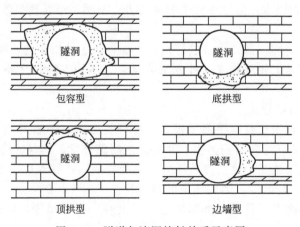

图 3-29　隧道与溶洞接触关系示意图

　　TBM 穿过小于 $2m^2$ 的溶洞以及隧道边界以外的溶洞，感知能力极差；若遇更大溶洞，其危险性更不容小视，甚至对隧道永久运行埋下隐患。经归纳，通常应采取如下应对措施：①停机处理；②掘进过程处理；③溶洞水处理。

　　（2）高硬度与磨蚀性围岩施工技术

　　TBM 是利用岩石的抗拉强度和抗剪强度明显小于抗压强度这一特征而设计的，抗压强度的高低是影响 TBM 掘进效率的关键地质因素之一。一般常用岩石的单轴抗压强度来判断 TBM 工作条件下隧道围岩开挖的难易程度。一定范围内强度越低，TBM 的掘进速度越高，掘进越快；强度越高，TBM 的掘进速度越低，掘进越慢。超出 TBM 适用范围，岩石单轴抗压强度过大和过小，都会影响掘进速度，甚至停机。

　　滚刀的磨损情况对 TBM 掘进效率以及掘进的经济性影响很大。而对刀具的磨损判断和预测，仅根据岩石抗压强度是不够的，还应结合岩石所含石英颗粒的大小、数量来决定。一般情况下，岩石的耐磨性越高，对 TBM 刀具、刀圈和轴承的磨损程度也越严重，刀具消耗和施工成本就越高。

　　考虑到这种极硬地层对刀具的消耗，应选择合适的掘进参数，并且进行适时调整，主要应对措施如下：①刀盘旋转应选择高速模式；②刀盘总推力不应过高；③选择合适的刀具，及时更换刀具；④增加换刀人员，提高换刀效率。

　　（3）岩爆洞段施工技术

　　所谓岩爆是指在高地应力条件下，开挖或其他外界扰动使得聚积在岩石中的弹性变形能突然释放，导致岩石爆裂并弹射出来的现象，是一种复杂的动力型灾害。1783 年，英国首次发生并报道了锡矿岩爆；1975 年，南非 31 个金矿共发生岩爆 680 余次。在我国，有记录最早发生的岩爆是 1933 年抚顺胜利煤矿。据不完全统计，我国二滩水电站左岸导流洞、岷江太平驿电站引水隧洞、天生桥二级水电站引水隧洞、秦岭终南山特长公路隧道、川藏公路二郎山隧道等一大批长大隧道工程均发生过岩爆，如表 3-1 所示。从已有的统计数据可以看出，岩爆灾害的发生一方面会威胁施工设备及人员的安全，延误施工进度；另一方面，初期支护失效和超挖等问题也接踵而至，严重时还将诱发地震。

表 3-1　我国发生岩爆的隧道（洞）工程不完全统计

工程名称	竣工年份	最大埋深/m	岩爆等级及比例/%			岩爆次数/次	岩爆段长度/m
			轻微	中等	强烈		
二滩水电站左岸导流洞	1993	200	为主	少量	无		315
岷江太平驿水电站引水隧洞	1993	600	为主	少量	少量	>400	
天生桥二级水电站引水隧洞	1996	800	70	29.5	0.5	30	
秦岭铁路隧道	1998	1615	59.7	34.3	6.4		1894
秦岭终南山特长公路隧道	2007	1600	61.7	25.6	12.7		2664
川藏公路二郎山隧道	2001	760	为主	少量	无	>200	1252
锦屏二级水电站引水隧洞	2011	2525	44.9	46.3	8.8	>750	

　　为有效减少或避免地质灾害的发生，同时保证工程快速安全施工、指导 TBM 掘进、加速施工进度，除了制订及时有效的防范措施外，还可采用超前地质预报方法以减少灾害的发生。目前，国内预测预报岩爆主要采用微震监测技术，根据实测到的微震信息演化规律进行岩爆等级预警，据此可实现对 TBM 施工的反馈和动态调控。遇到岩爆洞段，采用超前应力

解除法、喷水、钻孔注水等方法促进围岩软化，并选择合适的支护形式，及时支护。

（4）突泥洞段施工技术

在富水的松散围岩或者岩溶分布区，TBM 开挖如遇充水溶洞、地下暗河等，在水压作用下，泥砂碎石可能会突然涌入 TBM 内部，发生突泥事故。

一旦在 TBM 施工中发生突泥事故，处理起来将十分棘手，只能采用人工辅助开挖，即先在 TBM 一侧开挖支洞，一直开挖到 TBM 前方，然后利用人工开挖主洞，同时采取排水措施，开挖之后再让 TBM 通过。

（5）膨胀岩洞段施工技术

TBM 掘进时，如遇到膨胀性岩层，其表现形式是将 TBM 紧紧箍住，出现卡机现象。由于围岩被 TBM 前盾及安装好的管片所遮掩，发生围岩膨胀变形时不易被及时发现，因而其危害性较大。一旦发生卡机现象，施工人员必须马上进行应急处理，防止 TBM 变形受损。

TBM 通过膨胀岩洞段的有效手段是超挖，即采用扩挖刀，加大开挖直径，适当超挖，同时加强观测，每掘进 2～3 个行程，要求通过伸缩盾的窗口对开挖直径进行量测，并尽量减少刀头喷水量，如发生膨胀现象，应立即停止喷水，并加快速度，尽快通过。

如果 TBM 机头已被卡死，处理措施为：首先加大推进力，并在护盾与围岩间强行注入润滑剂，以减少机身与围岩间的摩擦力，以求脱困；如果不能脱困，则需要割开伸缩护盾侧壁钢板，多开几个窗口，通过这些窗口对 TBM 机身前后、上下进行扩挖；对扩挖区进行有效支护，并对围岩进行监测；加固已衬砌管片，尚未衬砌的应使用配筋量大的重型管片；脱困后迅速回填，防止围岩继续变形，影响隧道质量。

（6）软土洞段施工技术

当 TBM 掘进到软土或砂砾石洞段时，可能出现 TBM 机头下沉的现象。一旦出现这一现象，则用扩挖刀将开挖直径扩大，操作手将机头向上抬起掘进，使 TBM 保持向上掘进的姿态；降低刀盘转速，减小掘进推力，将后支撑收回，依靠辅助推进油缸推动 TBM 前行。如果含水砂砾石洞段自稳能力不好，可使用超前钻孔进行超前灌浆；如仍不能通过，必须采用人工超前开挖和支护的方法使 TBM 通过。

（7）断层破碎带施工技术

TBM 掘进中，当遇到出渣量增大、掘进速度加快、推力降低、支撑反力减少等情况，可认为 TBM 遭遇到断层了。断层破碎带对 TBM 的危害主要包括：

① 开挖面及拱顶坍塌、剥落，掩埋刀盘，刀盘旋转困难；边墙坍塌，撑靴支护不稳。

② 围岩软硬不均时，刀盘旋转易产生振动，影响刀具寿命，增加刀具消耗；还可能引起 TBM 机体的不均匀下沉，给掘进方向的控制带来困难。

③ 如发生涌水，可能淹泡 TBM，危及设备、人员安全。

④ 如发生塌方，可能压住机头或发生卡机事故，影响 TBM 掘进，还会导致 TBM 掘进方向偏离，管片安装接缝超标，出现较大的错台和裂缝。

断层破碎带施工应进行超前预测预报，根据预报结果采取应对措施。轻微地段对 TBM 不会造成影响时，可不进行处理，直接掘进；对于一般地段，可采取先掘进、再处理的办法；对于严重地段，TBM 停止掘进，进行超前处理，然后 TBM 掘进通过或直接步进通过。

3.2.7 通风除尘

通风系统在 TBM 中是一个较为简单的系统，它分为压缩空气和多级串联的轴流风机两个独立的系统，分别完成气泵、空气离合器、油雾气供气和新鲜空气的供气。单对土建施工人员而言，通风可分为一次通风和二次通风。一次通风是指洞口到 TBM 后面的通风，采用软风管，用洞口风机将新鲜风压入 TBM 后部；二次通风是指 TBM 后配套拖车后部到 TBM 施工区域的通风，采用硬质风筒，送风口位置布置在 TBM 容易发热的部件处。

　　施工过程中会产生大量粉尘，一般采用喷雾除尘的方法，用于刀盘喷雾除尘的水流先通过刀盘的水回转接头再分配到喷嘴上，其水压为 0.6～0.8MPa，水流量为每只喷嘴 7～10L/min，喷嘴的通径一般为 2.5～3.2mm，一组喷嘴喷出的水雾在刀盘前形成直径约 1.5m 左右的水雾环，用以降尘同时冷却刀圈。到喷嘴的水必须经过粗滤，否则会堵塞喷嘴。在除尘装置的水膜除尘器中，用较大量喷水以集中降尘；在网络除尘器中，水流用来定期反冲洗滤网的积尘。必要时，在胶带出渣机与转载渣斗间增设喷水装置以降低落渣点的扬尘。

思考题与习题

1. TBM 分哪几种类型？
2. 敞开式 TBM、单护盾 TBM、双护盾 TBM 主要区别有哪些？
3. 简述滚刀的破岩机理？
4. 试述 TBM 的施工工艺？
5. 简述敞开式 TBM 掘进循环过程？
6. 简述护盾式 TBM 掘进循环过程？
7. TBM 施工超前预报的范围有哪些？
8. 按距开挖面的远近划分，超前预报可分为哪几类？
9. 超前预报方法有哪些？
10. TBM 特殊洞段主要有哪些？
11. 什么是岩爆？

第4章　顶管法施工

案例导读

　　平岗-广昌原水供应保障工程是提高珠澳咸期供水保障能力的重要供水基础设施，是粤澳合作重点项目，可以有效解决珠海西水东调输水能力不足、单管输水风险较高等问题。磨刀门水道超长顶管工程系平岗泵站至广昌泵站管道的控制性工程，因一次性顶管管径为2.4m、长达2329m，被誉为截至目前的"亚洲第一顶"，于2018年11月19日正式顶推，2019年4月8日正式贯通。

　　讨论

　　如此长距离的顶管，顶管机应如何选择？采取什么样的措施克服长距离顶管的顶进阻力？顶管施工如何实施？

　　顶管法，是指采用液压千斤顶或具有顶进、牵引功能的设备，以顶管工作井作承压壁，将管子按设计高程、方位、坡度逐根顶入土层直至到达目的地。

　　顶管法施工广泛应用于城市地下给排水、供热、天然气与石油、通信电缆等各种地下管道的铺设施工，尤其是特殊地质条件下的管道工程施工具有一定的优越性，如穿越江河、湖泊、港湾水体下的供水、输气、输油管道工程；穿越城市建筑群、繁华街道地下的上下水、煤气管道工程；穿越重要公路、铁路路基下通信、电力电缆管道工程等。

　　顶管施工方法较多，但各种方法的施工工艺除土体开挖方法不同外，其他工艺基本相同。顶管施工借助于主顶油缸及管道间中继间等的推力，把工具管或TBM从工作井内穿过土层一直推到接收井内吊起。与此同时，也就把紧随工具管或TBM后的管道埋设在两井之间，以期实现非开挖敷设地下管道的施工方法，如图4-1所示。具体工艺原理如下：

　　（1）先构筑施工工作井与接收井，并在工作井内设置支座和安装液压千斤顶。

　　（2）借助主顶油缸及管道间中继间等的推力，把工具管或TBM从工作井向接收井推进。

　　（3）紧随工具管或TBM后面，将预制的管段顶入地层。

　　（4）边顶进，边开挖，边将管段接长。

　　（5）工具管或TBM到达接收井，并被吊出，即完成一段管道的施工。

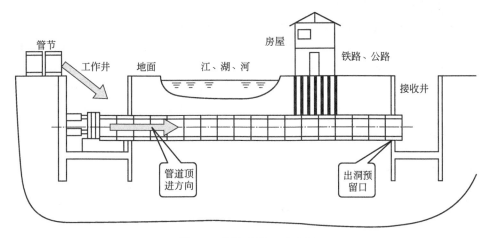

图 4-1 顶管法施工示意图

顶管法施工可用于软土或富水软土层等各类土层的管道施工；可穿越公路、铁路、河流、地面建筑物进行地下管道施工以及在很深的地下铺设管道；施工时无需明挖土方，不会产生"拉链马路"现象，对地面交通和道路寿命影响小；设备少、工序简单、工期短、造价低、速度快；但大直径、超长顶进、纠偏相对较困难。

4.1 顶管法施工的发展与分类

4.1.1 顶管法施工的发展

顶管施工是继盾构施工之后发展起来的地下管道施工方法，最早于 1896 年美国北太平洋铁路铺设工程中应用，已有百年历史。20 世纪 60 年代在世界各国推广应用；近 30 年来，日本率先研究开发土压平衡、水压平衡顶管机等先进顶管机头和施工工法。

我国较早的顶管施工在 20 世纪 50 年代，初期主要是手掘式顶管，设备也较简陋。我国顶管技术真正较大的发展是从 20 世纪 80 年代中期开始。在 1988 年和 1992 年成功研制了我国第一台多刀盘土压平衡掘进机（DN2720mm）和第一台加泥式土压平衡掘进机（DN1440mm），均取得了较令人满意的效果。

全长 3600m、管径为 1.8m 的钢管从 23～25m 深的地下于 2002 年 9 月顶管成功横穿黄河，其中最长的一段位于黄河主河床上，长达 1259m，还要穿越较厚的砾砂层与黄河主河槽，既是我国西气东输项目的关键工程，也是当时世界上复杂地质条件下大直径钢管一次性顶进距离最长的顶管工程。2008 年在无锡长江引水工程中中铁十局采用国产设备——直径 2200mm 的钢管双管同步顶进 2500m。以上工程均标志着我国的顶管施工水平接近世界先进水平。

随着时间的推移，顶管技术也与时俱进、迅速发展。主要体现在以下方面：

（1）在顶管直径方面，除了向大口径管的顶进发展以外，也向小口径管的顶进发展。目前顶管技术最小顶进管的口径只有 75mm，最大的已达到 5m（德国）。

（2）在顶进长度方面，一次连续顶进的距离越来越长，已由初期的 20～30m 发展到了目前的 2km 以上。

（3）在顶进管材方面，顶管管材最早使用的是混凝土或钢筋混凝土材料，也有的采用铸铁管材、陶土管，后来发展到钢管。目前大量采用的是钢筋混凝土管和钢管。未来，玻璃钢管、PVC 塑料管和玻璃纤维管有望取代小口径混凝土管或钢管。

（4）在顶管设备发展方面，将微电子技术、工业传感技术、实时控制技术和现代化控制理论与机械、液压技术综合运用于顶管机械上是顶管技术的发展趋势。数字化、信息化、智能型顶管的研制将得到更多的关注，纠偏精度、自动化程度也将得到大力提高。

（5）在顶管线路的曲直度方面，过去顶管大多为直线顶管，现在已发展为曲线顶管，而且曲线形状也越来越复杂，如S形复合曲线、水平与垂直兼有的复杂曲线等。

4.1.2　顶管法施工的分类

顶管法施工的分类方法比较多，大致可以按以下几种方法分类。

（1）按所顶进的管子口径大小可以分为：大、中、小与微型顶管。大口径顶管多指直径2m及以上的顶管施工，人可以在顶进的管节内直立行走；中口径顶管的直径范围为200～2000mm；小口径顶管的直径范围在500～1200mm；500mm以下直径的顶管为微型顶管。

（2）按一次顶进的长度可以分为：普通距离顶管与长距离顶管。《给水排水管道工程施工及验收规范》（GB 50268—2008）规定的长距离顶管是指一次顶进长度300m以上，并设置中继间的顶管施工。

（3）按顶管的管材类型可以分为：钢筋混凝土顶管、钢管顶管、其他管材的顶管。

（4）按顶管设备的类型可以分为：手掘式人工顶管、挤压顶管、水射流顶管与机械顶管。

（5）按顶进管子轨迹的曲直可以分为：直线顶管与曲线顶管。

4.2　顶管分类及其选型

4.2.1　手掘式顶管

手掘式顶管施工是最早发展起来的一种顶管施工的方式。由于它在特定的土质条件下采用一定的辅助施工措施后，便具有施工操作简便，设备少，施工成本低、施工进度快等一些优点，即使在机械化顶管施工日益普及的今天，手掘式顶管施工仍然有一定的市场，就是因为它可以用各种方式破除顶进中所遇到的各种障碍物，这一点是其他顶管方式都无法解决的一大难题。

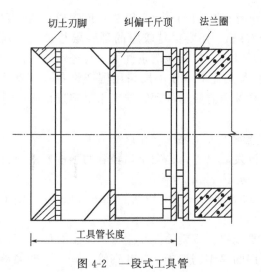

图 4-2　一段式工具管

（1）工具管

工具管，指的是安装在被顶进管子前方，供顶管工人在里面进行挖土、纠偏等作业的钢制管节。为了方便切土，前端都设有刃口。它与机械顶管机的最大区别就是它没有挖土的动力设备和机械。

工具管具有掘进、防塌、出泥、导向纠偏及安全保护等作用，大多用钢板焊接而成，其结构主要由切土刃角、纠偏装置、承插口等组成。

工具管的种类较多，从结构上分主要有一段式和两段式。一段式工具管结构如图4-2所示，其结构简单，加工制作容易，故在顶进施工距离较短、断面相对较大时应用较多，有的施工现场甚至不设纠偏千斤顶和法兰圈，中间设两道加强肋，尾部直接套在后面的管节上，结构更为简单。但一段式工具管与混凝土管之间的结合不太可靠，常会产生渗漏现象；发生偏斜时纠偏效果不好；千斤顶直接顶在其后的混凝土管上，工具管后的第一节管容易被顶坏。

　　两段式工具管的结构如图 4-3 所示，它主要由前、后两段壳体组成。前壳体的端部是一个用于切土的刃口，在前、后壳体之间设有四组纠偏用的螺栓。后壳体的尾端与第一节混凝土管节相连接。这是早期顶管常用的两段式工具管形式，一般适用于挖掘面能自立的地层。用这种普通的工具管顶管施工过后，地面都会产生较大的沉降，因此，在一些对沉降要求较高的地方，不宜采用。

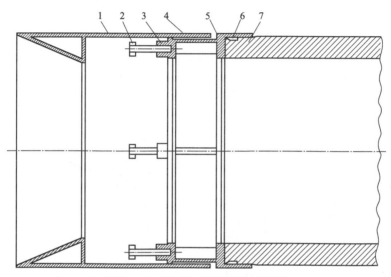

图 4-3　两段式工具管结构示意图
1—前壳体；2—纠偏螺栓；3—纠偏螺母；4—后壳体；5—木垫圈；6—接口密封圈；7—混凝土管节

　　当施工地层为有地下水的软弱黏性土时，挖掘面稳定性差，可以采取一些辅助措施，如降低地下水位或注浆止水等措施，然后用设有网格的两段式工具管才可以进行顶管施工，其结构如图 4-4 所示。网格减小了开挖面的面积，有利于开挖面的稳定，纠偏油缸可以纠正工具管的偏斜，如图 4-5 所示为某网格式工具管顶管施工开挖现场。

　　当顶管施工地层为特别软的淤泥或淤泥质土时，开挖面的稳定性很差，即使网格式工具管也难以施工，可以采用挤压式工具管，如图 4-6 所示，工具管的前端切口的刃脚放大，并带有仓门，由此可减小开挖面，并挤土顶进，与挤压式盾构的结构与原理类似。

　　开挖面的稳定是顶管施工成功的关键。由于手掘式顶管是敞开式顶管施工，开挖面没有支撑，软黏土施工时，其灵敏度高，开挖面土体受到开挖顶进的施工扰动后，抗剪强度减少，暴露面积较大的开挖面土体容易剥落和坍塌，顶管外径大于 1.4m 时，在开挖面要加网格式支撑或有正面支撑千斤顶的部分支撑。当网格也无法稳定开挖面土体时，应考虑安设较严密的正面支撑或施加适当压力的气压，以确保工程安全和周围环境的安全。

　　(2) 施工工艺

　　手掘式顶管施工的施工原理与工艺如图 4-7 所示。具体工艺与要求如下：

　　① 建造工作井。先构筑围护结构，围护结构要确保开挖及顶管施工期间围护结构和工作井内的安全，然后开挖工作井。

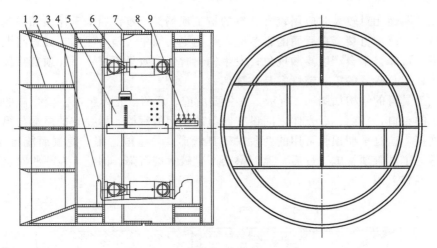

图 4-4　网格式工具管结构示意图

1—横格板；2—竖格板；3—前壳体；4—踏板；5—纠偏油泵；6—纠偏油缸；
7—铰接密封圈；8—后壳体；9—纠偏手动阀

图 4-5　网格式工具管开挖现场照片

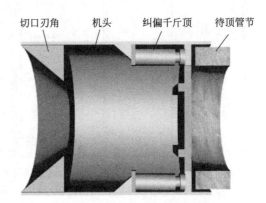

图 4-6　挤压式工具管示意图

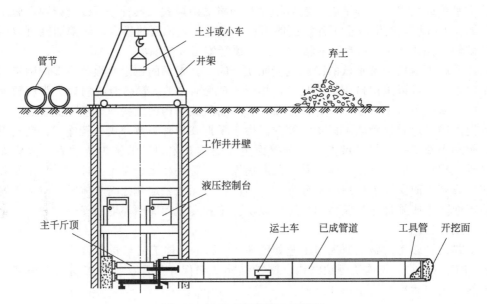

图 4-7　手掘式顶管施工示意图

② 地表设施的安装。主要是起重设备的安装。

③ 安装工作井内设备。主要是主顶油缸与工具管的安置，在井内的顶进轴线后方，布置一组行程较长的油缸（俗称千斤顶），一般呈对称布置，如 2 只、4 只、6 只或 8 只，数量多少根据顶管的管径大小和顶力大小而定。管道放在主油缸前面的导轨上，管道的最前端安装顶管。

④ 顶进施工。主顶油缸施加顶力，将工具管切入土中。初始顶进，必须严控工具管的姿态，检测工具管的水平状态是否与基坑内导轨保持一致，以保证出工作井的方向准确。通常将开始的 5～10m 的顶进称为初始顶进，初始顶进中应尽量少用纠偏油缸进行校正方向。

出工作井与进工作井前 30m，加强测量，0.3m 测量一次，中间 1m 测量一次，确保顶进轨迹准确。

⑤ 工具管内挖土前进。工人在工具管前端用镐、铁锹或冲击锤挖土，施工时应确保工作面的稳定。挖掘下来的土装入运土小车内，通过人力或钢丝牵引拉入工作井，起重设备提升到地面。每挖够一节管段长度，在主顶油缸前装入一节管子，再启动主顶油缸进行推进。

4.2.2　土压平衡顶管

土压平衡顶管由土压平衡盾构机移植而来，其平衡原理与土压平衡盾构机相同，利用土仓内的泥土压力来平衡顶管前的土压力和地下水压力，螺旋输送机出土量与进入土仓内的土量平衡。

土压平衡顶管按泥土仓中所充的泥土类型分，有泥土式、泥浆式和混合式三种；按刀盘形式分，有带面板刀盘式和无面板刀盘式；按有无加泥功能分，有普通式和加泥式；按刀盘的多少分，有单刀盘式和多刀盘式。

(1) 单刀盘（DK 型）土压平衡顶管

单刀盘土压平衡顶管是日本在 20 世纪 70 年代初期开发的，它具有广泛的适应性、高度的可靠性和先进的技术性，又称加泥式土压平衡顶管机。图 4-8 所示的是这种机型的结构之一，顶管机由两段组成，分为前后壳体，两段壳体之间由转向油缸（纠偏油缸）组和铰接密封装置实现连接，转向（纠偏）油缸还可用于顶管的方向校正。

单刀盘土压平衡顶管在国内已自成系列，适用于 $\phi1.2～3.0m$ 口径的混凝土管施工，可用于 N（标贯击数）值为 0～50 而一般顶管无法适应的固结性黏土和砂砾，更适用于各种普通的土。通过合理的注浆方式，可改良土体，保持控制面稳定及地面沉降。弃土运输处理方便、简单，施工作业环境好，操作安全、方便可靠，适合大口径、长距离顶进施工。

土压平衡顶管的工作原理是：先由工作井中的主顶进油缸推动顶管前进，与此同时大刀盘旋转切削土体，切削下的土体进入密封的土仓与螺旋输送机中，并被挤压形成具有一定土压的压缩土体；然后经螺旋输送机的旋转，运输出土仓内土体。密封土仓内的土压力值可通过螺旋输送机的出土量或顶管的前进速度来操纵，使此土压力与切削面前方的静止土压力和地下水压力保持稳定，进而确保开挖面的稳定，避免地面的沉降或隆起。

(2) 多刀盘（DT 型）土压平衡顶管

多刀盘土压平衡顶管适用于软土地层且外径要大于 1800mm 以上的大口径的顶管施工，它的结构比较简单。多刀盘土压平衡顶管与单刀盘顶管不同之处在于刀盘，将全断面切削刀盘改成四个独立的切削搅拌刀盘。

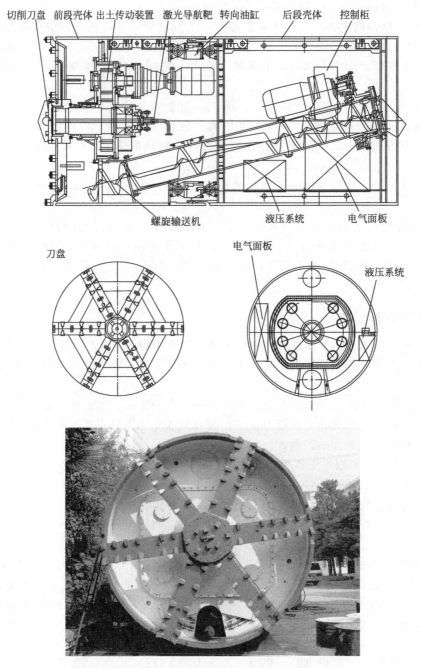

切削刀盘　前段壳体　出土传动装置　激光导航靶　转向油缸　后段壳体　控制柜

螺旋输送机　　　　液压系统　　电气面板

刀盘

电气面板　　液压系统

图 4-8　单刀盘土压平衡顶管结构示意图

　　如图 4-9 所示，顶管机前面有四个切削刀盘安装在前壳体的隔仓板上，刀盘由电机通过安装在隔仓板上的减速器驱动、旋转。它们在切削土体的同时可对土体进行搅拌。下部设有螺旋输送机的喂料口。切削下来的土体通过螺旋输送机排出。

　　由于前壳体被隔仓板隔离成前面的泥土仓和后面的动力仓两部分，地下水无法渗透进来，所以多刀盘土压平衡顶管可在地下水位以下进行顶管施工。由于多刀盘土压平衡顶管四个刀盘切削土体的面积只占顶管全断面的 60％ 左右，其余部分的土体都是通过挤压、搅拌，最终被螺旋输送机排出的，这种结构决定了多刀盘土压平衡顶管只适用于含水量比较大的软

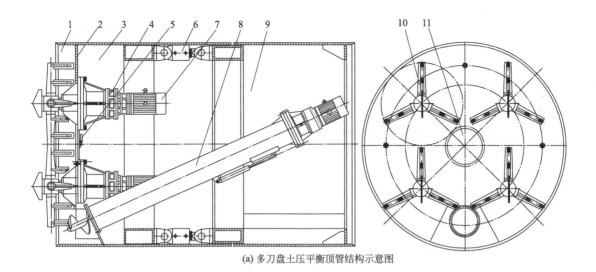

(a) 多刀盘土压平衡顶管结构示意图

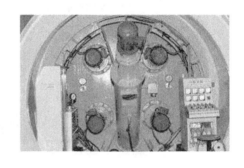

(b) 多刀盘土压平衡顶管照片

图 4-9 多刀盘土压平衡顶管机

1—泥土仓；2—隔仓板；3—前壳体；4—减速器；5—土压力表；6—纠偏油缸；

7—刀盘电机；8—螺旋输送机；9—后壳体；10—刀盘；11—人孔

土地层。在泥土仓的隔仓板上部和中部两侧各设有三个土压力表。

　　为确保土压平衡，泥土仓内的压力设置如下：顶进时，依据土质、覆土深度等条件设定一个控制土压力 P，当泥土仓内的泥土压力$<P$ 时，螺旋输送机停止排土；当泥土仓内的泥土压力$>P$ 时，螺旋输送机则加速排土。推进速度应与排土量相匹配，以便连续排土。也可把土压力控制在 $P\pm20\text{kPa}$ 范围以内。

　　使用多刀盘土压平衡顶管施工时需注意，不可在顶管沿线使用降低地下水的辅助措施，否则会使顶管无法正常使用。

　　土压平衡顶管施工的排土与手掘式顶管法相似，破碎进入泥土仓内的土体通过螺旋输送机输到皮带运输机上，然后皮带运输机将土渣输送至其后面的小车里，然后将小车推或牵引至工作井，再通过起重设施吊至地表。

4.2.3 泥水平衡顶管

　　泥水平衡顶管的平衡原理与泥水平衡盾构机相同。泥水平衡顶管采用机械切削泥土、利用压力来平衡地下水压力和土压力、采用水力输送弃土，是当今比较先进的一种顶管。

泥水平衡顶管按平衡对象分类可以分为两种：第一种是泥水仓内的泥水仅起平衡地下水的作用，土压力则由机械方式来平衡；第二种是泥水同时具备平衡地下水压力和土压力的作用。

（1）泥水平衡顶管结构

泥水平衡顶管正面设刀盘，在其后设密封舱，在密封舱内注入稳定正面土体的泥浆，刀盘切下的泥土，沉在密封舱下部的泥水中而被水力运输管道运至地面。泥水平衡式工具管主要由刀盘、纠偏装置、泥水装置、送排泥装置等组成。在前、后壳体之间有纠偏千斤顶，在掘进机上下部安装进、排泥管。

NPD 型泥水平衡顶管是我国生产的顶管机，如图 4-10 所示，一般管径在 φ800～4000mm 之间，适用土质范围广，软土、黏土、砂土、砂砾土、硬土、强风化岩均可适用，锥体与泥土仓壳体形成二次破碎功能，破碎能力更强大，破碎粒径大。顶管施工对所施工顶管周围土体扰动小，易控制地面沉降，可实现连续出土作业，顶进速度较快。操作方便，主轴密封可靠，使用寿命长，适合长距离顶管施工。

(a) 顶管外观　　　　　　　　　　　　　　　　(b) 顶管内布置

图 4-10　NPD 型泥水平衡顶管

图 4-11 所示为 NPD 型泥水平衡锥体式顶管结构，其结构由：刀盘、刀盘驱动装置（动力系统——电动机）、纠偏系统（纠偏千斤顶）、送排泥装置（管路）、液压泵站、控制柜等组成。其中顶管前面的切削刀盘由中心刀、刀排、焊接在刀排上的切削刀和一个多边形锥体共同组成。针对不同土质和不同口径的顶管，其刀盘形式也各不相同。

多边形锥体中心与顶管主轴中心之间有一定的偏心量。刀盘由多台电动机通过行星减速器、主轴箱减速以后共同驱动。泥土仓则是一个多边形呈喇叭状的前壳体的一部分。刀盘在泥土仓内做偏心的旋转运动时，它与泥土仓共同对泥块、石块进行破碎。

（2）泥水平衡顶管施工

泥水平衡顶管施工的完整系统如图 4-12 所示。它由顶管（掘进机）、送排泥管路系统、泥浆处理系统、主顶设备、测量系统（激光经纬仪）等组成。泥水平衡顶管施工与其他形式的顶管相比，增加了进排泥系统和泥水处理系统。

送排泥管路系统包括送泥管、排泥管、泥浆泵、泥浆处理机、搅拌机、各种阀门、流量计和压力表等，作用是将泥水仓内含破碎岩土渣的泥水通过排泥管路系统抽出并送至地表，然后经地表泥水沉淀和分离后，再通过送泥管路系统将分离后的泥水再送入泥水仓。随着顶管的推进，刀盘不断转动，送泥管不断供泥水，排泥管不断将混有弃土的泥水排出泥水舱。泥水舱要保持一定的压力，使刀盘在有泥水压力的情况下向前钻进。

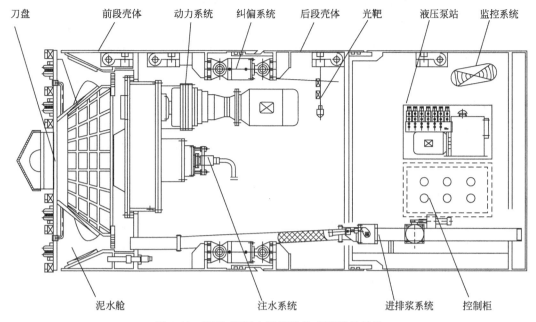

图 4-11　NPD 型泥水平衡锥体式顶管的结构

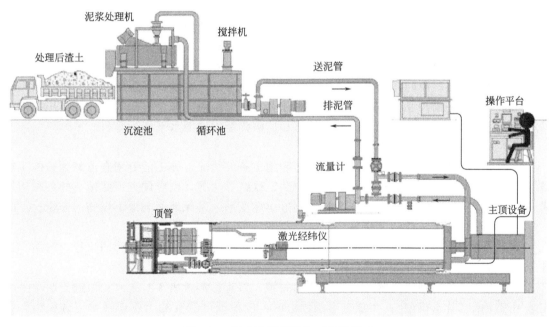

图 4-12　泥水平衡顶管施工系统组成

　　泥水处理是指顶进过程中排放出来的泥水的二次处理，即泥水分离。泥水处理通常采用沉淀法、过滤法和离心处理法等。不同成分的泥浆有不同的处理方式，含砂成分多的可用自然沉淀法，黏土层中的泥水处理比较困难，需添加絮凝剂。

　　泥水平衡顶管的基本原理是泥水护壁，在泥水平衡顶管施工中，要使开挖面保持稳定，必须向泥水舱注入一定压力的泥水。泥水在压力作用下向土体内部渗透，在开挖面形成一层泥皮。泥皮的作用，一方面阻止泥水继续向土体内部渗漏，另一方面，泥水的压力通过泥皮作用在开挖面，防止坍塌，要求泥水密度必须大于1.03。

施工过程须注意的问题：

① 当顶管掘进工作停止时，一定要防止泥水从土层中或洞口及其他地方流失，不然开挖面就会失稳，尤其是在出洞这一段时间内更应防止洞口止水圈漏水。

② 在顶管掘进工作中，应注意观察地下水压力的变化，并及时采取相应的措施和对策，保持开挖面的稳定。

③ 顶进过程中，随时要注意开挖面是否稳定，要不时检查泥水的浓度和相对密度是否正常，还要注意泥浆泵的流量及压力是否正常。应防止排泥泥浆泵的排量过小而造成排泥管的淤积和堵塞现象。

4.2.4 顶管的选型

顶管施工能否顺利进行主要取决于四个基本要素：首先必须要有详细的工程地质资料；其次必须要针对该地质资料选好适用的顶管；第三必须选择好对应的施工工艺；第四必须要有一批训练有素且具有高度责任心的施工人员。

顶管的选用需考虑以下几个方面：

（1）与工程地质条件相适应

顶管施工所选用的顶管首先必须与工程地质条件相适应，若选用的顶管与地质条件不适用，后果是不堪设想的，轻者将影响施工的进度，重者将使顶管施工无法进行。顶管都是有一定适用范围的，有的适用于软土，有的适用于砂砾，没有一种是万能的。例如，在孔隙比和渗透系数都很大的砂卵石地层中，泥水平衡顶管就不能适应。

在黏性土或砂性土层，无地下水影响时，宜采用手掘式或机械挖掘式顶管法；当土质为砂砾土时，可采用具有支撑的工具管或注浆加固土层的措施；在软土层且无障碍物的条件下，管顶以上土层较厚时，宜采用挤压式或网格式顶管法；在黏性土层中必须控制地面隆陷时，宜采用土压平衡顶管法；在粉砂土层中需要控制地面隆陷时，宜采用加泥式土压平衡或泥水平衡顶管法；含砾石地层则宜选用具有相应破碎能力的泥水平衡顶管机。

（2）调查清楚周边环境和设施

顶管施工需考虑地面与地下的周边环境和施工条件情况，施工前要调查清楚顶管施工线路所经过的地面上的既有建筑物、街道、公路、铁路等情况，也应调查清楚地下的各种构筑物、各种公用管线等情况，顶管施工时控制好土体变形，确保地面与地下设施的安全。

（3）与设计施工条件相适应

顶管机的选用必须与设计图纸、施工要求和规定相适应，如所顶进管的口径、材质，顶进的长度和线型，工作井和接收井的构筑形式、覆土深度等。

合理选择顶管的型式是整个工程成败的关键。顶管可参考表4-1选型。顶进土层单一时宜选用表中的"首选机型"；在复杂土层顶进时，应根据可能有的土层选择"可选机型"或"首选机型"。

表 4-1 顶管的选型参考表

地层		敞开式顶管			平衡式顶管		
		机械式	挤压式	手掘式	土压平衡	泥水平衡	气压平衡
无地下水	胶结土层、强风化岩	★★					
	稳定土层	★★		★			
	松散土层	★	★	★★			

地层		敞开式顶管			平衡式顶管		
		机械式	挤压式	手掘式	土压平衡	泥水平衡	气压平衡
地下水位以下地层	淤泥 $f_d > 30$ kPa		★		★★	★	★
	黏性土,含水率>30%		★★		★★	★	★
	粉土,含水率<30%				★	★★	★
	粉土				★	★★	★
	砂土, $k < 10^{-4}$ cm/s					★★	★★
	砂土, $k < 10^{-4} \sim 10^{-3}$ cm/s					★	★★
	砂砾, $k < 10^{-3} \sim 10^{-2}$ cm/s					★	★
	含障碍物						★

注：★★—首选机型；★—可选机型；空格—不宜选用；f_d—地基承载力特征值，kPa；k—土的渗透系数，cm/s。

4.3　工作井布置

工作井根据功能分为顶管井、接收井和中间井。顶进井，也叫始发井，其作用是安放所有顶进设备的场所，也是顶管机的始发场所，且必须承受主顶油缸推力的反作用力的，强度和刚度上要求满足顶力需求，还供顶管机或工具管出洞、下管节、挖掘土砂的运出、材料设备的吊装、操纵人员的上下等使用。

接收井仅是接收顶管机的场所，它不受顶力作用。井的尺寸要求能够接收顶管机出洞，以及满足顶管的管道与不同标高开挖施工的管道相连接的尺寸要求。

长距离顶管施工周期长，所以往往将长距离顶管管道分成若干顶管段，两个管段之间设置一个中间井，既可以是顶进井和接收井的二合一井；也可以用作向两头顶进的工作井或者用作双方向的接收井。

4.3.1　工作井的形式与尺寸

工作井的形式，按形状分有矩形、圆形、腰圆形（两端为半圆形，中间为直线形）、多边形等几种，其中矩形工作井最为常见。直线顶管或接近直线的顶管施工中，多采用矩形工作井。矩形工作井井内空间可充分利用，后座墙可直接利用井壁而不必另行设置。管线交叉的中间井和深度大的工作井宜采取圆形或多边形工作井。

工作井的尺寸要考虑管道下放、各种设备进出、人员的上下、井内操作、测量等必要空间，以及排放弃土设施的位置等。工作井根据井深分为浅工作井和深工作井。当井底离地面的深度超过10m时，称为深工作井，小于10m的称为浅工作井。

（1）工作井的最小长度

依据《给水排水工程顶管技术规程》（CECS 246：2008），顶管工作井的最小内净长度应按下述两种方法计算结果取大值。

① 当按顶管长度确定时，工作井的最小内净长度可按下列公式计算：

$$L \geqslant l_1 + l_3 + k \tag{4-1}$$

式中　L——工作井的最小内净长度，m；

l_1——顶管下井时的最小长度，m，如采用刃口顶管应包括接管长度；

l_3——千斤顶长度，一般可取 2.5m；

k——后座和顶铁的厚度及安装富余量，可取 1.6m。

② 当按下井管节长度确定时，工作井的内净长度可按下列公式计算：

$$L \geqslant l_2 + l_3 + l_4 + k \tag{4-2}$$

式中 l_2——下井管节长度，m，钢管一般可取 6.0m，长距离顶管时可取 8.0～10.0m，钢筋混凝土管可取 2.5～3.0m，玻璃纤维增强塑料夹砂管可取 3.0～6.0m。

l_4——留在井内的管道最小长度，m，可取 0.5m。

（2）工作井的最小宽度

浅工作井内净宽度可按下列公式计算：

$$B = D_1 + (2.0 \sim 2.4) \tag{4-3}$$

式中 B——工作井的内净宽度，m；

D_1——管道的外径，m。

深工作井内净宽度可按下列公式计算：

$$B = 3D_1 + (2.0 \sim 2.4) \tag{4-4}$$

（3）工作井深度

工作井底板面深度应按下列公式计算：

$$H = H_s + D_1 + h \tag{4-5}$$

式中 H——工作井底板面最小深度，m；

H_s——管顶覆土层厚度，m；

h——管底操作空间，m，钢管可取 $h=0.70\sim0.80$m，玻璃纤维增强塑料夹砂管和钢筋混凝土管等可取 $h=0.4\sim0.5$m。

4.3.2 工作井的位置与数量

（1）工作井的位置选择

工作井的位置选择时，应尽量远离房屋、地下管线、架空电线等不利于顶管施工的场所。尤其是顶进工作井，井内布置有大量设备，地面上又要堆放管节、注浆材料和泥浆沉淀池及渣土的运输设备等，工作井如果太靠近房屋和地下管线，可能会给施工带来不便。

在高压架空电线下作业时，如果工作井施工时的安全高度不足，容易产生触电事故或停电事故，应该避开。但是顶管施工需要施工用水用电，顶管工作井选址离水源和电源不能太远。顶管施工时有大量的土要运出及管道和相关设备要运进，工作井选址要考虑交通方便。

（2）工作井的数量

工作井的数量要根据顶管施工全线的情况，合理选择，并利用管线上的工艺井。顶进井的构筑成本会大于接收井，因此，在全线范围内应尽可能地把顶进井的数量降到最少。同时，还要尽可能地在一个顶进井中向正反两个方向顶，以减少顶管设备转移的次数，有利于缩短施工周期。

4.3.3 工作井的结构形式与选择

工作井结构形式可采用钢板桩、沉井、地下连续墙、灌筑桩或 SMW 工法。当顶力较大时，除沉井外皆应设置钢筋混凝土后座墙。

在一般情况下，接收井可采用钢板桩、砖等比较简易的构筑方式；当顶进井埋置较浅、地下水位较低、顶进距离较短时，宜选用钢板桩或 SMW 工法。工作井内水平支撑应形成封闭式框架，在矩形工作井水平支撑的四角应设斜撑。

在顶管埋置较深、顶管顶力较大的软土地区，工作井宜采用沉井或地下连续墙；当场地狭小且周边建筑需要保护时，工作井可选用地下连续墙；在地下水位较低或无地下水的地区或经采取降水与止水措施的场地，工作井可选用灌筑桩。

4.3.4 顶进工作井的布置

顶进工作井的布置分为井内布置和地面布置。

（1）井内布置

顶进工作井的布置如图 4-13 所示，工作井内需要构筑的结构物有洞口止水圈、止水墙、后座墙、基础底板及排水井，还需布置有工具管、顶铁、基坑导轨、主顶千斤顶及千斤顶架、后靠背、排水设备以及照明装置等，图 4-14 是某顶管施工顶进工作井的现场。

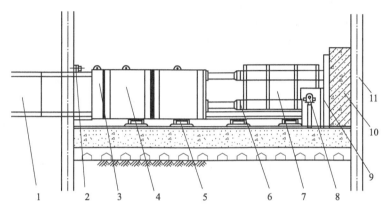

图 4-13 顶进工作井内布置图

1—管节；2—洞口止水系统；3—环形顶铁；4—弧形顶铁；5—顶进导轨；6—主顶油缸；
7—主顶油缸架；8—测量系统；9—后靠背；10—后座墙；11—井壁

图 4-14 某顶管施工顶进工作井现场照片

① 后座墙。后座墙是顶进管道时为千斤顶提供反作用力的一种结构，有时也称为后座、后背或者后背墙等。在施工中，要求后座墙必须保持稳定，一旦后座墙遭到破坏，顶管施工就要停顿。

为了确保顶进效率，在设计和安装后座墙时，应使其满足如下要求：

a. 要有充分的强度以保证在顶管施工中能承受主顶工作站千斤顶的最大反作用力而不致破坏，并留有较大的安全度。

b. 要有足够的刚度以保证受到主顶工作站的反作用力时，后座墙材料受压缩而产生变形，卸荷后要恢复原状。

c. 后座墙表面应平直，并垂直于顶进管道的轴线，以免产生偏心受压，使顶力损失，可能导致发生质量、安全事故。

后座墙的结构形式一般可分为整体式和装配式两类。整体式后座墙多采用现场浇筑的混凝土。装配式后座墙是常用的形式，具有结构简单、安装和拆卸方便、适用性较强等优点。反力墙为沉井或地下连续墙墙体时，可采用装配式后座。

② 后靠背。后靠背是靠主顶千斤顶尾部的厚铁板或钢结构件，安装在后座墙与顶管千斤顶之间，也称钢后靠，其厚度在300mm左右，其作用是尽量扩散主顶千斤顶的反力，防止压坏混凝土后座。

③ 主顶装置。主顶装置主要由主顶油缸（千斤顶）、组合千斤顶架、油泵、操纵平台及液压管阀等组成。主顶油缸形式多为液压驱动的活塞式双作用油缸，常用压力在32～42MPa之间，一般布置2～8只，沿管道中心对称布置，千斤顶的合力中心应低于管中心，其尺寸宜为管道外径的1/10～1/8。千斤顶行程宜不小于1000mm，单只顶力宜不小于1000kN。

④ 导轨。导轨由两根平行的轨道所组成，其作用是使管节在工作井内有一个较稳定的导向，引导管节按设计的轴线顶入土中，同时使顶铁能在导轨面上滑动。固定在工作井底板上的导轨在管道顶进时不可产生位移，其整体刚度和强度应满足施工要求。导轨对管道的支承角宜为60°，导轨的高度应保证管中心对准穿墙管中心。导轨支架应采用钢材制作，导轨的坡度应与设计轴线一致。

⑤ 顶铁。顶铁又称为承压环或者均压环，其作用主要是把主顶油缸的推力比较均匀地分散到顶进管道的管端面上，并起到保护管端面的作用，同时还可以延长短行程千斤顶的行程。顶铁的断面形状主要有环形、U形和马蹄形等三种形式，如图4-15所示。

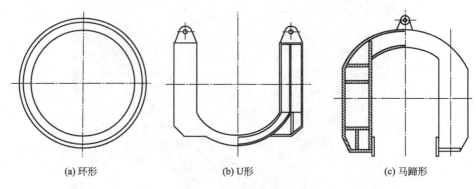

(a) 环形　　　　(b) U形　　　　(c) 马蹄形

图 4-15　顶铁的断面形状

顶铁应满足传递顶力、便于出泥和人员出入的需要，且受压面应平整，互相平行。环形顶铁与管尾接触时，应与管道匹配。顶铁与混凝土管或玻璃纤维增强塑料夹砂管之间应加木垫圈。

⑥ 管节。顶管材质应根据管道用途、管材特性及当地具体情况确定。管节一般选用钢筋混凝土管节与钢管节。

⑦ 洞口止水圈。顶管工程中，为使管子能顺利从工作井内出洞，工作井预留洞口比管节外径略大（一般大10mm），顶进时此间隙必须采取有效措施进行封闭，否则地下水和泥

砂就会从该间隙流到工作井内，从而造成洞口上部地表的塌陷，甚至会造成事故，殃及周围的建筑物和地下管线的安全。

洞口止水密封圈由橡胶板与钢板组成，通过锚栓固定在井壁或止水墙上。

(2) 地面布置

地面布置包括起吊、管节供水、供电、供浆等设备的布置，以及测量监控点的布置等。

① 起吊设备布置。起吊设备可采用龙门吊或吊车。采用龙门吊时，行车轨道与工作井纵轴线平行，布置在工作井的两侧；若用吊车，一般需要两台，工作井两侧分别布置一台，一台用来起吊管节，另一台用来吊土。

② 供电、供水设备布置。供电包括动力用电和照明用电。施工工期长、用电量大时，需砌筑配电间。长距离、大口径顶管时，为了避免产生太大的电压降，也可采用高压供电，供电电压一般在 1kV 左右。

在手掘式顶管施工中，供水量小，一般只需接两只 12.5～25mm 的自来水龙头即可。如果在泥水平衡顶管施工中，由于其用水量大，必须在工作井附近设置一只或多只泥浆池。

③ 供浆设备布置。供浆主要是提供泥浆，注入管道外侧，降低顶进摩阻力。多用膨润土系列的润滑浆，膨润土搅拌前，浸泡足够时间，使膨润土颗粒充分吸水、膨胀。供浆设备主要由拌浆桶和盛浆桶组成，盛浆桶与注浆泵连通。

4.4 长距离顶管

随着顶管顶进的距离沿长，顶管施工所受沿程阻力不断增加，当主顶油缸的顶力不足以克服管道所受的总阻力时，顶管将难以向前顶进，必须采取相应的措施克服增加的沿程阻力，使顶管顺利到达接收井。目前常用的措施有：增大主顶油缸的顶力；减少管节外壁与周围土体之间的摩擦阻力；在顶管的顶进施工过程中间设置中继间，提供顶力；减小顶管正面所受阻力。其中减阻和增设中继间是目前长距离顶管采取的主要措施。

4.4.1 增大主顶油缸顶力

增大主顶油缸的顶力有两种方式，一是增加主顶油缸的数量；二是增大单只油缸的顶力。

(1) 增加主顶油缸的数量能增加顶力，但是受到管道的面积大小的制约，不能无限制增加，施工时主顶油缸的数量一般 2～8 个，且主顶油缸数量增加，其合力作用中心点控制难度增加。

(2) 增大单只油缸的顶力，受机械加工水平的制约，油缸的顶力是有限制的，且管道所承受的抗压强度是有限的，若增大顶力超过管道材料自身的抗压强度，则会引起管道的破坏；同时，增大顶力也会导致后座墙所承受的荷载增加，当荷载超过其承受能力时，会引起后座墙的破坏，从而影响顶管施工的安全。

4.4.2 减阻措施

长度超过 40m 的大直径顶管，应采取措施减少管壁摩阻力。减阻包括两个方面，一是从管节制作与设计施工方面考虑减阻；二是注入触变泥浆减阻。

(1) 管节制作与设计施工减阻

管节制作减阻，主要是管节成型时，提高管节制作水平，使管节的外表面光洁平整，降低管节与土体之间的摩阻系数；顶管设计施工减阻，主要使工具管或顶管前端的刃脚外径略大于管道的外径，在周围土层与管道之间留有一定的间隙（10～30mm）；以减小管道往前顶进时与土体的接触，以减少摩擦阻力。

（2）注入触变泥浆减阻

为有效减小管壁与周围土层之间的摩阻力，可以在管段外壁涂抹泥浆或通过注浆管向管道外壁与地层间的空隙注入泥浆，以增加单程管道顶进的行程。顶管工程所用的泥浆为膨润土触变泥浆，主要起到润滑减阻作用，且可在管壁与土层接触面形成泥皮稳定地层。其技术参数应满足表 4-2 的要求。

表 4-2　触变泥浆技术参数

比重	1.1～1.6g/cm³	失水量	<25cm³/30min
静切力	100Pa 左右	稳定性	静置 24h 无离析水
漏斗黏度	>30s	pH 值	<10

触变泥浆可用于黏性土、粉质土和渗透系数不大于 10^{-5} m/d 的砂性土。渗透系数较大时应另加化学稳定剂。地下水有酸或碱离子时，应就地采用地下水调配触变泥浆；渗透系数大于或等于 10^{-2} cm/s 的粗砂和砂砾层宜采用高分子化学泥浆。

注入的泥浆应尽可能均匀地分布在管壁周围，以便围绕整个管段形成环带，均匀减阻。因此，注浆孔应均匀分布在管壁上，其间距和数量主要取决于地层允许泥浆中膨润土向四周扩散的程度。黏性土地层渗透性小，间距小一些，松散砂土渗透性大，间距可以相对大一些。

钢管预留注浆孔纵向间距一般可采用 10～25m；混凝土管取 3～5 管节。每组注浆孔在同一横截面上设 2～4 个，一般设置在管子的中间位置，管底不宜设注浆孔。

顶管后部断面缩小处应设置一组主注浆孔；在每个中继间处应设注浆孔。根据顶进速度应在预留孔上设置补浆孔，补浆孔的间距可按下式估算：

$$L_m = TV \tag{4-6}$$

式中　L_m——补浆孔间距，m；

　　　V——每天平均顶进速度，m/d；

　　　T——减阻泥浆失效期，d，可取 $T=6～10d$。

主注浆孔应与管道顶进同步注浆，先注浆后顶进。中继间注浆孔的注浆应与中继间启动同步，运行中连续注浆。

主注浆孔的实际注浆量，对于黏性土和粉土不应大于理论注浆量的 1.5～3 倍，对于中粗砂层应大于理论压浆量的 3 倍以上。管道在覆盖层较薄的流塑性土层中顶进，注浆量不宜过大，防止地面拱起及管道上浮。

注浆压力不宜太高。若压力太高容易发生冒浆；易在注浆孔口周围形成高压密区，成为阻碍浆液继续流出和扩散的阻塞。此外，注浆压力超过管道上覆土层的重量还可能引起地层的隆起。

4.4.3　增设中继间

中继间，也称中继环，即在顶管施工顶进的中途设置辅助千斤顶，提供顶进力，通过辅助千斤顶接力式往前顶进，以延长单程顶进长度，达到长距离铺设管道的需要。《给水排水管道工程施工及验收规范》（GB 50268—2008）规定，一次顶进距离大于 100m 时，应采用中继间技术。

中继间是长距离顶管中必不可少的设备。在顶管施工中，通过加设中继间的方法，就可以把原来需要一次连续顶进几百米或几千米的长距离顶管，分成若干个短距离的小段来分别加以顶进，如图 4-16 所示。

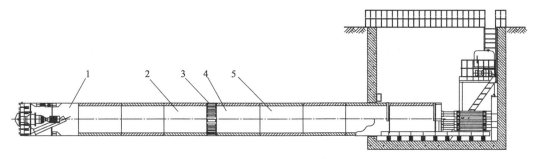

图 4-16 中继间顶进示意图

1—顶管；2—前特殊管；3—中继间；4—后特殊管；5—混凝土管

（1）中继间顶进过程

顶管施工过程中，若主顶油缸的最大推力无法把管段顶到接收井时，就必须在这一段管道的中间安装中继间。顶管顶进时，先启动最前面的中继间，将前方的管道与顶管（或工具管）往前顶进，后面的中继间与主顶油缸不启动，直到达到该中继间的千斤顶的一个顶程为止，接着，后面的中继间开始顶进，将两个中继间的管道向前顶进。与此同时，前面中继间的千斤顶释放油压。接下来，重复上述动作，后面的中继间陆续将两个中继间的管道向前顶进，直至主顶油缸与最后面的中继间之间的管道由主顶油缸顶进。

中继环接力顶进顶管与管段，总推顶力互相分割，理论上顶管距离的长度可以无限增加，但在实际上，受通风、注浆、液压供油、排土等诸多条件的限制，该技术所能推顶的长度仍有一定的限度。

（2）中继间的结构

① 钢筋混凝土管顶管用的中继间。钢筋混凝土管顶管用的中继间有两种形式：一种是用钢筋混凝土特殊管做成的中继间，另一种是钢制成的中继间。

钢筋混凝土特殊管做成的中继间如图 4-17 所示，结构如图 4-18 所示。前特殊管前端是一个与普通钢筋混凝土管一样的插口，前特殊管的管身部分比较短，其后面设有一个钢制的中继间外壳。在外壳内安装有中继间油缸、油管、踏板和连接中继间油缸的前、后法兰。它的后特殊管前面的一段外径比较小，可套在中继间外壳内。

图 4-17 钢筋混凝土特殊管中继间照片

钢制成的中继间如图 4-19 所示，结构如图 4-20 所示。钢制成中继间前壳体 5 的前端是一个插口，插口上安装有管接口密封圈 3，与钢筋混凝土管 1 的尾套共同构成管口密封。中继间后壳体 13 的前端设有两道充气的密封圈 10 与 12，并在每道充气密封圈外周均设有耐磨环 11。中继间油缸则安装于前、后壳体之间。

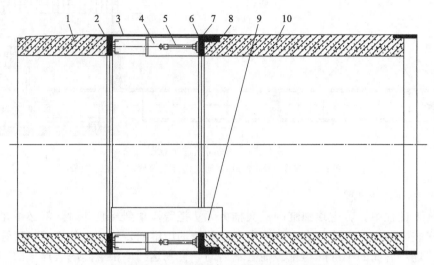

图 4-18 特殊管做成的中继间结构示意图

1—前特殊管；2—前法兰；3—钢制中继间外壳；4—中继间油缸；5—中继间支油管；6—后法兰；
7—中继间总油管；8—中继间油缸密封圈；9—踏板；10—后特殊管

图 4-19 钢筋混凝土管钢制中继间

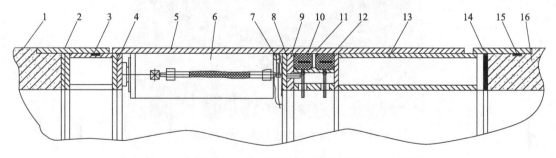

图 4-20 钢制成的中继间的结构

1，16—钢筋混凝土管；2—木垫环；3—管接口密封圈；4—前法兰；5—中继间前壳体；6—中继间油缸；
7—中继间油管；8—后法兰；9—压板；10，12—充气密封圈；11—耐磨环；
13—中继间后壳体；14—木垫环；15—管接口密封圈

② 钢管顶管用的中继间。钢管用中继间如图 4-21 所示，结构与钢筋混凝土管用中继间的结构基本相同，只是前壳体的前端和后壳体的尾端须分别与中继间前后两节钢管焊接在一起。另外，在中继间合拢以后还须把安装中继间油缸及密封圈的部件用气割割除，再把中继间前、后壳体之间的接缝焊牢。

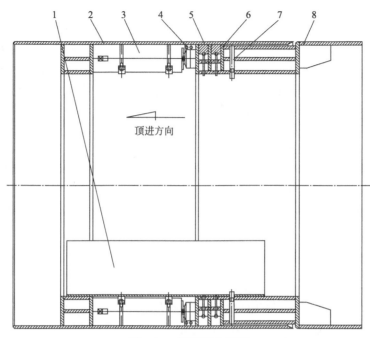

图 4-21　钢管用中继间

1—踏板；2—前壳体；3—中继间油缸；4—中继间油管；5—耐磨环；6—充气密封圈；7—注浆管；8—后壳体

（3）中继间的布置

安放中继间的一般做法是：为了防止遇到土质突然变化和其他的不可控因素，顶管后的第一个中继间应提前一些安放，须留有较大的顶力的富余量。中继间顶力富余量，第一个中继间不宜小于 40%，其余不宜小于 30%。

设计阶段中继间的数量 n 可按下式估算：

$$n = \frac{\pi D_0 f_k (L + 50)}{0.7 f_0} - 1 \tag{4-7}$$

式中　D_0——管道的外径，m；

　　　L——管道设计顶进长度，m；

　　　f_k——管道外壁与土的单位面积平均摩阻力，kN/m^2；

　　　f_0——中继间设计允许顶力，kN。

中继间在曲线段或轴线偏差段运行时，应及时调整合力中心，确保中继间转角不扩大，中继间的允许转角宜大于 $1.2°$。

4.4.4　降低开挖面正面顶进阻力的措施

降低开挖面正面顶进阻力是使管段顺利推进的有效措施之一。开挖面上的正面顶进阻力是确保开挖面地层保持稳定的重要因素，因此，为了不影响开挖面地层的稳定性，可以适当降低工作面上的正面阻力，但不能使其降低过多。降低正面阻力主要靠清除工具管前端的渣土来实现，降低程度与出土量有关。及时清除渣土，能降低顶进阻力，但又不能因清除土体过多，造成地层松散、扰动或工作面坍塌，引起上部地层较大沉降乃至沉陷，要把握好出土量与开挖面稳定的平衡关系。

4.5 顶管工程计算

4.5.1 顶管顶力的计算

顶管向前顶进时，需克服迎面阻力和管道与周围土层的摩阻力。计算施工顶力时，应综合考虑管节材质、顶进工作井后背墙结构的允许最大荷载、顶进设备能力、施工技术措施等因素。施工最大顶力应大于顶进阻力，但不得超过管材或工作井后背墙的允许顶力。施工最大顶力有可能超过允许顶力时，应采取减少顶进阻力、增设中继间等施工技术措施。

关于顶管顶力，由于地质条件复杂、多变，计算方法较多，计算结果相差较大。当地工程经验丰富的情况下，顶进阻力应按当地的经验公式计算；或按《给水排水管道工程施工及验收规范》（GB 50268—2008）与《给水排水工程顶管技术规程》（CECS 246：2008）中给出的建议计算方法计算，两本规范的计算方法一致，计算较为简便实用。

管道的总顶力可按下式估算：

$$F_p = \pi D_0 L f_k + N_F \tag{4-8}$$

式中　F_p——顶进总阻力标准值，kN；

D_0——管道的外径，m；

L——管道设计顶进长度，m；

f_k——管道外壁与土的单位面积平均摩阻力，通过试验确定，对于采用触变泥浆减阻技术的宜按表 4-3 选用，kN/m^2；

N_F——顶管的迎面阻力，不同类型顶管的迎面阻力宜按表 4-4 选择计算式，kN。

表 4-3　采用触变泥浆的管道外壁与土的单位面积平均摩阻力 f 单位：kN/m^2

土的种类		黏性土	粉土	粉、细砂土	中、粗砂土
触变泥浆	钢筋混凝土管	3.0～5.0	5.0～8.0	8.0～11.0	11.0～16.0
	钢管	3.0～4.0	4.0～7.0	7.0～10.0	10.0～13.0

注：1. 玻璃纤维增强塑料夹砂管可参照钢管乘以 0.8 系数。

2. 当触变泥浆技术成熟可靠、管外壁能形成和保持稳定、连续的泥浆套时，f 值可直接取 3.0～5.0kN/m^2。

表 4-4　顶管迎面阻力 N_F 的计算公式

顶管端面	常用机型	迎面阻力/kN	式中符号
刃口	敞开机械式与手掘式	$N_F = \pi(D_R - t)tR$	t——工具管刃脚厚度，m
喇叭口	挤压式	$N_F = \frac{\pi}{4}D_R^2(1-e)R$	e——开口率
网格	网格挤压式	$N_F = \frac{\pi}{4}D_R^2\alpha R$	α——开口率网格截面参数，取 $\alpha = 0.6～1.0$
网格加气压	气压平衡式	$N_F = \frac{\pi}{4}D_R^2(\alpha R + P_n)$	P_n——气压强度，kPa
大刀盘切削	土压平衡式与泥水平衡式	$N_F = \frac{\pi}{4}D_R^2\gamma_s H_s$	γ_s——土的重度，kN/m^3；H_s——覆盖层厚度，m

注：1. D_R——顶管外径，m；

2. R——挤压阻力，可取 $R = 300～500kN/m^2$。

4.5.2　顶管后座墙的稳定性验算

顶管顶进时，主顶油缸的反力通过后座墙均匀地传给工作井后的土体，在油缸与后座墙之间，一般会垫上一块钢制的后靠背。后靠背、后座墙以及工作井后方的土体组成了顶管的后座，后座必须能完全承受油缸总推力的反力。忽略钢制后座的影响，假定主顶千斤顶施加的顶进力是通过后座墙均匀地作用在工作坑后的土体上，为确保后座在顶进过程中的安全，后座的反力或土抗力 R 应为的总顶进力 P 的 1.2～1.6 倍，反力 R 可采用公式（4-9）计算：

$$R = \alpha B \left(\gamma h^2 \frac{K_p}{2} + 2ch \sqrt{K_p} + \gamma h h_1 K_p \right) \tag{4-9}$$

式中　R——总推力之反力，kN；

α——系数，取 $\alpha = 1.5 \sim 2.5$；

B——后座墙的宽度，m；

γ——土的重度，kN/m³；

h——后座墙的高度，m；

K_p——被动土压系数；

c——土的黏聚力，kPa；

h_1——地面到后座墙顶部土体的高度，m。

在计算后座的受力时，应该注意的是：①油缸总推力的作用点低于后座被动土压力的合力点时，后座所能承受的推力为最大；②油缸总推力的作用点与后座被动土压力的合力点相同时，后座所承受的推力略大些；③当油缸总推力的作用点高于后座被动土压力的合力点时，后座的承载能力最小。因此，为了使后座承受较大的推力，工作井应尽可能深一些，后座墙也尽可能埋入土中多一些。

4.6　管节接缝防水

4.6.1　钢管接口

钢管接口一般采用焊接接口。顶进钢管采用钢丝网水泥砂浆和肋板保护层时，焊接后应补做焊口处的外防腐处理。为保证焊接牢靠，管节端口应呈具有一定角度的坡口状。人员无法进入的小口径管顶管施工，坡口可采用单边坡口（外侧），仅在外表面焊接；口径较大的管道，则采用双边坡口（内、外侧焊）。

4.6.2　钢筋混凝土管节接缝防水

钢筋混凝土管节按接口的不同分为平口管、企口管和承口管三种类型。管节类型不同，接缝防水的方式也不同。

（1）平口管接口及防水

平口管用"T"形钢套环接口，如图 4-22 所示，其做法是在两管段之间插入一钢套管，钢套管与两侧管段的插入部分均有橡胶密封圈。T 形钢套环要求接口无疵点，焊接接缝平整，肋部与钢板平面垂直，且应按设计规定进行防腐处理。

（2）企口管接口及防水

企口管采用企口式接口，如图 4-23 所示，用 1 根"q"形橡胶圈止水。止水圈右边腔内有硅油，在两管节对接连接过程中，充有硅油的一腔会翻转到橡胶体的上方及左边，增强了止水效果。

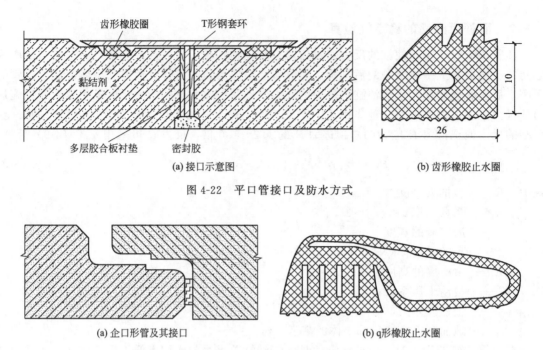

(a) 接口示意图

(b) 齿形橡胶止水圈

图 4-22　平口管接口及防水方式

(a) 企口形管及其接口

(b) q形橡胶止水圈

图 4-23　企口形管接口及防水方式

（3）承口管接口及防水（图 4-24）

承口管用 F 形套环接口，接口处用 1 根齿形橡胶圈止水。F 形接口管是最为常用的一种管节，管节在工厂制作时，把 T 形钢套环的一半直接与管节制作在一起，形成管节的一部分，另一半则形成接口与其他管节连接。为确保防水效果，F 型钢承口可增加钢套环承插长度。在钢套环与混凝土结合面设置了一个遇水膨胀的橡胶止水圈，以防止渗漏。

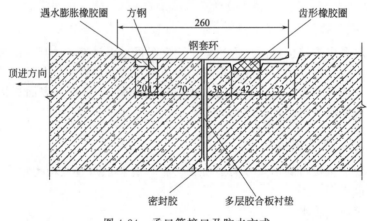

图 4-24　承口管接口及防水方式

（4）管节接缝的防渗处理

顶管施工结束以后，利用管节预留的注浆孔注浆，注浆浆液一般采用掺入适量粉煤灰的水泥砂浆，以置换减阻触变泥浆在管道外壁形成的泥浆套。浆液凝结有一定强度后，再拆除压浆管路并用闷盖将孔口封堵。

顶管结束后，仔细检查管道内有无渗漏现象，当确保整个管道无渗漏现象后，对管节接缝进行嵌填，嵌填材料可采用双组分聚硫密封膏，并抹平接口。

4.7 施工作业

顶管施工前应编制顶管施工组织设计。施工组织设计应包括以下主要内容：①工程概况；②工程的地质、水文条件；③施工现场总平面布置图；④顶管的选型；⑤管节的连接与防水；⑥中继间的布置；⑦顶力计算及后座布置；⑧测量、纠偏方法；⑨顶管施工参数的选定；⑩减阻泥浆的配制与注浆方法；⑪顶管的通风、供电措施；⑫进出洞措施；⑬施工进度计划、机械设备计划及劳动力安排计划；⑭安全、质量、环境保护措施；⑮应急预案。

4.7.1 施工准备工作

（1）地面准备工作

顶管施工之前，按设计要求准备用电、用水、通风、排水及照明等设备，并安装就绪。组织施工人员认真学习施工技术文件，了解施工范围，管道沿线的地形、地貌、地址水文条件及各种原有设施。掌握施工工期，顶管施工技术规范，施工质量标准及要求，安全措施等，并向施工队伍进行顶管施工技术交底。

（2）工作井施工

依据工作井设计方案，编制工作井施工专项方案，并按设计与施工方案构筑工作井。井内一般设置集水坑，便于抽排积水。

（3）洞门

与盾构法类似，要重视洞门的封堵和加固，不论是顶进井或是接收井，在施工工作井时，一般预先将洞门用砖墙及砖墙与钢筋混凝土相结合的形式进行封堵。在顶进井，为防止始顶时土体坍塌涌入井内，采用砖封门时，应在砖封门前先施工一排钢板桩，钢板桩的入土深度在洞圈底部以下 200mm。

为确保顶管出洞安全可靠，应对洞口土体进行加固处理，就是对洞口两侧及顶部一定宽度和长度范围内的土层进行加固处理。其方法主要有高压旋喷桩、水泥土搅拌桩、注浆或冻结帷幕等。如遇土质不是太差，门式加固法最适宜。

（4）测量

布设测控网，测量确定顶管顶进轴线，并将控制点引入工作井内，确定顶进轴线与轨面标高，以确保井内机架与主顶的安装位置无误。

（5）后座墙安装

工作井构筑好后，根据后座墙设计方案设置后座墙，并确保施工的后座墙强度和刚度满足设计要求。

（6）导轨安装

导轨安装牢固与准确对管子的顶进质量有较大的影响，因此导轨安装依据管径大小、管道坡度、顶进方向确定，顶进方向必须平直，标高、轴线准确。导轨可用轻型钢轨制作。

（7）主顶油缸顶架安装

主顶架是安置并固定主顶油缸的装置，必须牢固稳定坐落于工作井的基础上。主顶架基座中心按照管道设计轴线安置，千斤顶安装在主顶架上后，必须与管道中心的垂线对称，其合力的作用点在管道中心的垂线上。

（8）洞口止水圈安装

在工作井洞口圈上安装止水装置，止水装置采用帘布止水橡胶带，用环板固定，插板调节。

4.7.2 顶进

(1) 始发段顶进施工

一般将出洞 5~10m 视为始发段。开始顶进前应检查全部设备试运转有没有问题；顶管在导轨上的中心线、坡度和高程是否符合要求；拆除洞口封门的措施是否准备，确认条件具备时方可开始顶进。

① 拆除封门。工作井洞口封门拆除应符合下列规定：

a. 钢板桩工作井，可拔起或切割钢板桩露出洞口，并采取措施防止洞口上方的钢板桩下落；

b. 工作井的围护结构为沉井工作井时，应先拆除洞圈内侧的临时封门，再拆除井壁外侧的封板或其他封填物；

c. 在不稳定土层中顶管时，封门拆除后顶管应立即顶入土层；

拆除封门后，顶管应连续顶进，直至洞口及止水装置发挥作用为止。开始顶进阶段，应严格控制顶进的速度和方向。

② 施工参数控制。顶管主要的施工参数有土压力、顶进速度、出土量。始发段为确保开挖面稳定，土仓内土压力可适当提高，并根据顶进施工的推进及时调整压力；始发段顶进速度不宜过快，一般控制在 10mm/min 左右；出土量则根据不同的封门形式进行控制，洞口加固区土体较稳定，可适当加快出土，控制在 105％左右，而非加固区则一般控制在 95％左右。

(2) 正常段顶进

始发段顶进结束后，即进入正常顶进阶段。顶进时应遵照"先挖后顶，随挖随顶"的原则。应连续作业，尽量避免中途停止。工程实践证明，在黏性土层中顶进时，因某种原因使连续施工中断，重新起顶时，顶力将会增加 50％~100％。但在饱和砂土中顶进中断后，重新起顶时，顶力会比中断前的顶力小，这一点施工中应引起注意。另外在管道顶进中，发现管前方坍塌，后背倾斜、偏差过大或油泵压力表指针骤增等情况，应停止顶进，查明原因，排除障碍后再继续顶进。

正常顶进时，土压力的计算较为繁琐，应结合施工经验设定好土压力值，介于上限值与下限值之间。顶进速度宜控制在 20~30mm/min，如遇正面障碍物，应控制在 10mm/min 以内。出土量应严格控制，防止超挖及欠挖。为避免土体沉降，顶进过程中应及时根据实际情况对土压力作相应调整，待土压力恢复至设计值后，方可进行正常顶进。

(3) 接收段施工

顶管进洞前的 3 倍管径范围内，应减慢顶进速度，减小管道正面阻力对接收井的不利影响。进入接收工作井前应提前进行顶管位置和姿态测量，并根据进口位置提前进行调整。

顶管进洞前，降低土压力的设定值，以确保封门结构稳定，避免封门产生过大变形而引起泥水流入井内等严重后果。顶管切口距洞门 6m 左右时，土压降为最低限度，以维持正常施工的条件。顶进速度不宜过快，尽量将顶进速度控制在 10mm/min 以内，以便随时调整顶管姿态。待顶管切口距封门外壁 500mm 时，停止压注最前面的中继间至第一节管节之间的润滑泥浆。在顶管或工具管进洞前，尽量排空或挖空正面土体，避免工具管切口内土体涌入接收井内。

4.7.3 压注泥浆

泥浆材料的选择、组成和技术指标要求，应经现场试验确定。应遵循"同步注浆与补浆相结合"和"先注后顶、随顶随注、及时补浆"的原则,制订合理的注浆工艺方案。

注浆工艺方案应包括下列内容:泥浆配比、注浆量及压力的确定;制备和输送泥浆的设备及其安装;注浆工艺、注浆系统及注浆孔的布置。

注浆前,应检查注浆装置水密性;注浆时压力应逐步升至控制压力;注浆遇有机械故障、管路堵塞、接头渗漏等情况时,经处理后方可继续顶进。

4.7.4 测量

顶管施工时,为了使管节按照设计预定的方向顶进,除了在顶进前精确地安装导轨、修筑后背及布置顶铁,还应在管道顶进的全部过程中控制顶管(工具管)前进的方向,这些都需要通过测量来保证。

施工过程中应对管道水平轴线和高程、顶管机姿态等进行测量,并及时对测量控制基准点进行复核;发生偏差时应及时纠正。测量工作应及时、准确,以便管节正确地就位于设计的管道轴线上。测量工作应频繁地进行,以便及时发现管道的偏移。

管道水平轴线和高程测量应符合下列规定:

(1)出顶进工作井进入土层,即始发段顶进施工,每顶进 300mm,测量不应少于一次;正常顶进时,每顶进 1000mm,测量不应少于一次。

(2)进入接收工作井前 30m 应增加测量,每顶进 300mm,测量不应少于一次。

(3)全段顶完后,应在每个管节接口处测量其水平轴线和高程;有错口时,应测出相对高差。

(4)纠偏量较大或频繁纠偏时应增加测量次数,管道偏差测量每顶进 500mm 不宜少于 1 次,在纠偏阶段不宜少于 2 次。

(5)测量记录应完整、清晰。

距离较长的顶管,宜采用计算机辅助的导线法(自动测量导向系统)进行测量;在管道内增设中间测站进行常规人工测量时,宜采用少设测站的长导线法,每次测量均应对中间测站进行复核。

4.7.5 通风

长度超过 150m 的进人操作顶管,应配置通风设施。短距离顶管可采用鼓风机通风;长距离顶管应采用压缩空气通风。配置通风设施的顶管工程每人所需通风量不应小于 30m³/h。使用敞开式顶管时通风量应酌情增大。地层中存在有害气体时必须采用封闭式顶管,并应增大通风量。

4.7.6 纠偏

在顶管施工过程中,如发现首节管子发生偏斜,必须及时给予纠正,否则偏斜就会越来越严重,甚至发展到无法顶进的地步。出现偏斜的主要原因有管节接缝断面与管子中心线不垂直,顶管(工具管)迎面阻力的分布不均,多台千斤顶顶进活塞运动不同步等。管道顶进过程中,应遵循"勤测量、勤纠偏、微纠偏"的原则,控制顶管前进方向和姿态,并应根据测量结果分析偏差产生的原因和发展趋势,确定纠偏的措施。纠偏时开挖面土体应保持稳定。

采用手掘式顶管顶进,且无纠偏千斤顶时,当偏差值较小,通常采用超挖、欠挖的方式校正,可采用此法。当管子偏离设计中心一侧时,可在管子中心另一侧适当超挖,而在偏离一侧少挖或留台,这样继续顶进时,借预留的土体迫使管端逐渐回位。当偏差值较大,可再辅以木杠、千斤顶等进行校正。

机械顶管施工过程中，由于诸多原因，顶管机头及管节可能会产生自身旋转。旋转发生后，对大刀盘顶管应采用改变刀盘的旋转方向校正，其余顶管可在管内采取单边配重校正。

思考题与习题

1. 试阐述顶管法施工基本原理。
2. 手掘式顶管的施工工艺和要求是什么？
3. 机械顶管施工和盾构施工有何区别？
4. 顶管施工中工作井和接收井的选取原则有哪些？
5. 顶管始发和到达施工有哪些具体要求？
6. 顶进井内布置的作用？有哪些施工设备与设施？
7. 顶铁的作用与类型？
8. 长距离顶管可以采取哪些措施？
9. 什么叫中继间？如何设置和使用中继间？
10. 顶管施工的顶力如何确定？

第5章 沉管法施工

案例导读

　　港珠澳大桥是中国境内一座连接香港、广东珠海和澳门的桥隧工程，位于中国广东省珠江口伶仃洋海域内，为珠江三角洲地区环线高速公路南环段。港珠澳大桥于2009年12月15日动工建设；于2017年7月7日实现主体工程全线贯通。其中，港珠澳大桥岛隧工程的隧道由东西岛头的隧道预埋段和每节排水量达8万吨的33节预制沉管以及长约12m重达6500t的"最终接头"拼接而成，是世界最长的公路深埋沉管隧道，也是我国第一条外海沉管隧道。海底部分约5664m，由33节巨型沉管和1个合龙段最终接头组成，最大安装水深超过40m。

讨论

　　沉管隧道是如何施工的？沉管管段如何制作、浮运、沉放与水下连接？基槽如何浚挖？沉管基础如何处理？

　　沉管法是预制管段沉放法的简称，是在水底建筑隧道的一种施工方法，沉管隧道就是将若干个预制段分别浮运到海面（河面）现场，并一个接一个地沉放安装在已疏浚好的基槽内，以此方法修建的水下隧道。

　　沉管法第一次成功施工是在美国波士顿的雪莉排水管隧洞，于1894年建成，直径2.6m，长96m，由6节钢壳加砖砌的管段连接而成。1910年美国建成了第一条底特律河铁路隧道，水下段由10节长80m的钢壳管段组成。采用沉管法修建的第一条水底道路隧道为美国加利福尼亚州的奥克兰与阿拉梅达之间的波西隧道，建成于1928年，水下段长744m，使用12节62m长的管段。它是钢筋混凝土圆形结构，其外径为11.3m。

　　沉管法修建水底隧道一个明显的进步，是1941年在荷兰建成的马斯河道路隧道，管段用钢筋混凝土制成矩形结构，内设4车道并附设自行车和人行的专用通道。管段断面为24.8m×8.4m，外面用钢板防水，并用混凝土作防锈保护层。因管段宽度大而创造了喷砂作垫层的基础处理方法。在欧洲，由于向多车道断面发展，都采用这种矩形的钢筋混凝土管段，为第二代沉管隧道的出现奠定了基础。20世纪50年代以后，由于水下连接技术的突破——采用水力压接法，并应用橡胶垫圈作止水接头，沉管法被广泛采用，并随之较快地发展。

　　国内，珠江隧道是我国首次采用沉管法设计施工的大型水下隧道，于 1990 年 10 月 14 日动工，1993 年 12 月 28 日建成通车，全长 1238.5m，其中沉管法施工长达 320m，分 5 节预制和沉放。在近 40 年里，我国已建成沉管隧道 10 余座，如宁波甬江沉管隧道（1995 年）、宁波常洪沉管隧道（2002 年）、上海外环线越江沉管隧道（2003 年）、杭州湾海底沉管隧道（2004 年）、天津海河沉管隧道（2011 年）、广州洲头咀沉管隧道（2011 年）、南昌红谷隧道（2016 年）等沉管隧道陆续兴建贯通。2017 年贯通的港珠澳大桥海底隧道是目前世界最长的海底深埋公路沉管隧道，也是我国第一条外海沉管隧道，沉管段长度 5664m，最深处距离海平面 46m，由 33 节巨型沉管和 1 个合龙段最终接头组成，最大安装水深超过 40m。

5.1　沉管隧道的基本结构

5.1.1　沉管隧道横断面结构

　　水下沉管隧道的整体结构是由管段基槽、基础、管段、覆盖层等组成，整体坐落于河（海）水底，如图 5-1 所示。

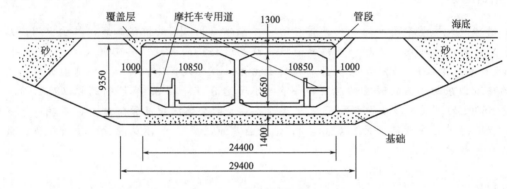

图 5-1　沉管隧道的横断面图

　　沉管隧道断面结构形式按制作材料分主要有圆形钢壳类与矩形混凝土类两种。按断面形状分有圆形、矩形和混合形；按断面布局分有单孔式和多孔组合式。

　　（1）钢壳混凝土管段

　　钢壳混凝土管段是钢壳与混凝土的组合结构。钢壳有单层和双层两种。单层钢壳管段的外层为钢板，内层为钢筋混凝土环，如图 5-2 所示；双层钢壳管段的内层为圆形钢壳，外层

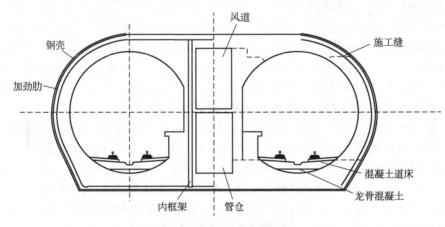

图 5-2　单层钢壳管段断面

为多边形钢壳，内外层之间浇筑混凝土，如图 5-3 所示。钢壳管段一般用于双车道隧道，若需设 4 车道，则可采用双筒双圆形组合式断面。

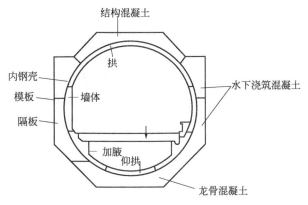

图 5-3　双钢壳管段断面

钢壳管段的优点有：外轮廓断面为圆形或接近圆形，在外荷载作用下所产生的弯矩较小，因此在水深较大时比较经济；管段的底宽较小，基础处理的难度不大；钢壳可在造船厂的船台上制作，充分利用船厂设备，工期较短。

钢壳管段的缺点有：圆形断面的空间利用率低，耗钢量大，造价较高；钢壳的防腐蚀、钢壳与混凝土组合结构受力等问题不易得到较好解决，且施工工序复杂。

（2）钢筋混凝土管段

钢筋混凝土管段的横断面多为矩形，可充分利用隧道内的空间，并作为多车道、大宽度的公路隧道。矩形管段比圆形管段经济，因此现已成为沉管隧道的主流结构。如图 5-4 所示佛山东平隧道的沉管隧道断面示意图，该隧道为公铁合建超大型内河沉管隧道，是目前我国已建断面最大的公路和地铁合建沉管隧道。沉管隧道断面为三孔一管廊非对称结构，断面尺寸为 39.9m×9m，管段长 115m，每节管段质量约 5 万吨。

钢筋混凝土管段的优点：隧道横断面空间利用率高；不用钢壳防水，节约大量钢材；其主要缺点有：需要修建临时干坞，费用高；制作管段时对混凝土施工要求高，须采取严格的施工措施防止混凝土产生裂缝。

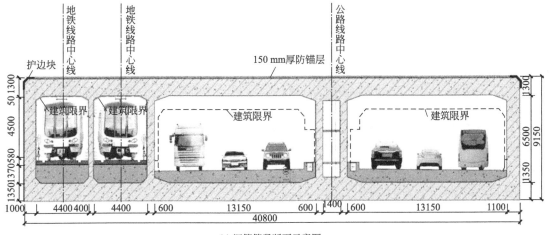

(a) 沉管管段断面示意图

图 5-4

(b) 制作中的沉管管段

图 5-4　佛山东平隧道的沉管隧道横断面图

5.1.2　沉管隧道纵断面结构

　　沉管隧道的纵断面结构如图 5-5 所示。沉管隧道在纵断面上一般由敞开段、暗埋段、沉埋段以及岸边竖井等部分组成。竖井通常作为沉埋段的起始点以及通风、供电、排水、运料和监控等的通道。如宁波甬江沉管隧道，隧道包含：江中沉管段主体 420m，共含 5 个管段（E1～E5），长度分别为 85m＋80m＋3×85m；南岸引道 224.53m（主要结构为坞式挡墙）；北岸引道 360.44m（为地下连续墙结构）；北岸竖井（含管理房）15m，如图 5-6 所示。但是，根据具体的地形、地貌和地质情况，也可将沉埋段和暗埋段直接相连接而不设竖井，如港珠澳大桥沉管隧道，如图 5-7 所示。

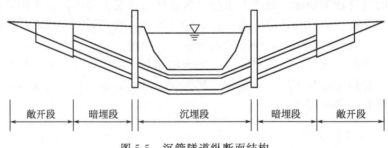

图 5-5　沉管隧道纵断面结构

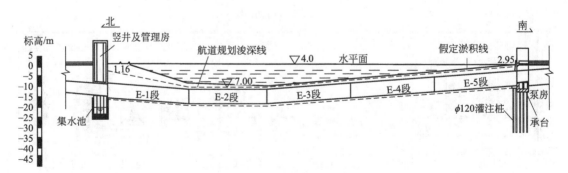

图 5-6　宁波甬江沉管隧道纵断面示意图

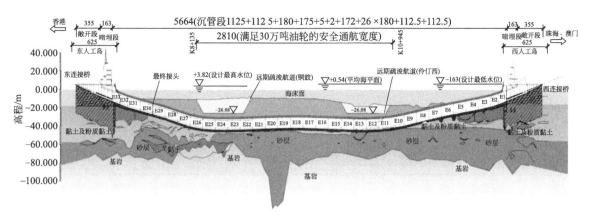

图 5-7　港珠澳大桥沉管隧道纵断面结构示意图

水底隧道的纵坡一般最小为 0.3％，最大纵坡可达 6％，并应符合使用功能和相应的规范标准，如宁波甬江沉管隧道最大纵坡为 3.5％。矩形箱式钢筋混凝土结构的管段长度一般为 100~160m，其长度的确定需结合隧道的纵坡、沉管浮运沉放方案、沉管段长度、地基基础条件等因素综合考虑，以技术和经济合理为原则。如天津中央大道海河隧道工程的沉管段为双孔三管，海河中沉管由 3 节预制管段组成，共 255m，单节管段长 85m，重 3 万吨，隧道断面尺寸为 36.6m×9.65m。

5.2　沉管法施工工艺及特点

5.2.1　沉管法施工工艺

沉管法是先在船台上或干坞中制作隧道管段，管段两端用临时封墙密封后滑移下水（或在坞内放水），使其浮在水中，并浮运到隧道设计位置。定位后向管段压载，使其下沉至预先挖好的水底沟槽内。管段逐节沉放，并用水力压接法将相邻管段连接。然后充填基础和回填砂石将管段埋入原河床中，并拆除封墙，使各节管段连通成为整体的隧道。

根据沉管法的纵断面结构，沉管法施工的工艺流程如图 5-8 所示。其中管段制作、基槽浚挖、管段的沉放、管段水下连接、管段基础处理和回填覆盖是施工的主体。

5.2.2　沉管法施工的特点

（1）沉管施工的优点

① 从工程地质条件来看，沉管隧道在地基上不受工程地质条件的限制，对地基允许承载力的要求也很低，适用于从软土到基岩的各种工程地质条件。

② 沉管隧道的埋深很浅，并且适用水深范围较大，因大多作业在水上操作，操作条件好、施工安全，水下作业少，故几乎不受水深限制，如以潜水作业则适用深度范围可达 70m。

③ 断面形状、大小可自由选择，断面空间可充分利用。大型的矩形断面的管段可容纳 4~8 车道，如港珠澳大桥沉管隧道，双向 6 车道，宽 37.95m，高 11.4m，佛山东平公铁合建超大型沉管隧道，断面尺寸为 39.9m×9m。

④ 沉管隧道工期短，施工质量高。因预制管段（包括修筑临时干坞）等大量工作均不在现场进行，故沉管现场施工期短。沉管管段为预制，混凝土施工质量高，易于做好

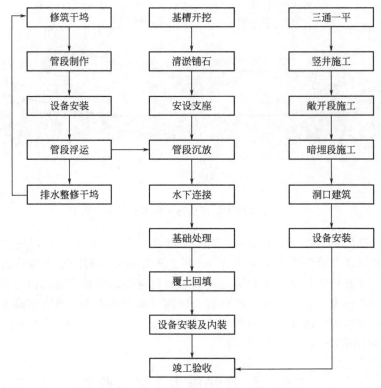

图 5-8　沉管法施工工艺流程

防水措施；管段较长，接缝很少，漏水概率大为减少，而且采用水力压接法可以实现接缝不漏水。

⑤ 工程造价较低。沉管隧道接缝少，隧道每米单价降低，管段的整体制作、浮运费用等相对于其他水下隧道施工方法低；再因隧道顶部覆盖层厚度较小，隧道长度可缩短很多，工程总价大为降低。

⑥ 具有较强的抵抗战争破坏和自然灾害的能力。

⑦ 国内外的沉管隧道施工技术较成熟。随着国内外大量沉管隧道的顺利施工，尤其是港珠澳大桥外海深埋沉管隧道的顺利贯通，为沉管隧道的施工积累了大量的工程经验。

（2）沉管施工的缺点

① 管段制作钢筋混凝土工艺要求非常严格；

② 隧道截面较大，并且流速较急时，施工就会受到航道的影响，对管段的稳定也会带来影响。

5.3　干坞

干坞是用于预制混凝土管段的场所，管段需要在干坞内预制、存放、舾装，然后起浮、拖运、沉放以及对接。干坞尽管是临时工程，但由于规模大、工程费用高、对工期影响大，同时受到场地、通航等条件的制约，干坞方案比选在沉管隧道设计中具有举足轻重的作用，甚至会影响沉管法修建隧道方案的成败。干坞根据构造类型分为移动干坞和固定干坞两类。

5.3.1　移动干坞

移动干坞是修造或租用大型半潜驳作为可移动式干坞，在移动干坞上完成管段的预制，然后利用拖轮将半潜驳拖运至隧道附近已建好的港池内下潜，实现管段与驳船的分离，再将管段浮运到隧道位置完成沉放安装工作。如 2010 年建设完成的广州市仑头—生物岛沉管隧道，是世界上第 1 座采用移动干坞建成的沉管法隧道，实现了沉管法隧道建设史上的重大突破，创造了"隧道船上造"的奇迹，如图 5-9 所示。

(a) 移动干坞上沉管管段制作　　　　　　　　　(b) 管段下潜

图 5-9　广州市仑头—生物岛隧道工程采用移动干坞预制沉管管段

5.3.2　固定干坞

5.3.2.1　固定干坞的类型

固定干坞目前多为在隧址附近建造的临时性洼地式干坞。根据其与隧道的位置关系，可分为轴线干坞、旁建干坞和异地干坞。

（1）轴线干坞

轴线干坞，是将干坞布置在隧道轴线岸上段主体结构位置。国内沉管法隧道大都采用轴线干坞，如广州珠江沉管法隧道、宁波甬江沉管法隧道、宁波常洪沉管法隧道和天津海河隧道等。

轴线干坞将干坞与隧道岸上段相结合，减少了施工场地的占用，同时岸上段和干坞共用了一部分基坑开挖和支护，可以减少一部分工程费用；同时，管段从坞内拖出后，直接沿隧道纵向浮运，减少了航道疏浚费用。我国北方第一座沉管隧道——天津海河沉管隧道轴线干坞布置及实景如图 5-10 所示。

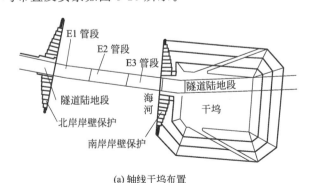

(a) 轴线干坞布置　　　　　　　　　　　　　(b) 轴线干坞实景

图 5-10　天津海河沉管隧道轴线干坞布置及实景

（2）旁建干坞

旁建干坞，即干坞建在沉管法隧道的接线隧道旁边，将干坞和接线隧道采用坑中坑、深浅坑和并行坑等共坑设计，可节约用地和临建投入，如佛山东平隧道干坞（图5-11）。

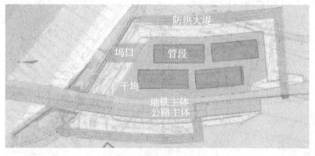
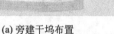

(a) 旁建干坞布置   (b) 旁建干坞实景

图 5-11 佛山东平沉管隧道旁建干坞布置及实景

（3）异地干坞

异地干坞，即远离隧道选择合适的岸域独立建造干坞。异地干坞最大的优点是岸上段结构、管段制作以及基槽开挖等关键工序可以平行作业，从而可以最大限度地节省工期。南昌红谷隧道（图5-12）、港珠澳大桥沉管隧道（图5-13）均是采用异地固定式干坞的典型案例。

图 5-12 红谷沉管隧道异地干坞实景   图 5-13 港珠澳大桥沉管隧道珠海桂山岛异地干坞实景

5.3.2.2 固定干坞的设计

固定干坞的构造没有统一的标准，要根据工程的实际，如地理环境、航道运输、管段尺寸及生产规模等具体而定。

（1）干坞的位置

固定干坞位置应根据以下原则选择：

① 应距隧道位置较近，附近的航道具备浮运条件，以便管段浮运和缩短运距。

② 干坞附近应有可供浮存、系泊多节预制沉管管段的水域。

③ 具有适合建造干坞的工程地质条件。场地地基承载力应能承受管段和管段施工的荷载，且有利于干坞挡土围堰及防渗工程实施。

④ 交通方便，具有良好的外部施工条件以及可重复利用的开发价值。

（2）干坞的规模

干坞的规模决定于管段的节数、每节宽度与长度以及管段预制批量，同时还应考虑工期因素，因此应根据工程的具体条件比较论证。干坞按管段制作批次可以分为一次性预制管段干坞和分次完成管段干坞。

一次性预制管段干坞，即隧道的沉管管段一次性在干坞内预制完成，如天津海河隧道的三节沉管管段一次在干坞内制作完成。一次预制管段干坞，仅放水一次，不需闸门，坞首为土或钢板桩围堰。管段出坞时，拆除坞首围堰便可将管段浮运出坞。若沉管管段数量多，又需一次完成所有管段，且附近又无条件构筑大干坞时，可同时建造两个相对较小的干坞。如上海外环线沉管隧道，共 7 节管段，其中 A 干坞占地约 4.9 万平方米，位于隧道南侧，一次制作 E7、E6 两节管段；B 干坞占地约 8.1 万平方米，位于隧道北侧，一次制作 E1、E2、E3、E4、E5 五节管段，如图 5-14 所示。

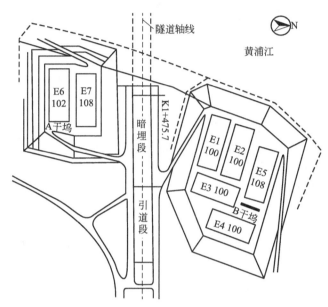

图 5-14　上海外环线沉管隧道干坞布置示意图

分次完成管段干坞，即隧道的沉管管段分批次在干坞内预制完成，如港珠澳大桥沉管隧道，共 33 节巨型沉管，管段数量多，一次预制占地面积过大。分批次预制，则需多次重复放水浮运，然后排水制作管段，因此需构筑闸门式坞门。分次预制时先沉放管段需等待较长时间才能与后批次管段连接，对先沉管段的安全稳定不利，且基槽回淤很难处理、重复灌排致边坡稳定性与坞底透水性差、临时工程费用增加。

（3）干坞的尺寸

干坞平面尺寸应结合工期、管段预制批次、管段长度与宽度、一批预制管段布置等因素确定。干坞的平面形状多呈长方形，如图 5-15 所示为一次预制管段干坞平面布置。

干坞的深度，应能保证管段制作后能顺利地进行安装工作并浮运出坞。干坞坞底设计标高需在管段制作完成、向场内注水后，保证在管段出坞作业时间内有足够水深，使管段能安全顺利出坞，不至于搁浅。应根据管段高度、干舷高度、各种富余度等参数合理确定坞底设计标高。坞底设计标高一般可按下式计算：

$$h = 坞址常水位标高 - H + h_1 - h_2 \tag{5-1}$$

式中　h——坞底标高，m；

　　　H——管段高度，m；

　　　h_1——管段浮起时的干舷高度，m；

　　　h_2——管段浮起时底部与坞底之间的安全距离，m。

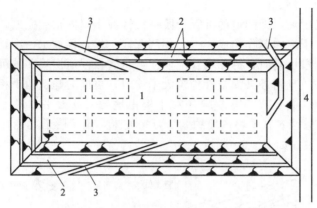

图 5-15　一次预制管段干坞平面布置
1—坞底；2—边坡坞墙；3—运料车道；4—坞首围堰

（4）干坞的构造

干坞一般由边坡坞墙、坞底、坞首、坞门、排水系统与车道组成。

① 边坡坞墙。干坞的四周，大多可采用简单的自然土坡作为坞墙。在确定干坞边坡坡度时，要进行抗滑稳定性的验算。为保证稳定安全，一般多用防渗墙及设井点系统。防渗墙多用钢板桩、塑料板或1mm厚的黑铁皮构成。在管段制造期间，干船坞由井点系统疏干。

② 坞底。坞底要有足够的承载力，以承受管段及其施工的荷载。干坞的坞底可以采取以下几种处理措施：

①方法1：先浇筑一层250～300mm厚的无筋混凝土或钢筋混凝土。为了防止管段起浮时被"吸附"，在混凝土面层上再铺一层砂砾或碎石。

②方法2：先铺一层10～250mm厚的黄砂，为防止黄砂流失，并保证干坞灌水时管段能顺利地浮起。可在黄砂层的上面再铺0.2～0.3m厚的砂砾或碎石，以防管段起浮时被"吸住"。

当遇到很松软的黏土或淤泥层时，坞底则需进行加固处理，如采用土石换填，一般换填1.0m厚的碎石，则可满足预制管段对地基承载力的要求，也可结合换填用桩基加固坞底。

③ 坞首与坞门。在一次性预制管段干坞中，可用土围堰或钢板桩围堰做坞首，不用设坞门，管段出坞时，局部拆除坞首围堰，便可将管段逐一拖拉浮运出坞。

在分批预制管段的干坞中，要设坞首和坞门，以便重复使用。常用双排钢板桩作坞首，也可用一段单排钢板桩作坞门。坞门两侧土坞应采取加固措施，防止坡堤开坞时土体产生严重坍塌事故。每次拖运管段出坞时，将此段单排钢板桩临时拔除，把管段拖运出坞后再恢复坞门。若考虑多次利用的开闭方便，可采用能上下移动的浮箱式坞门（闸门），如港珠澳大桥沉管隧道的深坞即为沉箱坞门，如图5-16所示。

④ 排水系统与车道。从坞外到坞底要修筑车道，以便运输施工机具、设备和混凝土原材料等。

干坞的排水系统通常采用井点法降水或在坞底设明沟、盲沟和集水井，用泵将水排到坞外；坞外设截水沟和排水系统。

5.3.2.3　固定干坞施工

干坞施工步骤如下：

（1）先沿干坞四周作防渗墙，隔断地下水；

（2）用推土机、铲运机从里面向坞口开挖土坑，挖出的土方大部分运至弃土场，一部分

图 5-16　港珠澳大桥沉管隧道沉管制作干坞沉箱式深坞坞门

土用来回填作堤；

（3）在坞底和坞外设排水系统：截水沟、排水沟、盲沟、集水井点降水、抽水泵站等；

（4）在土边坡坡面，用塑料薄膜满铺并压砂袋，以防雨水冲刷；

（5）在整面的坞底铺砂、碎石，再用压路机压实、压平整，并在坞门至坞内修筑车道等。

5.4　管段制作

5.4.1　钢壳混凝土管段制作

钢壳混凝土管段制作时先预制钢壳，制成后拖运滑行下水成为浮体，在漂浮状态下浇筑混凝土。钢壳即为浇筑混凝土的模板，也是防水层，其防水性能的好坏取决于钢壳大量焊缝的质量。为了方便滑行入水，一般钢壳在移动干坞（浮船坞或半潜驳）上制作。

5.4.2　钢筋混凝土矩形管段制作

5.4.2.1　预制方法

我国已建沉管隧道均采用钢筋混凝土矩形结构，目前采用整体式管段和节段式管段 2 种预制方法。

（1）整体式管段

我国沉管法隧道大部分采用整体式管段进行管段预制，管段混凝土采用横向分层和纵向分段进行浇筑。纵向根据每节管段的长度进行分节，每小节长 15～18m，相邻两小段之间设置 1.5 m 的后浇带，见图 5-17。横断面分底板、侧墙和顶板两次浇筑，见图 5-18。

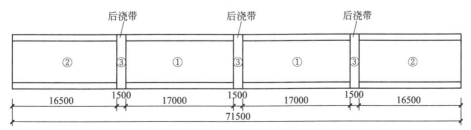

图 5-17　某工程采用的纵向分节管段及后浇带设置示意图（单位：mm）
①、②、③—浇筑顺序

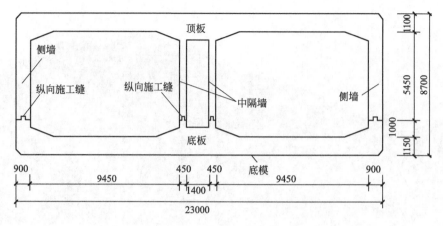

图 5-18　上下分层浇筑纵向施工缝设置沉管管段横截面图（单位：mm）

（2）节段式管段

港珠澳大桥岛隧工程采用的是节段式管段预制。通过采用节段式管段和整体式浇筑，尽可能地减少温度裂纹的出现，使混凝土自身成为永久的防水屏障，不再使用外包材料进行辅助防水。港珠澳大桥沉管隧道标准管段长 180m，非标准管段长 157.5m，每 22.5m 为 1 个节段，如图 5-19 所示。

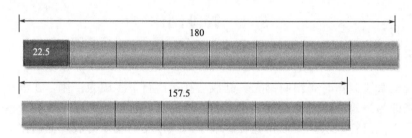

图 5-19　港珠澳大桥沉管隧道节段式管段结构（单位：m）

5.4.2.2　管段制作

钢筋混凝土矩形管段一般在干坞制作，制成后往干坞中灌水，使管段浮起，并托运至隧址指定位置上沉放。管段制作工艺与地面钢筋混凝土结构大体相同，但对混凝土施工要求很严格，要保证干舷和抗浮安全系数以及防水要求。

（1）管段的对称、均匀性控制

管段混凝土浇筑时对称、均匀性控制的目的是为了保证管段浮运时有足够的干舷。若管段混凝土密度变化幅度超过 1% 以上，管段常会浮不起来。若管段各部分板厚局部偏差较大或管段各部分混凝土密度不均匀将导致侧倾。如上海外环线沉管隧道，考虑管段起浮沉放时的均匀抗浮作用，要求混凝土密度为 $(23.5+0.01)kN/m^3$，即 $1m^3$ 混凝土中的重量误差只有 +1kg。

施工时为了控制混凝土浇筑的均匀性，可以采用刚度大、精度高、可微动调位的大型滑动内、外模板台车；实行严格的密实度管理制度。

（2）管段的防水

在管段制作中，须保证管段的水密性，确保隧道投入使用后无渗漏。根据混凝土沉管隧道的结构特点，其防水由三部分构成：即管段结构自防水、结构外防水和管段接缝防水。

① 管段结构自防水。沉管管段结构自防水主要以防水混凝土为主，应采用抗裂性和耐久性好的防水混凝土，防水混凝土的抗渗等级不得小于 P10，氯离子扩散系数不宜大于 $3 \times 10^{-12} \mathrm{m^2/s}$。当沉管结构处于侵蚀性介质中时，应采取相适应的防腐措施。

管段预制件的自防水技术在整个隧道防水体系中有着极其重要的地位。采用新型材料和先进的施工工艺，提高混凝土的密实性和耐久性，防止裂缝的产生及扩展，减少混凝土的收缩和蠕变，加强对施工缝和局部环节的防水处理等技术的研究，达到管段防水的目的。

混凝土浇筑时，为控制管段混凝土在浇筑凝结过程中产生的裂缝，应减少水化热的产生，降低温度应力。可以采取在构件中预埋水管（通过循环水降温）、降低骨料温度、搭设遮阳棚、掺冰水、夜间浇筑等来降低混凝土的初始温度等措施。

② 结构外防水。管段结构外防水，有刚性防水与柔性防水两种，刚性防水有钢壳和PVC 防水，柔性防水有沥青油毡或合成橡胶卷材类的粘贴式防水层和涂料防水。

早期沉管管段都采用钢壳四周完全包裹防水，但钢材消耗量太大。后来改为外包钢板作为管段底板的外防水层，钢板既可以作为混凝土浇筑的模板，又可以作为底板的外包防水层，且钢板与混凝土结合性能良好，保证了两者成为一个整体。但钢板在腐蚀性环境中的耐久性较差，钢板之间的焊接会对防腐涂层造成破坏，且涂层修补十分困难。当前防水钢底板有被防水性能好、价格低廉、施工方便的高分子材料取代的趋势，如采用高强度 PVC 塑料板代替钢底板。PVC 防水板为有机材料，不受河流、海洋中腐蚀性介质的影响。

柔性防水层为沥青油毡或合成橡胶卷材类的粘贴式防水层，这类外防水层具有延伸率好、能适应管段变形等优点，但施工工艺繁琐，费工费时。卷材的层数视水头大小而定，当水底隧道的水下深度超过 20m 时，卷材层数达 5～6 层之多。

管段顶板、侧墙的传统外包防水层一般采用柔性防水涂层，并设置与防水涂层配套的保护层，防水涂料通常为聚氨酯、环氧树脂、丙烯酸等化学物质。考虑施工现场的实际情况或沉管隧道所处环境存在的腐蚀性介质，可以采用喷涂型聚脲防水涂料。

③ 管段接缝防水。管段接缝包括：管段底板与侧墙之间的纵向施工缝和一节管段中分段浇筑的横向变形缝以及管段与管段之间的对接缝，如图 5-20 所示。

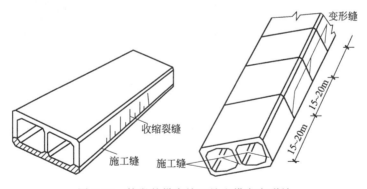

图 5-20　管段的纵向施工缝和横向变形缝

横向施工变形缝中设置带注（出）浆管的中埋式镀锌钢板止水带（止水带的连接采用满焊方式）防水，后浇带施工前清除表层浮浆和杂物，铺净浆涂刷界面处理剂，增加新老混凝土的黏结性。横向施工变形缝也可采用钢板橡胶止水带加 OMEGA 形密封带防水，如图 5-21所示。

底板与侧墙之间纵向施工缝防水可以和横向施工变形缝一样，安装带注（出）浆管的中埋式镀锌钢板止水带，确保防水效果。

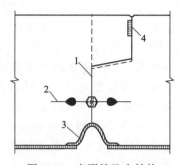

图 5-21　变形缝防水结构

1—变形缝；2—钢板橡胶止水带；3—OMEGA 形密封带；4—止水填料

国内通常把沉管管段接头的防水结构设计为两道防水结构，即以尖肋型橡胶止水带（GINA 止水带）作为第一道防水，OMEGA 形（Ω 形）橡胶止水带作为第二道防水，接头防水结构见图 5-22 所示。

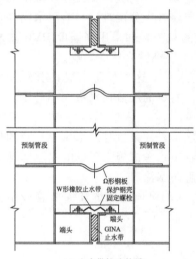

(a) 止水带接头构造　　　　　　　　　　　　(b) GINA 止水带现场安装照片

图 5-22　止水带接头构造与现场安装照片

（3）端封墙

管段浇筑拆模后，需在管段两端离端面 50～100cm 处设置钢结构或钢筋混凝土结构端封墙。端封墙应满足强度高和拆装方便的要求，因为在管段浮运与沉放时，端封墙将承受巨大的水压力，在管段水下连接后又要拆除端封墙。端封墙一般使用钢材和钢筋混凝土制成，也可采用钢材和钢筋混凝土的复合结构。另外，在隔墙上还须设置鼻式托座（简称鼻托）、排水阀、进气阀以及供人进入的孔。

（4）压载设施

管段浮运到隧址指定位置后，需压载克服浮力使管段下沉。现在多数采用压载水箱。压载水箱在每节管段至少设置 4 个，沿隧道轴线位置对称布置，使管段保持平衡，平稳下沉。压载水箱要在封墙安装之前设置在管段内部，如图 5-23 所示。各节管段的水箱数量由抗浮计算确定。压载水箱可采用全焊钢结构，不易渗漏，但不易拆除。

（5）管段检漏与干舷调整

管段在制作完毕后须做一次检漏。如有渗漏，可在浮出坞之前早做处理。一般在干船坞

图 5-23 管段内压载水箱

灌水之前，先往压载水箱里注入压载水，然后再向干坞内灌水，并抽吸管段内的空气，使管段中气压降到 0.06MPa。24～28h 后，工作人员进入管段内对管壁进行检漏。若有渗漏，将干坞内的水排出，修补管段；若无渗漏，则排出压载水箱内的水，使管段浮起。

在进行检漏的同时，应进行干舷调整。可通过调整压载水的重量，使干舷达到设计要求。如管段浮起后倾斜，可通过调整压载加以解决。管段必须进行检漏和干舷调整，符合设计要求，方可出坞。

5.5 基槽开挖与航道疏浚

5.5.1 沉管基槽开挖

5.5.1.1 沉管基槽开挖设计

水下基槽为用于预制管段沉放的水中基坑。

（1）基槽开挖横断面设计

沉管沟槽的断面，主要由 3 个基本尺度决定，即底宽、深度和（边坡）坡度，如图 5-24所示，这些尺寸应视土质情况、沟槽搁置时间以及河道水流或洋流情况而定。

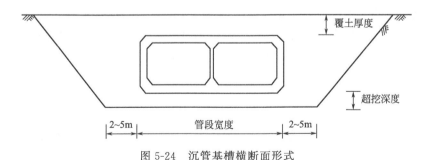

图 5-24 沉管基槽横断面形式

① 基槽底宽。基槽底宽是由管段宽度、预留宽度以及施工偏差组成，预留宽度根据管段基础垫层处理方法、基础、纠偏设备的预留空间要求，可以按下式计算：

$$B = B_t + 2b + T \tag{5-2}$$

式中 B——基槽设计底宽，m；

B_t——管段最大底宽，m；

b——管段一侧预留富余量，取 $1.5\sim2.0$ m；

T——施工误差，取值与施工条件、设备有关，宜控制在 0.5 m 范围内。

② 基槽深度。基槽深度可按下式计算：

$$H=h_{d}+h_{c}+h_{t} \tag{5-3}$$

式中　H——基槽深度，m；

h_{d}——沉管结构底面深度，m；

h_{c}——基础垫层厚度，m；

h_{t}——基槽开挖精度，其竖向精度取决于水深、疏浚船舶施工能力，m。

③ 基槽边坡坡率。基槽边坡坡率可通过基槽边坡的稳定性确定，设计时应考虑基槽开挖设备类型、施工方法及施工工艺要求等因素影响。在流动性淤泥或淤泥质土层中，边坡设计应考虑泥沙运动的影响。水下基槽边坡坡率可按表 5-1 选取。

表 5-1　典型地层的水下基槽边坡坡率参考值

岩土种类	边坡坡率	岩土种类	边坡坡率
硬土层	1:0.5~1:1	软黏土、淤泥	1:3~1:5
砂粒、紧密的砂夹黏土	1:1~1:1.5	极稠软的淤泥、粉砂	1:8~1:10
砂、砂夹黏土、较硬黏土	1:1.5~1:2	花岗岩、砂岩等风化基岩	1:0.2~1:1
紧密的细沙，软弱的砂夹黏土	1:2~1:3		

（2）基槽开挖纵断面设计

基槽开挖纵断面形状基本上与沉管段的纵断面一致。在采用临时支座作为管段沉放的定位基准时，临时支座基底标高可作为纵断面设计的控制标高。无临时支座时，以上述开挖深度作为控制标高。基槽开挖长度即为管段沉放与两岸两侧敞开段或暗埋段水下对接端面之间纵向里程。

（3）基槽开挖平面设计

基槽开挖的平面轴线应与沉管隧道主体工程的平面设计相一致。基槽开挖的宽度要与沉管段平面轴线相对称，并随管段埋设深度及边坡稳定性要求不同而变化。

（4）临时支座

若基础处理采用后填法时，基槽开挖要考虑管段沉放时的临时支座设置，在放置临时支座的基槽每侧预留量 b 要适当加宽，以便顺利放置临时支座。采用鼻式托座对接定位时，每节管段需要配置两块临时支座，如不采用鼻式托座而是采用定位梁搭接定位对接，则每节管段需要配置四块临时支座。

5.5.1.2　沉管基槽开挖

（1）开挖方式

基槽开挖应根据沉管隧道基槽的各个分段、各类土质、不同纵坡、不同深度等特点进行全面分析，逐一完成各管段或分区段的基槽开挖施工布置和实施方案。应分层分段进行施工，可分为粗挖、精挖、清淤三个阶段。

基槽开挖应遵循"先粗挖、后精挖、分层开挖、严禁欠挖"的原则；应合理安排适当的挖泥船及工艺开展粗挖、精挖和清淤施工。

粗挖是指分层开挖基槽时每层的开挖深度较大，效率高，但精度较低的开挖，粗挖挖到离管底标高约 1m 处。精挖应在临近管段沉放时超前 $2\sim3$ 节管段进行。精挖施工应与后续工序合理衔接，流水作业，减少回淤量。回淤较大时应进行清淤。

（2）开挖设备

沉管隧道基槽开挖采用浚挖船等设备，浚挖船的类型应根据工程规模、建设要求、水域条件、岩土可挖性和环境条件等影响因素进行综合选择。常用的浚挖设备有：链斗式挖泥船、绞吸式挖泥船、自航耙吸式挖泥船、抓斗挖泥船、铲斗式挖泥船等，如图 5-25 所示。

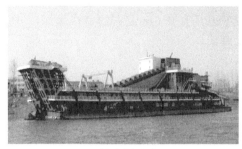

(a) 链斗式挖泥船

(b) 绞吸式挖泥船

(c) 自航耙吸式挖泥船

(d) 抓斗挖泥船

(e) 铲斗式挖泥船

图 5-25　基槽浚挖施工设备

采用浚挖船分层开挖，每分层阶梯高差最好不超过 2m；挖泥时，遵循"先边坡、后基槽"的原则，控制每边超宽不大于 2m、超深不大于 0.5m 为好，挖泥过程要加强观测，控制小区域挖泥的深度。

（3）基槽岩层开挖

基槽开挖区如有岩石，应根据其坚硬程度，确定是否经预处理后再开挖。软质岩石可采用大型绞吸式挖泥船、铲斗式挖泥船或抓斗挖泥船进行直接挖掘。预处理可以采用爆破方式，爆破作业应执行《水运工程爆破技术规范》等相关行业规范的要求，炮孔排距、孔距等爆破参数要根据岩性及产状决定。

5.5.2 航道疏浚

航道疏浚包括临时航道疏浚和管段浮运航道疏浚。临时航道疏浚必须在沉管基槽开挖以前完成，以保证施工期间河道上正常的安全运输。浮运航道是专门为管段从干坞到隧址浮运时设置的，在管段出坞拖运之前，浮运航道要疏浚好，管段浮运路线的中线应沿着河道深水河槽航行，以减少疏浚挖泥工作量。浮运航道应考虑具有 0.5m 左右的富裕水深，并使管段在低水位（平潮水位）时能安全拖运，以防管段搁浅。

5.6 管段出坞、浮运与沉放

当沉管管段制作完成，基槽开挖和基础处理完成以及航道疏浚后，管段即可出坞，浮运至隧址，沉放至基槽，并实现水下连接。管段出坞、浮运与沉放是沉管隧道施工的重要的环节。

5.6.1 管段出坞

管段出坞前，应对出坞、寄放作业水域的潮位、水流进行不少于连续 30 天的 24 小时不间断实测，以掌握作业区域的水位和水流相关规律，并校核起浮、出坞作业的潮水水位。管段起浮、出坞及漂浮寄放期间的富裕水深不宜小于 0.5m。

管段拖运出坞如图 5-26 所示，步骤如下：

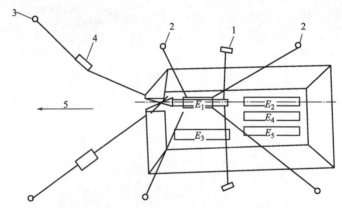

图 5-26 管段拖运出坞（宁波甬江沉管隧道）
1—绞车；2—地锚；3—沉埋锚；4—工作驳；5—出坞牵引缆

（1）向干坞内灌水，使预制管段逐渐浮起，直到干坞内外水位平衡为止；
（2）利用在干坞四周预先为管段浮运布设的锚位，用地锚绳索固定在浮起的管段上；
（3）打开坞门或破开坞堤，通过布置在干坞坞顶的绞车将管段逐节牵引出坞。

管段出坞后，先在坞口系泊。分次预制管段时，可在拖运航道边临时选一个水域抛锚系泊。

5.6.2 管段浮运

管段浮运，是指从系泊区拖到管段沉放位置的过程。管段浮运路线应根据浮运航道的位置、水深、锚地情况、管段尺寸和吃水等情况确定。管段向隧址浮运可采用拖轮拖运或用岸上的绞车拖运管段。

轴线干坞一般采用干坞、两岸绞车及水上工作平台绞车方式，将沉管浮运至对应的沉放位置直接进行沉放。当水流流速过大时，可适当增加拖轮等进行吊拖或顶拖。如图 5-27 所示为宁波常洪隧道管段浮运，采用两岸绞车及水上工作平台绞车牵引拖运；如图 5-28 所示宁波甬江隧道管段浮运，由于甬江江面较窄、水流急，且受潮水的影响，采用了绞车拖运"骑吊组合体"方法浮运过江；如图 5-29 所示广州珠江隧道管段浮运，干坞设在隧道的岸上段，由于珠江江面仅 400m 宽，浮运距离短，主要采用绞车和拖轮相结合的方式，即在一艘方驳上安置一台液压绞车作为后制动，2 台主制动绞车设在干坞岸上，3 艘顶推拖轮协助浮运。

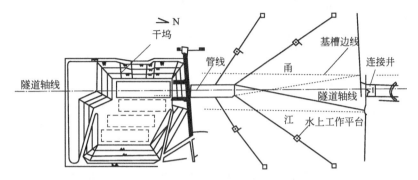

图 5-27　宁波常洪隧道管段浮运图

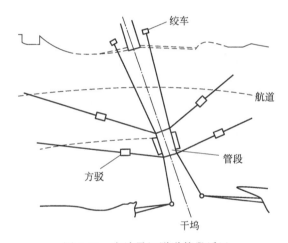

图 5-28　宁波甬江隧道管段浮运

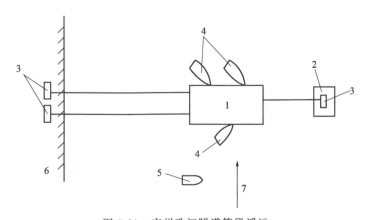

图 5-29　广州珠江隧道管段浮运

1—管段；2—方驳；3—液压绞车；4—顶推拖轮；5—备用拖轮；6—芳村岸；7—水流方向

    港珠澳大桥岛隧工程管段浮运为异地外海管段浮运，主要依靠大功率拖轮以及通过拖轮与固定在管段上的浮驳对管段采用吊拖与绑拖或顶拖的方式进行浮运，如图5-30所示。

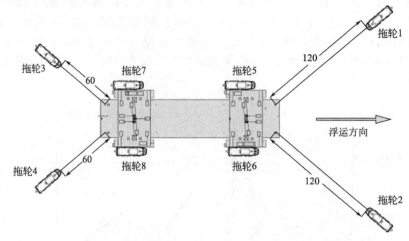

(a) 港珠澳大桥沉管隧道采用吊拖+绑拖的方式浮运管段(航道内)(单位：m)

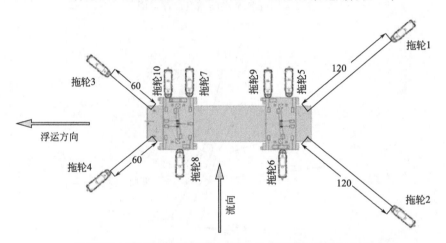

(b) 港珠澳大桥沉管隧道采用顶拖+吊拖的方式浮运管段(基槽内)(单位：m)

(c) 港珠澳大桥沉管隧道管段浮运照片

图 5-30　港珠澳大桥沉管隧道管段浮运方式与照片

5.6.3 管段沉放

管段沉放是沉管法隧道施工中的重要环节,它受各种自然条件的影响和制约,如气象、水流和航道等。

5.6.3.1 沉放方式

国内沉管法隧道的管段沉放方法均采用了吊沉法,又细分为浮吊法(用起重船或浮箱吊沉)、扛吊法(用驳船扛抬吊沉)和骑吊法(用水上专用作业平台船泊吊沉)。无论采用何种方法,其原理一致,即通过平衡负浮力控制沉管下潜。当然,由于设备不同,受力的情况也不同,各种方法都有自身的特点。

(1)起重船吊沉法

如图 5-31 所示,在管段预制时,预埋在管段上 3~4 个吊点,起重船逐渐将管段沉放到基槽中的规定位置。

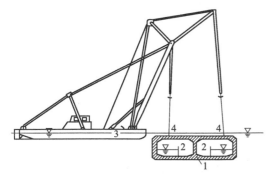

(a) 起重船吊沉示意图
1—沉管;2—压载水箱;3—起重船;4—吊点

(b) 港珠澳大桥沉管隧道最终接头采用起重船吊沉

图 5-31 起重船吊沉法示意图与现场照片

(2)浮箱浮吊法

如图 5-32 所示,管段顶板上方用 4 只浮力 1000~1500kN 的方型浮箱直接吊起,吊索起吊力作用于各浮箱中心,前后每组两只浮箱用钢桁架连接,并用 4 根锚索定位。管段本身另用 6 根锚索定位。浮箱通过吊索和管段起吊点连在一起。该法适用于小型管段的沉放。

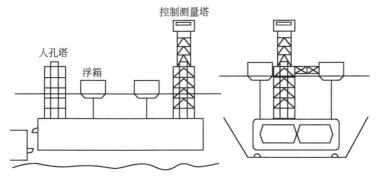

图 5-32 浮箱吊沉法示意图

(3)驳船组扛吊法

驳船组扛吊法可以采用双驳船或四条驳船。每组船体可用两组浮箱或两只铁驳船组成,将两组钢梁(杠棒)两头担在两只船体上,构成一个船组,再将先后两个船组用钢桁架连接起来形成一个整体船组。

四驳扛吊时，船组和管段各用6根锚索定位（均为四边锚及前后锚），所有定位卷扬机均安设在船体上，起吊卷扬机则安设在杠棒（钢板梁）上，吊索的吊力通过杠棒传到船体上，如图5-33所示。在船组杠吊法中，需要四只铁驳或浮箱，其浮力只需用1000～2000kN就足够了。

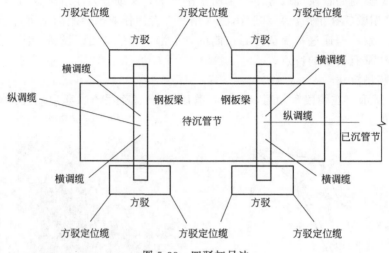

图 5-33　四驳扛吊法

双驳扛吊采用两只吨位较大的铁驳（驳体长60～85m、宽6～8m、型深2.5～3m）代替四只小铁驳进行管段沉放作业，如图5-34所示。这种方法的主要特点是：船组整体稳定性好，操作较方便，并且可把管段的定位锚索省去，而改用对角方向张拉的斜索系定于整体稳定性好的双驳船组上。

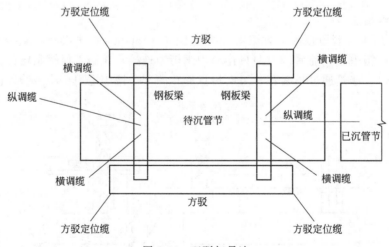

图 5-34　双驳扛吊法

（4）骑吊法

我国沉管法隧道多采用骑吊法沉放管段，多利用既有驳船或浮箱，如图5-35所示。

港珠澳大桥沉管隧道制作专用沉放浮驳设备，每个沉放驳设2个浮箱，自浮骑跨管段，通过吊索与管段相连吊沉管段，如图5-36所示。

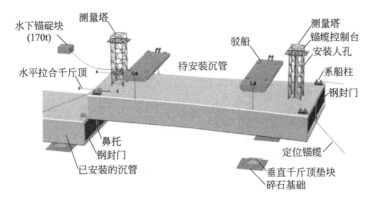

(a) 驳船骑吊法示意图

(b) 广州仑头—生物岛沉管隧道管段驳船骑吊沉放现场照片

图 5-35　驳船骑吊法

(a) 沉放模型　　　　　　　　　　　　(b) 沉放现场照片

图 5-36　港珠澳大桥沉管隧道管段沉放

（5）升降平台法

升降平台法又称 SEP 法，如图 5-37 所示，该方法的主要施工设备是自升式升降平台，升降平台由 4 根柱脚和 1 个钢浮箱组成。移动升降平台至管段沉放区上方，将柱脚下放至基床表面，向钢浮箱内部注水，在重力和柱脚液压千斤顶作用下，柱脚插入海床至设计位置，平台沿柱脚升出水面。管段就位后，将管段吊点与升降平台的沉放缆索相连，利用平台沉吊管段，将管段缓慢沉放至预定位置。管段沉放完成后，将平台下放至水面并且钢浮箱排水，

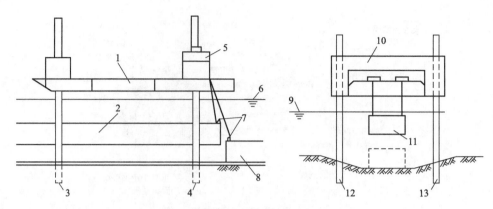

图 5-37 升降平台法沉放管段示意图

1—升降平台；2—待沉管段；3，4，12，13—柱脚；5—测量室；6—水面；7—声波换能器；

8—已沉管段；9—水面；10—升级平台；11—待沉管段

利用浮力将柱脚拔出，浮运转移继续使用。

5.6.3.2 管段定位

考虑管段沉放对接过程主要承受横向水流力，可以采用 8 个重力锚块的"八字形"或四个重力锚块的"双三角形"布置锚缆的管段平面定位系统，如图 5-38 所示。通过收紧、放松缆绳，即可实现管段的纵向和横向移动。缆绳的收紧和放松是通过分设在两座测量定位控制塔顶上的绞车来实现的。

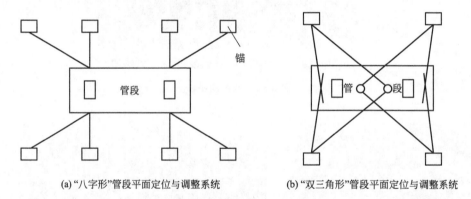

(a)"八字形"管段平面定位与调整系统   (b)"双三角形"管段平面定位与调整系统

图 5-38 管段平面定位与调整系统

5.6.3.3 压载沉放

压载沉放前，应按照预定作业计划确认设备、人员准备情况。此时管段所处位置，可距规定沉埋位置 10～20m，但中线要与隧道轴线基本重合，误差不应大于 10cm。

管段的纵向坡度亦应调整到设计坡度。管段下沉的全过程，一般需要 2～4h，因此应在潮位退到低潮平潮之前 1～2h 开始下沉。开始下沉时的水流速度，宜小于 0.15m/s，如流速超过 0.5m/s，需另行采取措施。

定位完毕后，往管段内水箱注水压载沉放管段，沉放作业的步骤一般可分初次下沉、靠拢下沉和着地下沉三个步骤进行，如图 5-39 所示。

① 初次下沉。先注水压载至下沉力达到规定值之 50%。随即进行位置校正，完毕后，再继续灌水至下沉力达到规定值之 100%，并开始按 40～50cm/min 速度将管段下沉，直到管底离设计高程 4～5m 为止，如图 5-39①所示。下沉时要随时校正管段位置。

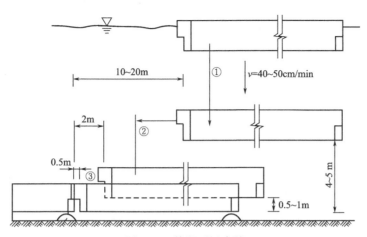

图 5-39　管段下沉步骤
①—初次下沉；②—靠拢下沉；③—着地下沉

② 靠拢下沉。先将管段向前节既设管段方向平移，至距既设管段 2m 左右处，如图 5-39② 所示。然后再将管段下沉到管底离设计高程 0.5～1m，并校正好管段位置。

③ 着地下沉。先将管段继续前移至距前节既设管段约 50cm 处，如图 5-39③所示。矫正 管段位置后，即开始着地下沉。最后 1m 的下沉速度要慢得多，并应同时进行矫正位置。着 地时先将前端搁上鼻式托座或套上卡式定位托座然后将后端轻轻地搁置到临时支座上。搁置 好后，各吊点同时卸荷。先卸去 1/3 吊力，校正位置后再卸至 1/2 吊力。待再次校正位置 后，卸去全部吊力，使整个管段的下沉力全部都作用在临时支座上。此时，即可开始管段的 水下连接。

5.6.3.4　水力压接

20 世纪 50 年代以前，对钢壳制作的管段，曾采用水下灌筑混凝土的方法进行水下连 接。混凝土连接法作业工艺复杂，潜水工作量大，密封的可靠性差，故目前一般不再采用。 对钢筋混凝土制作的矩形管段，普遍采用水力压接法。

水力压接的原理是利用两条管段封门之间通过胶垫（止水带）形成一个相对水密空间之 后，然后将端封门之间的水排出去，利用压差，管段尾部的水压力压缩胶垫将正在安装管段 向已装管段方向压接。

目前，沉管工程中经常采用的接头胶垫是 GINA 尖肋型橡胶止水带，最早由荷兰特瑞 堡工程公司于 1960 年生产，后来世界各国也根据本国的工程地质与技术条件在原有 GINA 止水带的基础上，研发了多种改进型 GINA 止水带。其中具有代表性的有：荷兰研发的 TRELLEBORG 型，德国研发的 PHOENIX 型，日本研发的 HORN 型、STIRN 型以及 GI- NA 改进型，不同类型的 GINA 止水带结构形式如图 5-40 所示。2019 年 9 月，中车株洲所 旗下株洲时代新材料科技股份有限公司与中交集团联手研发的 GINA 止水带在襄阳东西轴 线沉管隧道首条止水带安装完成。

水力压接的程序如图 5-41 所示，具体如下：

① 对位：着地下沉后，管段对位连接精度应满足要求。一般，采用鼻式托座与卡式托 座确保定位精度，如图 5-41(a) 所示。

② 拉合：利用安装在管段竖壁上带有锤形拉钩的拉合千斤顶，将对好位的管段拉向前 节既设管段，使胶垫的尖肋部产生初压变形和初步止水作用，如图 5-41(b) 所示。

③ 压接：拉合完成之后，可即打开已设管段后端封墙下部的排水阀，排出前后二节沉

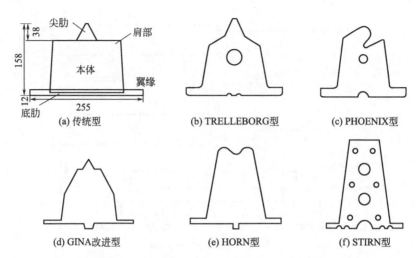

图 5-40 不同类型的 GINA 止水带（单位：mm）

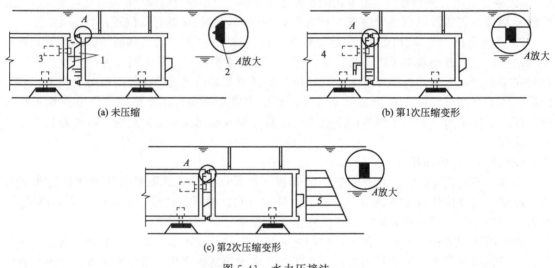

图 5-41 水力压接法
1—鼻托；2—胶垫；3—拉合千斤顶；4—排水管；5—水压力

管封墙之间被包围封闭的水。排水之后，作用在新设管段的前封端墙上的水压力消失，于是作用在该管段后封端墙上的巨大水压力就将管段推向前方，接头胶垫（GINA 橡胶止水带）被再次挤压，前后管段实现紧密对接，这样对接的管段接头具有非常可靠的水密性，如图 5-41(c)所示。

利用水力压接时所用的 GINA 橡胶止水带，吸收变温伸缩位移与地基不均匀沉降所致角位移，可以消除或减少管段所受变温或沉降应力。

5.6.3.5 管段接头

管段水力压接后，只是隔绝了管段与外面水的联系，管段之间并未连成整体，因此需设置永久接头，实现管段的连接。接头应能承受温度变化、地震力以及其他作用。接头形式有刚性和柔性两大类，目前常用的是柔性接头。

GINA 橡胶止水带和 OMEGA 橡胶止水带构成管段接头的 2 道防水屏障，如图 5-42(a) 所示，管段底板设混凝土结构水平剪切键，中隔墙处设钢结构垂直剪切键，纵向设置 PC 拉锁纵向限位，其不仅能保证接头的柔性，还能防止接头在地震工况下发生过大的轴向变位；接头盖板上方设置水平剪切键以承受地震所引起的水平剪切力。管段柔性接头透视图如图 5-42(b)所示。

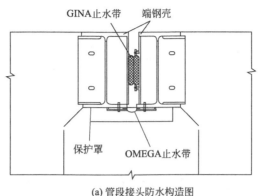

(a) 管段接头防水构造图

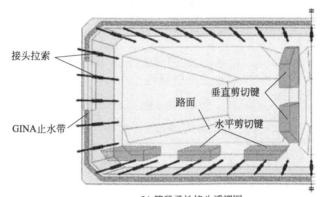

(b) 管段柔性接头透视图

图 5-42 管段柔性接头

5.7 基础处理

基础处理是沉管法隧道的重要工序。基础处理的主要目的是将基础垫平，按其铺垫作业工序安排于管段沉放作业之前或以后，可大体上分为先铺法与后填法 2 种。

5.7.1 先铺法

先铺法是在管段沉放前用专用的刮铺船上的刮板在基槽底刮平铺垫材料（如粗砂、碎石或砂砾石）作为管段基础。先铺法基本上目前只有刮铺法一种，按铺垫时所采用的材料不同，又分为刮砂法和刮石法两种，两者的操作工艺基本相同。如图 5-43 所示，刮铺法具体工艺如下：

（1）在浚挖沟槽时超挖 60～80cm；

（2）沿沟槽底面两侧打数排短桩，安设导轨以便在刮铺时控制高程和坡度；

（3）用抓斗或通过刮铺机的喂料管向沟底投放铺垫材料粗砂（或粒径不超过 100mm 的碎石），铺宽比管段底宽 1.5～2.0m，铺长为一节管段长度，在地震区应避免用黄砂做铺垫材料；

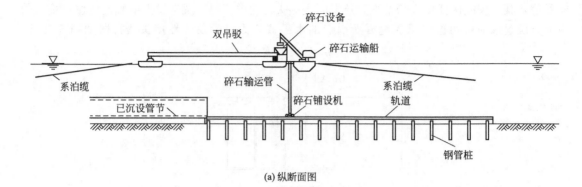

图 5-43 刮铺法示意图

（4）按导轨所规定的厚度、高度以及坡度，用刮铺机刮平，刮平后的表面平整度，对用刮砂法，可在±5cm 左右；用刮石法，约在±20cm 左右；

（5）为使管底和垫层密贴，管段沉设完毕后，可进行"压密"工序。"压密"可采用灌压载水或加压石料的办法，使其产生超载，而使垫层压紧密贴；若铺垫材料为碎石，通过管段底面上预埋的压浆孔，向垫层里压注水泥膨润土混合砂浆。

刮铺法能够在刮铺过程中清除积滞在基槽底的淤泥，使砂砾或碎石基础稳定。其缺点是：需要特制的专用刮铺设备，其作业时间长，干扰航道；刮铺完后需经常清除回淤土或坍坡的泥土，当管段底宽较大，超过 15m 左右时，施工较困难。

5.7.2 后填法

后填法是指先将管段沉埋在预置于沟槽底上的临时支座上，随后再进行充填垫实。后填法又细分为喷砂法、灌囊法、压浆法和压砂法。

5.7.2.1 喷砂法

喷砂法主要是从水面上用砂泵将砂、水混合料通过伸入管段底下的喷管向管底喷注，填满空隙。喷填的砂垫层厚度一般是 1m 左右。喷砂作业需一套专用的台架，台架顶部突出在水面上，可沿铺设在管段顶面上的轨道作纵向前后移动，如图 5-44 所示。在台架的外侧，悬挂着一组（三根）伸入管段底部的 L 形钢管，中间一根为喷管，直径为 100cm，旁边两根为吸管，直径为 80mm，如图 5-45 所示。

作业时将砂、水混合料经喷管喷入管段底下空隙中，喷射管作扇形旋移前进。在喷砂进行的同时，经两根吸管抽吸回水。从回水的含砂量中可以测定砂垫的密实程度。喷砂时从管

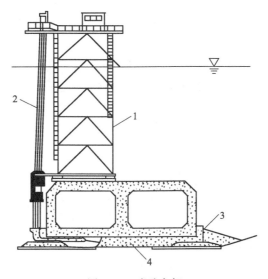

图 5-44　喷砂台架

1—喷砂台支架；2—喷管及吸管；3—临时支撑；4—喷入砂垫

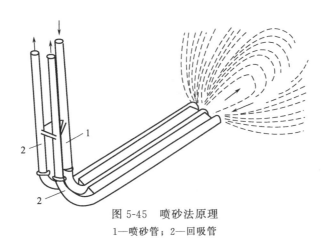

图 5-45　喷砂法原理

1—喷砂管；2—回吸管

段的前端开始，喷到后端时，用浮吊将台架吊移到管段的另一侧，再从后端向前端喷填。喷砂作业的施工进度约为 200m³/h。

5.7.2.2　灌囊法

如图 5-46 所示，首先在开挖好的基槽底面铺一层砂、石垫层，然后于管段沉放前在管段底面下事先系扣上空囊袋一并下沉，先铺垫层与管段底面之间留出 15～20cm 的空间。待管段沉放完毕后，从工程船上向囊袋内灌筑由黏土、水泥和黄砂配置成的混合砂浆，直至管段底面以下的空隙全部填满为止。囊袋的尺寸按一次灌筑量而定，一般不宜过大，以能容纳 5～6m 为度。制造囊袋的材料要有一定强度，并有较好的透水性和透气性，以便灌筑砂浆时顺利地排出囊袋中的水和空气。

宁波常洪隧道基础辅以打设桩基，沉放后桩顶标高低于管底。桩顶与管底通过灌浆囊袋连接，这样管段的荷载便可通过囊袋传至桩基，管底与基槽底的间隙采用管内灌浆充填，如图 5-47 所示。

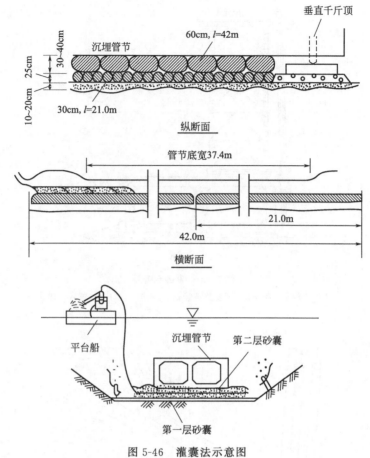

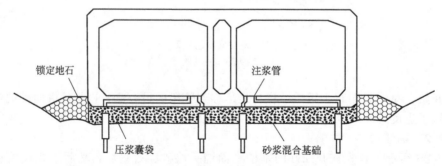

图 5-46　灌囊法示意图

图 5-47　宁波常洪隧道基础处理采用桩基＋灌囊法＋压浆法

5.7.2.3　压浆法

压浆法是一种在灌囊法的基础上进一步改进和发展而来的处理方法，可省去较贵的囊袋，繁复的安装工艺、水上作业和潜水作业。

在浚挖沟槽时，也是先超挖 1m 左右，然后摊铺一层厚约 0.4～0.6m 的碎石，但不必刮平，只要大致整平即可。再堆设临时支座所需的道碴堆，完成后即可沉埋管段。

在管段沉埋结束后，沿着管段两侧边及后端底边抛堆砂、石封闭栏至管底以上 1m 左右以封闭管底周边。然后从隧道内部，用压浆设备，通过预埋在管段底板上的 $\phi 80mm$ 压浆孔，向管底空隙压注混合砂浆，如图 5-48 所示。

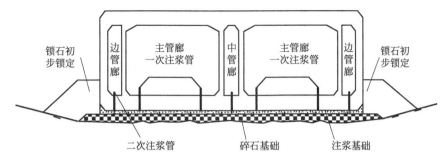

图 5-48 压浆法施工示意图（天津中央大道海河沉管隧道基础）

混合砂浆由水泥、膨润土、黄砂和缓凝剂配成，强度应低于原地基强度。压浆材料也可用低标号、高流动性的细石子混凝土。压浆的压力不必太大，一般比水压大 0.1～0.2MPa。压浆时同样对压力要慎加控制，以防顶起管段。压浆法可解决地震区软弱地基的液化问题。

5.7.2.4 压砂法

此法与压浆法很相似，但压入的不是水泥砂浆，而是砂、水混合料。所用砂的粒径为 0.15～0.27mm，注砂压力比静水压力大 50～140kPa。

在管段内沿轴向铺设 ϕ200mm 输料钢管，接至岸边或水上砂源，通过泵砂装置及吸料管将砂水混合料泵送（流速约为 3m/s）到已接好的压砂孔，打开单向球阀，混合料压入管底空隙。

压砂法设备简单，工艺容易掌握，施工方便；对航道干扰小，受气候影响小。但在管底预留压砂孔时，要认真施工和处理，否则容易造成渗漏，危及隧道安全。此外，在砂基经压载后会有少量沉降。

5.8 覆土回填

在管段沉放到位、水力压接等工序完成后，尽可能及时进行回填、覆盖。回填工作是沉管隧道施工的最终工序，按照防护功能分为三个组成部分：锁定回填、一般回填与护面层回填，如图 5-49 所示。

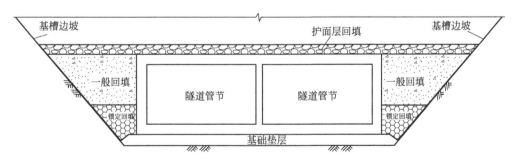

图 5-49 沉管隧道回填防护断面示意图

锁定回填部位一般是紧邻沉管隧道下部两侧，高度一般为隧道高度的 1/4～1/3，也有更高或者隧道的全高范围。它一方面锁定管段的位置，另一方面在基础注浆时起到两侧封堵和防堵管侧淤泥进入基槽的作用，同时也为防止隧道基础边缘外侧可能存在的抗地震液化薄弱区，也可采用桩基型式保护管段免受水力冲刷。为防地震液化，锁定回填材料的要求有所选择，隧道两侧回填层应具有良好的排水性能。如我国台湾高雄过港沉管隧道采用的是密实粗砂和砾石，其配比要求在地震时成为自由排水材料。

一般回填作为沉管隧道回填防护的主要部分，占较大的工程量。选择回填料时需考虑选用防止地震液化的材料。

护面层回填即隧道顶面覆盖，覆盖作用首先是利于保持隧道稳定；其次，由于覆盖材料的重量比较大，因此可以保护覆盖层及其下的回填材料不受水力冲刷；最后，在（设置防锚带）拖锚等情况下，它能为管段结构提供足够的保护。保持隧道稳定的覆盖措施有混凝土沉排防护、抛石防护等，混凝土沉排由混凝土排单元块通过彼此链接而成一个单元排体，该单元排体以长度覆盖在隧道的横向，并向沉管隧道横向两侧延伸埋入河床土层下。

思考题与习题

1. 何谓沉管法？简述沉管隧道施工的工艺流程。
2. 沉管隧道施工的特点有哪些？
3. 沉管隧道的断面形式和结构材料有哪些？
4. 干坞有哪些形式？如何设计和布置？干坞由哪几个部分组成？
5. 管段是如何出坞、浮运和定位的？
6. 管段的沉放方式有哪些？叙述管段的沉放作业步骤。
7. 简述水力压接的原理与步骤。
8. 沉管隧道基础的处理方法有哪些？

第6章 沉井法施工

案例导读

某工程中消防泵站结构形式采用沉井。该沉井平面尺寸为 18.7m×17.2m，壁厚为 0.8m，内有隔墙一道，其厚度为 1m，下设地梁六道，其断面尺寸为 0.6m×0.7m，底板厚度为 1.0m，被隔板分为两块。沉井总高度 8.6m，均为钢筋混凝土结构。整个沉井置于软塑、流塑粉质黏土中，地基承载力仅为 80kPa。

讨论

如何根据工程条件设计沉井的结构（包括井壁、刃脚），并设计合理的沉井施工方案，采取主要的施工措施有哪些？

沉井是将位于地下一定深度的建（构）筑物或建（构）筑物基础，先在地面以上制作，形成一个井状结构，然后在井内不断挖土，借助结构自重而逐步下沉，下沉到设计深度后，进行封底，构筑井内底板、梁、楼板、内隔墙、顶板等构件，最终形成一个地下建（构）筑物或建（构）筑物基础。沉井施工顺序如图 6-1 所示。

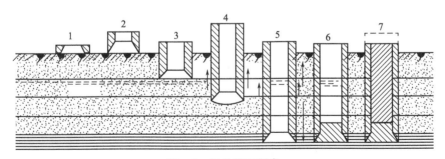

图 6-1　沉井施工顺序

1—开始浇筑；2—接高；3—初沉；4—边下沉边接高；5—下沉至设计标高；6—封底；7—井内施工

沉井法是地下工程和深基础工程施工的一种方法。近年来在国内外广泛应用于地下工业厂房、地下仓（油）库、人防掩蔽所、盾构拼装井、地下车道与车站、地下构筑物的围壁、桥梁墩台基础和大型深埋基础等。

近年来,沉井法施工技术有很大改进。例如,为降低沉井法施工中井壁侧面摩阻力,采用触变泥浆润滑套法、壁后压气法等方法。在密集的建筑群中施工时,为确保地下管线和建筑物的安全,创造"钻吸排土沉井施工技术"工艺和"中心岛式下沉"施工工艺。这些施工新技术的出现可使地表产生很小的沉降和位移。

沉井施工具有很多独特优点:占地面积小;不需要板桩围护;与大开挖相比较,挖土量少;对邻近建筑物的影响比较小;操作简便,无需特殊的专业设备。

6.1　沉井的分类

沉井的分类形式很多。以制作材料分类,有混凝土、钢筋混凝土、钢、石等多种类型。应用最多的是钢筋混凝土沉井。沉井一般可按以下两方面分类。

6.1.1　按沉井平面形状分类

沉井的平面形状有圆形、方形、矩形、椭圆形、端圆形、多边形及多孔井字形等。根据井孔的布置方式,又可分为单孔、双孔及多孔,如图 6-2 所示。

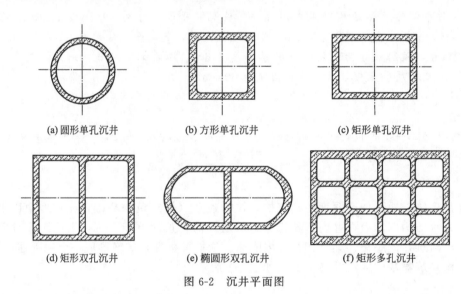

(a) 圆形单孔沉井　　　(b) 方形单孔沉井　　　(c) 矩形单孔沉井

(d) 矩形双孔沉井　　　(e) 椭圆形双孔沉井　　　(f) 矩形多孔沉井

图 6-2　沉井平面图

（1）圆形沉井

圆形沉井可分为单孔圆形沉井、双壁圆形沉井和多孔圆形沉井。圆形沉井制造简单,易于控制下沉位置,受力性能较好。在理论计算时,圆形井壁只计算压应力,但在实际工程中,还需要考虑沉井发生倾斜所引起的土压力的不均匀性。同矩形沉井相比,在面积相同的条件下,圆形沉井周长小于矩形沉井的周长,所以井壁与侧面摩阻力也将小些。而且由于土拱的作用,圆形沉井对四周土体的扰动也较矩形沉井小。但是,由于要满足使用和工艺要求,圆形沉井不能充分利用,在应用上受到了一定的限制。

（2）方形、矩形沉井

方形及矩形沉井在制作与使用上比圆形沉井方便。但方形及矩形沉井受水平压力作用下,其断面内会产生较大弯矩,受力情况远较圆形沉井不利。同时,由于沉井四周土方的坍塌情况不同,土压力与摩擦力也就不均匀。当其长与宽的比值越大,情况就越严重,容易造成沉井倾斜,而纠正沉井的倾斜也较圆形沉井不利。

（3）两孔、多孔井字形沉井

两孔、多孔井字形沉井的孔间有隔墙或横梁，因此，可以改善井壁、底板、顶板的受力状况，提高沉井的整体刚度，在施工中易于均匀下沉。如发现沉井偏斜，可以通过在适当的孔内挖土校正，多孔沉井承载力高。

（4）椭圆形、端圆形沉井

椭圆形、端圆形沉井因其对水流的阻力较小，多用于桥梁墩台基础等构筑物。

6.1.2　按沉井立面形状分类

沉井按立面形状分类有圆柱形、阶梯形及锥形等，如图 6-3 所示，为了减少下沉摩阻力，刃脚外缘常设 20～30cm 间隙，井壁表面作成 1/100 坡度。

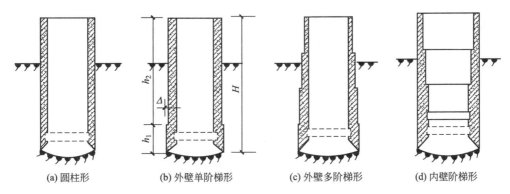

（a）圆柱形　　（b）外壁单阶梯形　　（c）外壁多阶梯形　　（d）内壁阶梯形

图 6-3　沉井剖面图

（1）圆柱形沉井

圆柱形沉井井壁按横截面形状做成各种柱形且平面尺寸不随深度变化，如图 6-3（a）所示，圆柱形沉井受周围土体的约束较均衡，只沿竖向下沉，不易发生倾斜，且下沉过程中对周围土体的扰动较小。其缺点是沉井外壁面上土的侧摩阻力较大，尤其当沉井平面尺寸较小、下沉深度较大而土又较密实时，其上部可能被土体夹住，使其下部悬空，容易造成井壁拉裂。因此，圆柱形沉井一般在入土不深或土质较松散的情况下使用。

（2）阶梯形沉井

阶梯形沉井井壁平面尺寸随深度呈台阶形加大，如图 6-3（b）、（c）、（d）所示。由于沉井下部受到的土压力及水压力较上部大，故阶梯形结构可使沉井下部刚度相应提高。阶梯可设在井壁内侧或外侧。当土比较密实时，设外侧阶梯可减少沉井侧面土的摩阻力以便顺利下沉。刃脚处的台阶高度 h_1 一般为 1～3m，阶梯宽度 Δ 一般为 1～2cm。考虑井壁受力要求并避免沉井下沉使四周土体破坏的范围过大而影响邻近的建筑物，可将阶梯设在沉井内侧。

① 外壁阶梯形沉井。阶梯形沉井分为单阶梯和多阶梯两类。

外壁单阶梯沉井的优点是可以减少井壁与土体之间的摩阻力，并可向台阶以上形成的空间内压送触变泥浆。其缺点是，如果不压送触变泥浆，则在沉井下沉时，对四周土体的扰动要比圆柱形沉井大。

外壁多阶梯沉井与外壁单阶梯沉井的作用基本相似。由于越接近地面，作用在井壁上的压力越小，为节约材料，将井壁逐段减薄，故形成多阶梯形。

② 内壁阶梯形沉井。为减少对沉井四周土体的扰动和降低坍塌概率，或因沉井自重大，而土质又软弱的情况下，避免沉井下沉速度过快，可采用内壁阶梯形沉井。而且阶梯设于井壁内侧，亦可以节省材料。

（3）锥形沉井

锥形沉井的外壁面带有斜坡，坡度比一般为 $1/20\sim1/50$，锥形沉井也可以减少沉井下沉时土的侧摩阻力，但这种沉井在下沉时不稳定，而且有制作较困难等缺点，故较少采用。

另外，沉井按其排列方式，又可分为单个沉井与连续沉井。连续沉井是若干个沉井的并排组成。通常用在构筑物呈带状，施工场地较窄的地段。

沉井的其他分类方法，如表 6-1 所示。

表 6-1　沉井的分类

分类依据	类型名称	说明
制作材料	混凝土、钢筋混凝土、混凝土砌块或管片、钢、砖、石	应用最多的为现浇钢筋混凝土沉井
横断面形状	圆形、方形、矩形、椭圆形、多边形及多孔井字形	井内布置有隔墙的形状
竖向剖面形状	等厚直壁形、阶梯形、锥形	一般多用等厚直壁形
减阻方法	泥浆沉井、气囊沉井、卵石沉井、振动沉井、多级沉井	多用泥浆沉井，经济适用、简单方便
平衡水土压力的方法	排水沉井、淹水沉井、冻结沉井	排水沉井（干沉）、淹水沉井较为常用
井内是否有水	排水沉井、淹水沉井（不排水沉井）	排水沉井又叫干沉井，即普通沉井

6.2　沉井的构造

沉井一般由井壁（侧壁）、刃脚、内隔墙、横梁、框架、封底和顶盖板等组成，如图 6-4 所示。

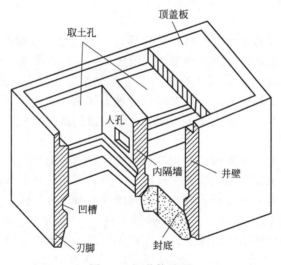

图 6-4　沉井构造图

6.2.1　井壁

井壁是沉井的主要部分，应具有足够的厚度与强度，为承受在下沉过程中产生的内力，在混凝土井壁中一般应配置内外两层竖向钢筋及水平钢筋，以承受弯曲应力，同时要有足够的重量，使沉井能在自重作用下顺利下沉到设计标高。因此，井壁厚度主要取决于沉井大小、下沉深度、土层的物理力学性质以及沉井能在足够的自重下顺利下沉的条件来确定。

设计时通常先假定井壁厚度，再进行强度验算。井壁厚度一般为 $0.4\sim1.2$m。阶梯形井壁台阶设在每节沉井接缝处，宽度 Δ 一般为 $10\sim20cm$，最下面一级阶梯宜设于 $h_1=(1/4\sim$ $1/3)H$ 高度处，见图 6-3(b) 所示或 $h_1=1.2\sim3.0m$ 处。h_1 过小不能起导向作用，容易使沉井发生倾斜。

6.2.2　刃脚

井壁最下端一般都做成刀刃状的"刃脚"。其主要功用是减少下沉阻力。刃脚还应具有一定的强度，以免在下沉过程中损坏。刃脚底的水平面称为踏面，刃脚井壁与底板连接的凹槽深度 c 一般为 $15\sim20cm$，如图 6-5 所示。刃脚的式样应根据沉井下沉时所穿越土层的软硬程度和刃脚的受力大小决定。踏面宽度一般为 $10\sim30cm$。斜面高度视井壁厚度而定，并考虑在沉井施工中便于挖土和抽除刃脚下的垫木，如图 6-6(a) 所示。刃脚内侧的倾角一般为 $40°\sim60°$。当沉井湿封底时，刃脚的高度取 $1.5m$ 左右，干封底时，取 $0.6m$ 左右。沉井重、土质软时，踏面要宽些。相反，沉井轻，又要穿过硬土层时，踏面要窄些，有时甚至要用角钢加固的钢刃脚。

当沉井在坚硬土层中下沉时，刃脚踏面可减少至 $10\sim15cm$。为了防止障碍物损坏刃脚，还可用钢刃脚，如图 6-6(b) 所示。当采用爆破法清除刃脚下障碍物时，刃脚应用钢板包裹，如图 6-6(c) 所示。当沉井在松软土层中下沉时，刃脚踏面又应加宽至 $40\sim60cm$。

刃脚的长度也是很重要的，当土质坚硬时，刃脚长度可以小些。当土质松软时，沉井越重，刃脚插入土中越深，有时可达 $2\sim3m$，如果刃脚高度不足，就会给沉井的封底工作带来很大困难。

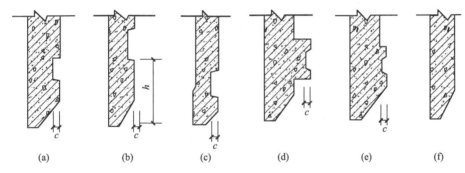

图 6-5　沉井刃脚形式及井壁凹槽与凸榫

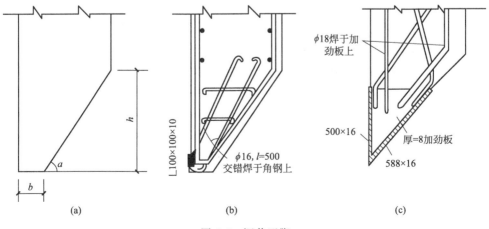

图 6-6　沉井刃脚

6.2.3 内隔墙

设置内隔墙的主要作用是增加沉井在下沉过程中的刚度，减小井壁受力计算跨度。同时，又把整个沉井分隔成多个施工井孔（取土井），使挖土和下沉可以较均衡地进行，也便于沉井偏斜时的纠偏。内隔墙因不承受水土压力，其厚度较沉井外壁可以小一些。

内隔墙的底面一般应比井壁刃脚踏面高出 0.5～1.0m，以免土体顶住内墙妨碍沉井下沉。但当穿越软土层时，为了防止沉井"突沉"，也可与井壁刃脚踏面齐平。

内隔墙的厚度一般为 0.5m 左右。沉井在硬土层及砂类土层中下沉时，为了防止隔墙底面受土体的阻碍，阻止沉井纠偏或出现局部土反力过大，造成沉井断裂，故隔墙底面高出刃脚踏面的高度，可增加到 1.0～1.5m。隔墙下部应设过人孔，供施工人员在各取土井间往来之用。人孔的尺寸一般为 0.8m×1.2m～1.1m×1.2m 左右。

取土井井孔尺寸除应满足使用要求之外，还应保证挖土机可在井孔中自由升降，不受阻碍。如用挖泥斗取土时，井孔的最小边长应大于挖泥斗张开尺寸再加 0.5～1.0m，一般不小于 2.5m。井孔的布置应力求简单、对称。

6.2.4 上、下横梁及框架

当在沉井内隔墙设置过多时，对沉井的使用和下沉都会带来较大的影响，通常采用上、下横梁与井壁组成框架来代替。框架有下列作用：

(1) 可以减少井壁底、顶板之间的计算跨度，增加沉井的整体刚度，使井壁变形减小。

(2) 便于井内操作人员往来，减轻工人劳动强度。在下沉过程中，通过调整各井孔的挖土量来纠正井身的倾斜，并能有效地控制和减少沉井的突沉现象。

(3) 有利于分格进行封底，特别是当采用水下混凝土封底时，分格能减少混凝土在单位时间内的供应量，并改善封底混凝土的质量。

6.2.5 井孔

沉井内设置了纵横隔墙或纵横框架形成的格子称作井孔，井孔尺寸应满足工艺要求。因为在沉井施工中，常用容量为 0.75m³ 或 1.0m³ 的抓斗，抓斗的张开尺寸分别为 2.38m×1.06m 和 2.65m×1.27m。所以井孔宽度一般不宜小于 3m。

6.2.6 封底及顶盖

当沉井下沉到设计标高，经过检验并对井底清理整平后，即可封底，以防止地下水渗入井内。封底可分为湿封底（水下灌筑混凝土）和干封底两种。采用干封底时，可先铺垫层，然后浇筑钢筋混凝土底板，必要时在井底设置集水井排水。采用湿封底时，待水下混凝土达到强度，抽干井水后再浇筑钢筋混凝土底板。

为了使封底混凝土和底板与井壁间有更好的联结，以传递基底反力，使沉井成为空间整体结构，常于刃脚上方井壁内侧预留凹槽，以便在该处浇筑钢筋混凝土底板和楼板及井内结构。

凹槽的高度应根据底板厚度决定。凹槽底面一般距刃脚踏面 2.5m 左右。槽高约 1.0m，接近于封底混凝土的厚度，以保证封底工作顺利进行。凹入深度 c 为 150～250mm，如图 6-5 所示。

6.3　沉井法施工

沉井法施工与所在地的地质和水文情况有关。在施工前应做好准备工作，熟悉工程地质、水文地质、施工图等资料，事先编制施工组织设计和施工方案。沉井法施工一般可概括为旱地沉井施工和水中沉井施工两种。

6.3.1　旱地沉井施工

当沉井位于旱地时，沉井基础可就地制造、挖土下沉、封底、充填井孔以及浇筑顶板。在这种情况下，施工较容易，其施工工序如图 6-7 所示。

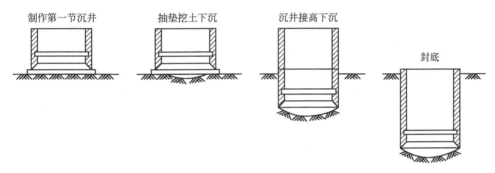

图 6-7　沉井施工工序示意图

（1）挖基坑及基础处理

如天然地面土质较好，即可在其上制造沉井。如为了减小沉井的下沉深度，可在基础位置处挖一浅坑，在坑底制造沉井下沉，坑底应高出地下水面 0.5～1.0m。如土质松软应整平夯实或换土夯实。在一般情况下，应在整平场地上铺不小 0.5m 厚的砂或砂砾层。

（2）制作第一节沉井

先在刃脚处对称铺满垫木用于支承第一节沉井，在刃脚处放上刃脚角钢，竖立内模，绑扎钢筋，再立外模浇筑第一节沉井。

① 刃脚支设。沉井制作下部刃脚的支设可视沉井重量、施工荷载和地基承载力情况，采用垫架法、半垫架法，砖垫座或土底模，如图 6-8 所示。较大较重的沉井，在较软弱地基上制作，常采用垫架或半垫架法，如图 6-8(a)、(b) 所示，以免造成地基下沉、刃脚裂缝。直径（或边长）在 8m 以内的较轻沉井，土质较好时，可采用砖垫座，如图 6-8(c) 所示，沿周长分成 6～8 段，中间留 20mm 空隙，以便拆除。重量较轻的小型沉井，土质好时，可采用砂垫层、素混凝土垫层、灰土垫层或在地基中挖槽作成土模，如图 6-8(d) 所示，其内壁用 1∶3 水泥砂浆抹平。

采用垫架或半垫架法，垫架数量根据第一节沉井的重量和地基承载力计算确定，间距一般为 0.5～1.0m，垫架应对称铺设。一般先设 8 组定位垫架，每组由 2～3 个垫架组成，矩形沉井常设 4 组定位垫架，其位置设在长边两端 0.15L（L 为长边边长），在其中间支设一般垫架，垫架应垂直井壁铺设。圆形沉井沿沉井刃脚圆弧部分对准圆心铺设。在垫架上支设刃脚、井壁模板，铺设垫架应使顶面保持在同一水平面上，高差在 10mm 以内，并在垫木间用砂填实。

② 沉井制作。沉井制作一般有三种方法：在修建构筑物地面上制作，适用于地下水位高和净空允许的情况；人工筑岛制作，适于在浅水中制作；在基坑中制作，适用于地下水位

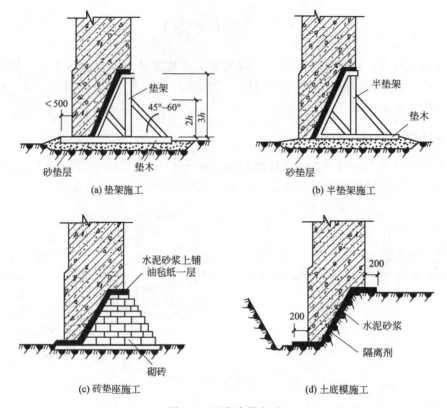

(a) 垫架施工

(b) 半垫架施工

(c) 砖垫座施工

(d) 土底模施工

图 6-8　刃脚支设方法

低、净空不高的情况,可减少下沉深度、摩阻力及作业高度。三种制作方法可根据不同情况采用,使用较多的是在基坑中制作。

在基坑中制作时,基坑应比沉井宽 2~3m,四周设排水沟、集水井,使地下水位降至比基坑底面低 0.5m,挖出的土方在周围筑堤挡水,要求护堤宽不少于 2m,如图 6-9 所示。

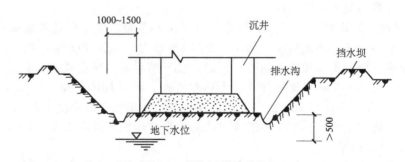

图 6-9　制作沉井的基坑

沉井过高,常常不够稳定,下沉时易倾斜,一般高度大于 12m 时,宜分节制作;在沉井下沉过程中或在井筒下沉各个阶段间歇时间,继续浇筑加高井筒。

（3）拆模及抽垫

大型沉井混凝土达到设计强度的 100%,小型沉井达到 70% 以上,便可拆除垫木。垫木抽除应分区、分组、依次、对称、同步进行。抽除次序:圆形沉井为先抽一般垫木,后抽除定位垫木;矩形沉井先抽内隔墙下的垫木,然后分组对称地抽除外墙两短边下的定位垫木,再抽除长边下一般垫木，最后同时抽除定位垫木，如图 6-10 所示。施工时，将垫木底部的土挖去，利用人工或机具将相应垫木抽出。每抽出一根垫木后，应立即用砂、卵石或砾石将空隙填实，同时在刃脚内外侧应填筑成小土堤，并分层夯实，如图 6-11 所示。垫木抽除时要加强观测，注意下沉是否均匀。

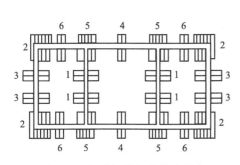

图 6-10　矩形沉井垫木抽除顺序

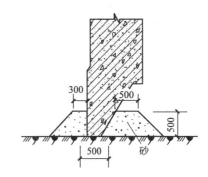

图 6-11　刃脚回填砂或砂卵石

（4）除土下沉

沉井宜采用不排水除土下沉，稳定的土层中也可采用排水除土下沉。除土方法可用人工或机械。排水下沉时，常用人工除土，沉井下沉均匀，易于消除井内障碍物，但应有安全措施；不排水下沉时，可使用空气吸泥机、抓土斗、水力吸泥机等除土，也可采用高压射水破坏土层。沉井正常下沉时，应自中间向刃脚处均匀对称除土，并随时注意沉井倾斜，不宜采用爆破施工。

（5）沉井接高

当第一节沉井下沉至一定深度，一般井顶露出地面不小于 0.5m 或露出水面不小于 1.5m 时，停止除土，接筑下节沉井。接筑前要凿毛顶面，然后立模，对称并均匀浇筑混凝土，强度达设计要求后再拆模继续下沉。

（6）基底检验和处理

沉井沉至设计标高后，应检验基底土质情况是否与设计相符。排水下沉时可直接检验，不排水下沉时则应进行水下检验，必要时可用钻机取样。

当基底达到设计要求后，应对地基进行处理。对于砂性土或黏性土地基，一般可在井底铺砾石或碎石层至刃脚底面以上 200mm；对于岩石地基，应凿除风化岩层，若岩层倾斜，还应凿成阶梯形。要除净井底浮土、软土，使封底混凝土与地基结合紧密。

（7）沉井封底

沉井下沉至设计标高，经过观测在 8h 内下沉量不大于 10mm 或沉降率在允许范围内，即沉井下沉已经稳定时，可进行沉井封底，封底方法通常有以下两种。

① 排水封底。在沉井底面平整的情况下，刃脚四周经过处理后无渗漏水现象，然后将新老混凝土接触面冲刷干净或打毛，对井底进行修整，使之成锅底形。如有少量渗水现象时，可采用排水沟或排水盲沟，把水集中到井底中央集水坑内抽除。一般将排水沟或排水盲沟挖成由刃脚向中心的放射形，沟内填以卵石做成滤水暗沟，在中部设 2～3 个集水井，深 1～2m，井间用盲沟相互连通，插入 ϕ600～800 四周带孔眼的钢管或混凝土管，管周填以卵石，使井底的水流汇集在井中，用泵排出，如图 6-12 所示，并保持地下水位低于井内基底面 0.3m。

封底一般先浇一层 0.5～1.5m 的素混凝土垫层，达到 50%设计强度后，绑扎钢筋，两端伸入刃脚或凹槽内，浇筑上层底板混凝土。浇筑应在整个沉井面积上分层进行，由四周向

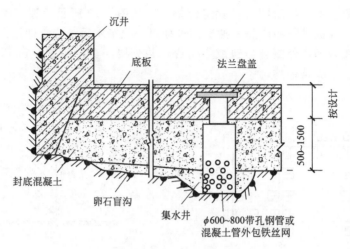

图 6-12　沉井封底构造

中央推进，每层厚 300～500mm，并用振捣器捣实。当井内有隔墙时，应前后左右对称逐孔浇筑。混凝土养护期间应继续抽水，待底板混凝土强度达 70% 后，对集水井逐个停止抽水，逐个封堵。封堵方法为，将滤水井中的水抽干，在套筒内迅速用干硬性的高标号混凝土进行堵塞并捣实，然后，上法兰盘盖，用螺栓拧紧或焊牢，上部用混凝土填实捣平。

　　② 不排水封底。不排水封底即在水下进行封底。要求将井底浮泥清除干净，新老混凝土接触面用水冲刷干净，并铺碎石垫层。封底混凝土用导管法灌筑。待水下封底混凝土达到设计强度后，养护 7～10d，方可从沉井中抽水，按排水封底法施工钢筋混凝土底板。

6.3.2　水中沉井施工

　　如沉井在浅水（水深小于 5m）地段下沉，可填筑人工岛制作沉井，岛面应高出施工期的最高水位 0.5m 以上，四周留出护道。岛面宽度为：当有围堰时，不得小于 1.5m；无围堰时，不得小于 2.0m，如图 6-13 所示。筑岛材料应采用低压缩性的中砂、粗砂、砾石。不得用黏性土、细砂、淤泥、泥炭等，也不宜采用大块砾石。

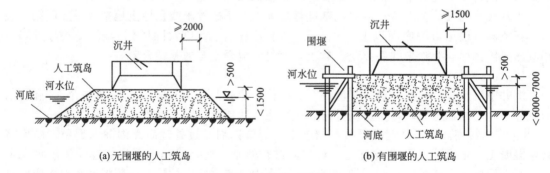

图 6-13　人工筑岛

　　当水深超过 10m 时，水上筑岛施工很不经济，且施工困难，可改用浮运沉井施工。浮运沉井施工适用于水深、流缓、覆盖层浅或潮水高差大、地质复杂的近海河流上的基础，多由钢筋混凝土、钢和木等材料组合而成。

　　沉井在岸边做成，利用在岸边铺成的滑道滑入水中，如图 6-14 所示，然后用绳索引到设计墩位。沉井井壁可以做成空体形式或采用其他措施，使沉井浮于水上，也可以在驳船上

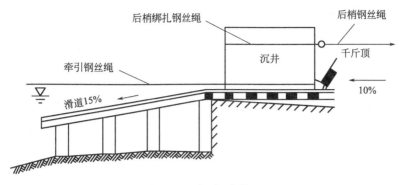

图 6-14　浮运沉井施工

筑沉井，浮运至设计位置，起吊放于水中。

沉井就位后，用混凝土或水灌入空体，徐徐下沉直至河床。如水太深需接长沉井时，可在沉井悬浮状态下进行。沉井刃脚切入河底一定深度后，可按前述下沉方法施工。

6.3.3　沉井施工中的常见问题及处理方法

沉井施工中常见问题的原因分析、预防措施及处理方法见表 6-2。

表 6-2　沉井施工常见问题的原因分析、预防措施及处理方法

常遇问题	原因分析	预防措施及处理方法
沉井倾斜	1. 沉井刃脚下的土软硬不均匀； 2. 没有对称地抽除承垫木或没有及时回填夯实，井外四周的回填土夯实不均匀； 3. 没有均匀挖土使井内土面高差悬殊； 4. 刃脚下掏空过多，沉井突然下沉，易产生倾斜； 5. 刃脚一侧被障碍物挡住，未及时发现和处理； 6. 排水开挖时，井内涌砂； 7. 井外弃土或堆物，井上附加荷重分布不均匀，造成对井壁的偏压	1. 加强下沉过程中的观测和资料分析，发现倾斜及时纠正； 2. 对称、均匀抽出承垫木，及时用砂或砂砾回填夯实； 3. 在刃脚高的一侧加强取土，低的一侧少挖或不挖土，待正位后再均匀分层取土； 4. 在刃脚较低的一侧适当回填砂石或石块，延缓下沉速度； 5. 不排水下沉，在靠近刃脚低的一侧适当回填砂石，在井外射水或开挖、增加偏心压载以及施加水平外力
沉井偏移	1. 大多由于倾斜引起，当发生倾斜和纠正倾斜时，井身常向倾斜一侧下部产生一个较大压力，因而伴随产生一定的位移，位移大小随土质情况及向一边倾斜的次数而定； 2. 测量定位发生差错	1. 控制沉井不再向偏移方向倾斜； 2. 有意使沉井向偏位的相反方向倾斜，当几次倾斜纠正后，即可恢复到正确位置或有意使沉井向偏位的一方倾斜，然后沿倾斜方向下沉，直至刃脚处中心线与设计中线位置相吻合或接近时，再将倾斜纠正； 3. 加强测量的检查复核工作
沉井下沉过快	1. 遇软弱土层，土的耐压强度小，使下沉速度超过挖土速度； 2. 长期抽水或因砂的流动，使井壁与土之间摩阻力减少； 3. 沉井外部土体液化	1. 用木垛在定位垫架处给以支承，并重新调整挖土，在刃脚下不挖或部分不挖土； 2. 将排水法下沉改为不排水法下沉，增加浮力； 3. 在沉井外壁与土壁间填写粗糙材料，或将井筒外的土夯实，增加摩阻力；如沉井外部的土液化发生虚坑时，可填碎石进行处理； 4. 减少每一节筒身高度，减轻沉井自重

常遇问题	原因分析	预防措施及处理方法
沉井下沉极慢或停沉	1. 井壁与土壁间的摩阻力过大； 2. 沉井自重不够，下沉系数过小； 3. 遇有障碍物	1. 继续浇灌混凝土增加自重或在井顶均匀加荷重； 2. 挖除刃脚下的土或在井内继续进行第二层"锅底"状破土，用小型药包爆破震动，但刃脚下挖空宜小，药量不宜大于 0.1kg，刃脚应用草垫等防护； 3. 不排水下沉改为排水下沉，以减少浮力； 4. 在井外壁用射水管冲刷井周围土，减少摩阻力，射水管也可埋在井壁混凝土内，此法仅适用于砂及砂类土； 5. 在井壁与土之间灌入触变泥浆，降低摩阻力；泥浆槽距刃脚高度不宜小于 3m； 6. 清除障碍物
发生流砂	1. 井内"锅底"开挖过深，井外松散土涌入井内； 2. 井内表面排水后，井外地下水动水压力将土压入井内； 3. 爆破处理障碍物时，井外土受震动后进入井内	1. 采用排水法下沉，水头宜控制在 1.5～2.0m； 2. 挖土避免在刃脚下掏空，以防流砂大量涌入，中间挖土也不宜挖成"锅底"形； 3. 穿过流砂层应快速，最好加荷，使沉井刃脚切入土层； 4. 采用井点降低地下水位，防止井内流淤，井点则可设置在井外或井内； 5. 采用不排水法下沉沉井，保证井内水位高于井外水位，以避免涌入流砂
沉井下沉遇障碍物	沉井下沉局部遇孤石、大块卵石、地下暗道、沟槽、管线、钢筋、木桩、树根等造成沉井搁置、悬挂	1. 遇较小孤石，可将四周土掏空后取出；遇较大孤石或大块石、地下暗道、沟槽等，可用风动工具或用松动爆破方法破碎成小块取出，炮孔距刃脚不少于 500mm，其方向须与刃脚斜面平行，药量不得超过 0.2kg，并设钢板防护，不得裸露爆破，钢管、钢筋、型钢等可用氧气烧断后取出，木桩、树根等可拔出； 2. 不排水下沉，爆破孤石，除打眼爆破外，也可用射水管在孤石下面掏洞，装药破碎吊出
沉井下沉到设计深度后，遇倾斜岩层，造成封底困难	地质构造不均，沉井刃脚部分落在岩层上，部分落在较软土层上，封底后造成沉井下沉不均，产生倾斜	应使沉井大部分落在岩层上，其余未到岩层部分，若土层稳定不向内崩塌，可进行封底；若井外土易向内坍，则可不排水，由潜水工一面挖土，一面用装有水泥砂浆或混凝土的麻袋堵塞缺口，堵完后，再清除浮渣，进行封底。井底岩层的倾斜面，应适当作成台阶
沉井下沉遇硬质土层	遇厚薄不等的黄砂胶结层，质地坚硬，开挖困难	1. 排水下沉时，可用人力将铁钎打入土中向上撬动、取出，或用铁镐、锄开挖，必要时打炮孔爆破成碎块； 2. 不排水下沉时，用重型抓斗、射水管和水中爆破联合作业。先在井内用抓斗挖 2m 深"锅底"坑，由潜水工用射水管在坑底向四角方向距刃脚边 2m 冲 4 个 400mm 深的炮孔，各放 0.2kg 炸药进行爆破，余留部分用射水管冲掉，再用抓斗抓出
沉井超沉与欠沉	1. 沉井封底时下沉尚未稳定； 2. 测量有差错	1. 当沉井下沉至距设计标高以上 1.5～2.0m 的终沉阶段时，应加强下沉观测，待 8h 的累计下沉量不大于 8mm 时，沉井趋于稳定，方可进行封底； 2. 加强测量工作，对测量标志应加固校核，测量数据须准确无误

思考题与习题

1. 什么是沉井施工？沉井施工的特点及应用范围。
2. 沉井主要有哪些分类？各自的特点有哪些？
3. 简述沉井的主要施工方法。

第7章 盖挖法施工

■ 案例导读

　　2020年9月23日，昆明轨道交通6号线二期正式通车试运营，作为连通主城区与航空港之间的地铁线路，昆明轨道交通6号线和既有2、3号线及同期开通的4号线对接换乘，将火车南站、汽车客运站等交通枢纽区域有效串联，极大地方便了市民出行。至此，昆明市地铁运营总里程达139km，轨道交通进入"网络化"运营时代！

　　塘子巷站为昆明地铁6号线二期工程自西向东的起点站，车站位于北京路与拓东路交叉口地下，沿拓东路东西向布设，与首期工程塘子巷站L型换乘。设有4个出入口，1个风亭，可以与2号线换乘，规划具有城市值机功能，且远期预留与1号线延长线得胜桥站的通道换乘条件。塘子巷站采用地下三层岛式站台车站形式，站台长120m，有效站台宽14m。车站主体总建筑面积为33594.28m²，车站总长度465.9m，标准段外包宽度22.9m，基坑深度23.5m，为6号线二期最大车站。位于闹市中心的塘子巷站人流量、车流量巨大，为了不影响地面交通，项目采用更为复杂的盖挖顺作法施工，在施工区域上层保留一层薄薄的盖板，在盖板之下进行施工，对作业精度把握也提出了严苛的要求，如图7-1所示，车站北京路西侧采用半盖挖法施工、北京路东侧采用顶板逆作全盖挖法施工。

图 7-1　侧墙高支模施工

讨论

　　地铁车站一般可以采用何种施工方法？根据上述材料，位于闹市中心的塘子巷站人流量、车流量巨大，为了不影响地面交通，采用盖挖顺作法施工，单从字面意思理解，盖个板子在板子下面施工，那么盖挖施工大体分哪几步骤？需要注意些什么？

　　随着我国城市化建设的快速发展，需要占用城市道路的地下工程日益增多，盖挖法以其施工方便灵活，对地面交通影响较小等特点，被地下工程广泛采用。所谓**盖挖法**是指在盖板及支护体系保护下，进行土方开挖、结构施工的一种地下工程施工方法。

　　20 世纪 50 年代末期，意大利城市米兰开始修建地铁。施工单位首次把地下连续墙的施工方法应用于地铁工程中，先修筑结构边墙，再在做好的边墙顶上修筑结构顶板，然后在顶板的遮护下向下开挖并修筑底板。这种方法在米兰地铁的区间隧道和车站工程中取得了很大成功，当时被称为"米兰法"。

　　20 世纪 60 年代，在修建比利时城市布鲁塞尔地铁米蒂车站时，采用了一种新的施工方案：①施工地下连续墙和中间立柱；②施工顶板；③挖土到地下一层楼板标高；④灌筑钢筋混凝土楼板；⑤重复③、④步直至底板浇筑完毕。这种方法被称为"布鲁塞尔法"，也就是我们现在所说的盖挖逆作法。

　　我国的盖挖法始于 20 世纪 80 年代中期，哈尔滨秋林街地下通道、奋斗路地下商业街都是盖挖法成功应用的范例。从 1989 年开始，受北京市科技委委托，中国建筑科学研究院承担了"地铁盖挖法技术"的研究课题，开始系统研究盖挖法的结构形式，受力分析方法、关键部位设计等问题，取得了一系列成果。时至今日，我国工程界对盖挖法的施工顺序、盖板类型、节点处理等方面进行了深入的研究并广泛应用于工程实践。

　　盖挖法分为盖挖顺作法，简称顺作法和盖挖逆作法，简称逆作法，其中逆作法还可以分为全逆作法、半逆作法和部分逆作法等形式。**盖挖顺作法**是指完成围护结构及盖板后，分层开挖土方、架设支撑，再自下而上施作地下结构的方法。**盖挖逆作法**是指完成围护结构及盖板后，利用各层结构板和结构梁作为基坑水平支撑，自上而下分层开挖土方、由上至下逐层施作地下结构的方法。其中全逆作法中结构自上而下进行施作，半逆作法则是从底板向上施作结构，这些逆作形式可以统称为盖挖逆作法。盖挖逆作法具有道路导改次数少，占用路面时间较短的优势。

　　地下工程的盖挖法除了在类型上可分为顺作法与逆作法之外，在支护结构（围护桩、地下连续墙等）、支撑体系（钢支撑、混凝土支撑、锚索等）、盖板体系（永久盖板、临时盖板等）等方面也有多种形式，这需要根据工程的具体情况进行选择。**盖板体系**是指铺盖于基坑上方的结构体系，包括盖板、盖板梁和盖板路面，分为永久盖板体系与临时盖板体系。**永久盖板**是利用地下结构的顶板作为基坑上部支撑的盖板。**临时盖板**是铺设在基坑上部的作为盖挖临时支撑的盖板，主要用于盖挖顺作法施工中。**临时立柱**是盖挖法中在土方开挖前施作、结构施工完成后拆除的中间立柱。**永久立柱**是指盖挖法中在土方开挖前施作的用于支撑盖板的永久承载结构柱。无论盖挖顺作法还是盖挖逆作法，均应满足下列要求：

　　（1）设计复核和风险源辨识。盖挖法施工前，应根据相关技术资料核查周边相邻建（构）筑物、地下管线等情况，进行设计条件复核以及风险辨识和评估。实际施工条件与设计不符时，应提请设计单位校核或调整设计方案，还应针对重大风险源编制应急预案，开展应急演练，储备应急物资。

　　（2）出土口设置。盖挖法出土口设置数量、位置和尺寸，应根据盖板的覆盖范围、土方量、工期、施工设备、现场地面交通环境等情况，结合结构设计文件要求综合确定。

① 盖板顶设置出土口时，宜与车站顶板的永久孔洞相结合或利用车站的附属结构位置作为出土口；

② 区间盖板顶无条件设置出土口时，可利用区间风道位置作为出土口或单独设置竖井或出土马道；

③ 出土口尺寸应满足土方、材料运输和设备安装的需要；

④ 结构楼板与盖板的竖向出土口应上、下相对应，结构楼板宜利用楼梯、电扶梯位置设置出土口；

⑤ 盖板出土口周边应设置洞口加强梁；

⑥ 出土口应设防汛墙、防雨棚及临边防护。

（3）安全及文明措施。盖挖基坑内应采取通风、排烟、降尘、减噪、照明等措施。

① 空气中氧气含量在作业过程中始终保持在 19.5％以上。

② 施工通风应能满足洞内各项作业所需的最小风量。每人应供应新鲜空气 $3m^3/min$，风速应在全断面开挖时不应小于 $0.15m/s$，坑道内不应小于 $0.25m/s$，但均应不大于 $6m/s$。

③ 噪声不宜大于 90dB。

④ 隧道施工作业地段必须有充足的照明。

（4）信息化施工。施工过程中，应对盖板和支护体系、地下水位、周边土体、地下管线、临近建（构）筑物进行动态监测并及时反馈。盖挖法一般是在周边环境保护要求严格或重要交通路段条件下采用的方法，除应按照基坑工程监测要求对支护结构体系、周边建（构）筑物进行监测外，还应对盖板体系进行必要的监测。对于重要的工程，还应对工程周边的岩土体物理力学性状进行监测。监测的结果，应及时反馈到施工、设计、监理、建设、安全监督等单位，以便信息化施工，及时对施工方法和施工工艺进行调整；必要时，应调整设计方案。

（5）地下水控制。施工过程中地下水应满足以下要求。

① 基坑内地下水位不应小于在作业面以下 0.5m；

② 应满足坑底抗突涌验算及坑底、侧壁抗渗流稳定要求。

7.1　盖挖顺作法

盖挖顺作法是由地面向下开挖至一定深度后，先施作围护结构、中间柱，架设临时盖板体系；然后在临时盖板的保护下开挖土体直至指定标高并随之架设临时支撑；之后自下而上施作垫层、防水、主体结构的梁板柱等；最后拆除临时盖板体系、铺设管线并恢复永久路面等几个部分，具体如图 7-2 所示。

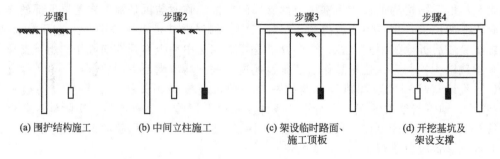

（a）围护结构施工　　（b）中间立柱施工　　（c）架设临时路面、施工顶板　　（d）开挖基坑及架设支撑

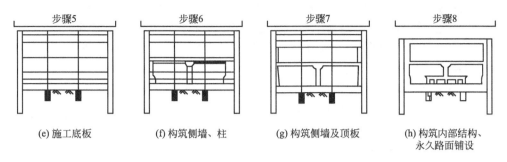

| (e) 施工底板 | (f) 构筑侧墙、柱 | (g) 构筑侧墙及顶板 | (h) 构筑内部结构、永久路面铺设 |

图 7-2 盖挖顺作法的施工流程

7.2 盖挖逆作法

7.2.1 盖挖逆作法施工原理及优缺点

7.2.1.1 施工流程

盖挖逆作法的施工流程如图 7-3 所示。先施作基坑的围护结构、立柱桩和立柱,其中围护结构多采用地连墙或排桩,立柱是围护结构里用来辅助连接每道支撑之间的结构,而这个立柱的最下面通常都打桩,这个桩就是立柱桩。随后开挖表层土体至主体结构顶板标高,利用未开挖的土体作为土模浇筑顶板,顶板兼作围护结构的横撑,其刚度要比传统支撑大,能大幅度减小围护结构的变形;顶板达到一定强度后,恢复永久路面,保障地表交通正常运行;同时在顶板的保护下开挖土体至第一层地下室底面标高处,从上往下逐层开挖,该层内自下而上施作主体结构,如此往复进行,直至到达指定位置。

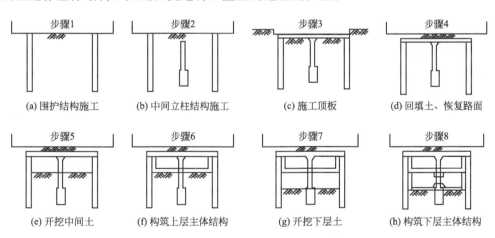

步骤1	步骤2	步骤3	步骤4
(a) 围护结构施工	(b) 中间立柱结构施工	(c) 施工顶板	(d) 回填土、恢复路面
步骤5	步骤6	步骤7	步骤8
(e) 开挖中间土	(f) 构筑上层主体结构	(g) 开挖下层土	(h) 构筑下层主体结构

图 7-3 盖挖逆作法施工流程

7.2.1.2 盖挖逆作法施工的优点

① 可将地下主体结构的梁、板、柱作为挡土墙的横向支撑,从而改变了挡土墙的支撑条件,减小了基坑周围土体的侧向位移,对相邻设施影响较小。

② 由于封闭式逆作法利用了第一层楼板作为工作面,地上、地下可同时施工,从而大幅缩短工期。

③ 由于利用地下构筑物当作临时挡土支护结构,故可节约常规施工时应用的大量水平支撑、横撑、斜撑等临时工程用料,大大降低施工费用。

④ 因盖挖逆作法施工改变了传统的开挖法，不进行一次性大开挖，克服了基坑大面积暴露的缺点，避免了基坑因长期暴露而造成边坡的风化和护坡桩间土的塌落。

⑤ 周边的地下连续墙既可作为挡土截水结构，又可作为地下工程的外墙或基础柱，这样降低了成本。

⑥ 盖挖逆作法只开挖有效范围内的土方量，因而比传统的大开挖减少了土方量。

⑦ 封闭式逆作法施工时，地下施工人员因在刚度和强度很大的地下框架内作业，故安全性好，且基本上不受气候的影响。

7.2.1.3 盖挖逆作法缺点

盖挖逆作法施工和传统的盖挖顺作法相比，亦存在一些问题，主要表现在以下几个方面：

① 由于挖土是在顶部封闭状态下进行，基坑中还分布有一定数量的中间立柱和降水用井点管，使挖土的难度增大，在目前尚缺乏小型、灵活、高效的小型挖土机械的情况下，多利用人工开挖和运输，虽然费用并不高，但机械化程度较低。

② 盖挖逆作法用地下室楼盖作为水平支撑，支撑位置受地下室层高的限制，无法调整。如遇较大层高的地下室，有时需另设临时水平支撑或加大围护结构的断面尺寸及配筋。

③ 盖挖逆作法施工需设中间立柱，作为地下室楼盖的中间支承点，承受结构自重和施工荷载，如数量过多会导致施工不便。在软土地区由于单桩承载力低，数量少会使底板封闭之前上部结构允许施工的高度受限，不能有力地缩短总工期，如加设临时钢立柱，则会提高施工费用。

④ 对地下连续墙、中间立柱与底板和盖板的连接节点需进行特殊处理。在设计方面尚需研究减少地下连续墙（其下无桩）和底板（软土地区其下皆有桩）的沉降差异。

⑤ 在地下封闭的工作面内施工，安全上要求使用低于36V的低电压，为此则需要特殊机械。有时还需增设一些垂直运输土方和材料设备的专用设备。还需增设地下施工需要的通风、照明设备等。

7.2.2 盖挖逆作法施工

7.2.2.1 施工前准备

（1）编制施工方案

在编制施工方案时，根据盖挖逆作法的特点，要选择逆作施工形式、布置施工孔洞、布置上人口、布置通风口、确定降水方法、拟定中间立柱施工方法、土方开挖方法以及地下结构混凝土建筑方法等。

（2）选择逆作施工形式

盖挖逆作法分为封闭式逆作法、开敞式逆作法和半逆作法三种施工形式。从理论上讲，封闭式逆作法由于地上、地下同时交叉施工，可以大幅缩短工期。但由于地下工程在封闭状态下施工，给施工带来一定不便；通风、照面要求高；中间立柱承受的荷载大，其数量相对较多，增加了工程成本。因此，对于工期要求短或经过综合比较经济效益显著的工程，在技术可行的条件下应优先选用封闭式逆作法。当地下室结构复杂、工期要求不紧、技术力量相对不足时，应考虑开敞式逆作法或半逆作法，半逆作法多用于地下结构面积较大的工程。

（3）施工孔洞布置

逆作法施工是在顶部楼盖封闭条件下进行，在进行各层地下室结构施工时，需进行施工设备、土方、模板、钢筋、混凝土、施工人员等的上下运输，所以需预留一个或几个上下贯通的垂直运输通道。为此，在设计时就要在适当部位预留一些从地面直通地下室底层的施工孔洞。亦可利用楼梯间或无楼板处作为垂直运输孔洞。

7.2.2.2 中间立柱施工

中间立柱的作用，是在逆作法施工期间，于地下室底板未浇筑之前，与地下连续墙一起承受地上各层的结构自重和施工荷载；在地下室底板浇筑后，与底板连接成整体，作为地下室结构的一部分，将上部结构及承受的荷载传递给地基。立柱承受的荷载最终通过桩基传递给地基，桩基端头部位如果处理不好，会直接影响桩柱相接处的质量，因此应当加以注意：

① 在混凝土强度未形成或未达到一定强度（70%）就进行凿除时，会对混凝土产生扰动，破坏混凝土强度形成或使混凝土内部产生细小裂纹。严格禁止灌筑完混凝土后随即进行掏浆处理，避免泥浆掺入桩基混凝土内。

② 当桩头凿至距设计位置 10cm 左右时，应先对桩头四周进行凿除，最后破除中间部分，破除后桩头应呈平面或桩中略有凸起，这是为了方便桩头的冲洗去污。

③ 灌筑混凝土时，应保证超灌高度，一般不少于 50cm，以确保桩顶处混凝土在自重作用下达到密实，同时确保桩头设计标高内不夹杂泥浆。

④ 若因混凝土未进行超灌或超灌高度不足，在凿除桩头后中仍含有泥浆，则应继续向下凿除，直至混凝土中不含泥浆且强度满足设计要求时为止，并在接桩前补灌混凝土。

中间立柱的位置和数量，要根据地下室的结构布置和制订的施工方案详细考虑后经计算确定，一般布置在柱子位置或纵、横墙相交处。中间立柱所承受的最大荷载，是地下室已修筑至最下一层、而地面上已修筑至规定的最高层数时的荷载。因此，中间立柱的直径一般设计得较大。由于底板以下的中间立柱要与底板结合成整体，多做成灌筑桩形式，其长度亦不能太长，否则影响底板的受力形式，与设计的假定不一致。有的采用预制桩（钢管桩）作为中间立柱。采用灌筑桩时，底板以上的中间立柱的柱身，多为钢筋混凝土柱或 H 型钢柱，断面小而承载能力大，而且也便于与地下室的梁、柱、墙、板等连接。

由于中间立柱上部多为钢柱，下部为混凝土柱，所以，多采用灌筑桩方法进行施工，成孔方法视土质和地下水位而定。

在泥浆护壁下用反循环或正循环潜水电钻钻孔时，如图 7-4 所示，顶部要放护筒。钻孔后吊放钢管，钢管的位置要十分准确，否则与上部柱子不在同一垂直线上对受力不利，因此

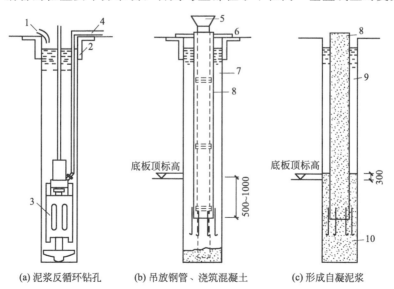

(a) 泥浆反循环钻孔　　(b) 吊放钢管、浇筑混凝土　　(c) 形成自凝泥浆

图 7-4 泥浆护壁用反循环钻孔灌筑桩施工方法浇筑中间立柱

1—补浆管；2—护筒；3—潜水电钻；4—排浆管；5—混凝土导管；6—定位装置；
7—泥浆；8—钢管；9—自凝泥浆；10—混凝土桩

钢管吊放后要用定位装置调整其位置。钢管的壁厚按其承受的荷载计算确定。利用导管浇筑混凝土，钢管的内径要比导管接头处的直径大 50～100mm。而用钢管内的导管浇筑混凝土时，超压力不可能将混凝土压上很高，所以钢管底端埋入混凝土不可能很深，一般为 1m 左右。为使钢管下部与现浇混凝土柱能较好地结合，可在钢管下端加焊竖向分布的钢筋。混凝土柱的顶端一般高出底板面 30mm 左右，高出部分在浇筑底板时将其凿除，以保证底板与中间立柱连成一体。混凝土浇筑完毕吊出导管。由于钢管外面不浇筑混凝土，钻孔上段中的泥浆需进行固化处理，以便在清除开挖的土方时，防止泥浆到处流淌，恶化施工环境。泥浆的固化处理方法是在泥浆中掺入水泥形成自凝泥浆，使其固化。水泥掺量约 10%，可直接投入钻孔内，用空气压缩机通过软管进行压缩空气吹拌，使水泥与泥浆很好地拌和。

中间立柱亦可用套管式灌筑桩成孔方法，它是边下套管、边用抓斗挖孔，如图 7-5 所示。由于有钢套管护壁，可用串筒浇筑混凝土，亦可用导管法浇筑，要边浇筑混凝土边上拔钢套管。立柱上部用 H 型钢或钢管，下部浇筑成扩大的桩头。混凝土柱浇至底板标高处，套管与 H 型钢间的空隙用砂或土填满，以增加上部钢柱的稳定性。

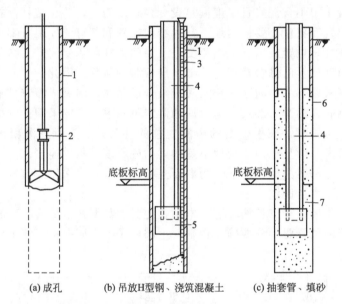

图 7-5　中间立柱用大直径套管式灌筑桩施工
1—套管；2—抓斗；3—混凝土导管；4—H 型钢；
5—扩大的桩头；6—填砂；7—混凝土桩

在施工期间要注意观察中间立柱的沉降和升抬的数值。由于上部结构的不断加荷，会引起中间立柱的沉降；而基础土方的开挖，其卸载作用又会引起坑底土体的回弹，使中间立柱升抬。要事先精确地计算确定中间立柱最终是沉降还是升抬及其数值，目前还有一定的困难。

有时中间支撑柱用预制打入桩（多为钢管桩），则要求打入桩的位置十分准确，以便与地下结构柱、墙的位置相对应，且要便于与水平结构的连接。

7.2.2.3　降低地下水

在软土地区进行逆作法施工，降低地下水位是必不可少的。通过降低地下水位，使土壤产生固结，可便于封闭状态下挖土和运土，可减少地下连续墙的变形，更便于地下室各层楼盖利用地模进行浇筑，防止地模沉陷过大，引起质量事故。在软土地区施工多采用深井泵或加真空的深井泵进行地下水位降低。

7.2.2.4 地下室土方开挖

基坑开挖前，应探测开挖范围内有毒、有害气体情况，编制土石方开挖专项方案。基坑开挖时，应对平面控制点、水准点加强保护，并应定期复测检查。

基坑开挖应遵循"时空效应"原理，分层、分段、均衡对称开挖，严禁超挖；开挖参数视地质情况及支撑方式确定；加强对基坑内既有结构的保护，其周边 0.5m 范围内土石方采用人工开挖。地下室挖土与楼盖浇筑是交替进行的，挖土至楼板底标高，即进行楼盖浇筑，当支撑混凝土达到设计强度后，再进行下层土石方开挖。土石方爆破施工时，应采用控制爆破方式，确保基坑及周边环境的稳定、安全，同时避免对已经成型的永久结构造成损伤。

7.2.2.5 模板

根据逆作法的施工特点，地下室结构不论是哪种结构形式都是由上而下分层浇筑的。盖挖逆作法模板主要分梁模板和侧墙模板两大块，其中梁、板多采用地模施工，侧墙和柱多采用支模施工。

（1）利用地模浇筑梁板

对于地面梁板或地下各层梁板，挖至其设计标高后，将土面平整夯实，要注意距离结构设计标高 0.2m 内的土方应采用人工开挖，浇筑一层厚约 50mm 的素混凝土（土质条件好抹一层砂浆亦可），然后刷一层隔离层，即成楼板模板。对于梁模板，如土质好可用土胎膜，如图 7-6（a）所示，按梁断面挖出槽穴即可，如土质较差可用模板搭设梁模板，如图 7-6（b）所示。地模施工应符合下列规定：

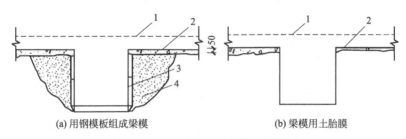

图 7-6 逆作法施工时的梁、板模板

1—楼板面；2—素混凝土层与隔离层；3—钢模板；4—填土

① 地模应满足结构自重荷载和施工荷载的刚性要求，坚实平整，表面光洁无裂缝；天然地基不能满足地模施工要求时，可采取地层加固措施。

② 地模表面平整度允许偏差应为 ±5mm，截面尺寸偏差应为 ±10mm，轴线位置偏差应为 ±5mm，层高标高偏差应为 ±5mm。

③ 地模与结构混凝土间应设有隔离层。

④ 基底上方应设置混凝土找平层，找平混凝土的强度等级不应低于 C15，厚度不应低于 50mm。

⑤ 各施工单元的地模应在结构边缘外扩 1.5m。

⑥ 跨度 4m 以上的梁、板结构，其地模应按结构的要求设置起拱。

柱头模板如图 7-7 所示，施工时先把柱头处的土挖出至梁底以下 500mm 左右处，设置柱子的施工缝模板，为使下部柱子易于浇筑，该模板宜呈斜面安装，柱子钢筋通

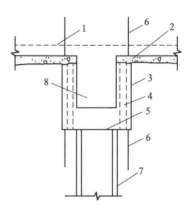

图 7-7 柱头模板与施工缝

1—楼面板；2—素混凝土与隔离层；

3—柱头模板；4—预留浇筑孔；

5—施工缝；6—柱筋；

7—H 型钢；8—梁

穿模板向下伸出接头长度，在施工缝模板上面组立柱头模板与梁模板相连接。如土质好柱头可用土胎模，否则就用模板搭设。下部柱子挖出后搭设模板进行浇筑。

施工缝处的浇筑方法，国内外常用的方法有三种，即直接法、充填法和注浆法。

直接法如图7-8（a）所示，即在施工缝下部继续浇筑混凝土时，仍然浇筑相同的混凝土，有时添加一些铝粉以减少收缩。为浇筑密实可做一假牛腿，混凝土硬化后可凿除。

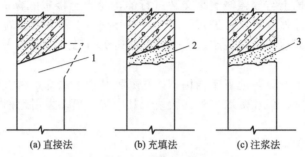

图7-8 施工缝的浇筑方法
1—浇筑混凝土；2—充填无浮浆混凝土；3—压入水泥浆

充填法如图7-8（b）所示，即在施工缝处留出充填接缝，待混凝土面处理后，再于接缝处充填膨胀混凝土或无浮浆混凝土。

注浆法如图7-8（c）所示，即在施工缝处留出缝隙，待后浇混凝土硬化后用压力压入水泥浆填充。

在上述三种方法中，直接法施工最简单，成本最低。施工时可对施工缝处混凝土进行二次振捣，以进一步排出混凝土中的气泡，确保混凝土密实和减少收缩。

（2）利用支模方式浇筑梁板

用此法施工时，先挖去地下结构一层高的土层，然后按照常规方法搭设梁板模板，浇筑梁板混凝土，再向下延伸竖向结构（柱或墙板）。为此需要解决两个问题，一个是设法减少梁板支撑的沉降和结构的变形；另一个是解决竖向构件的上、下连接和混凝土浇筑。

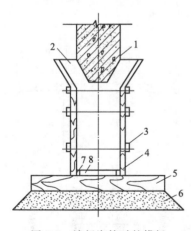

图7-9 墙板浇筑时的模板
1—上层墙；2—浇筑入仓口；3—螺栓；
4—模板；5—垫木；6—砂垫层；
7—插筋用木条；8—钢模板

为了减少楼板支撑的沉降和结构变形，施工时需对土层采取措施进行临时加固。加固的方法：可以浇筑一层素混凝土，以提高土层的承载能力和减少沉降，待墙、梁浇筑完毕，开挖下层土方时随土一同挖去，这就要额外耗费一些混凝土；另一种加固方法是铺设砂垫层，如图7-9所示，上铺垫木以扩大支承面积，这样上层柱子或墙的钢筋可插入砂垫层，以便与下层后浇筑结构的钢筋连接。有时还可用其他吊模板的措施来解决模板的支撑问题。

至于盖挖逆作法施工时混凝土的浇筑方法，由于混凝土是从顶部的侧面入仓，为便于浇筑和保证连接处的密实性，除对竖向钢筋间距适当调整外，构件顶部的模板需做成喇叭形。

由于上、下层构件的结合面在上层构件的底部，再加上地面土的沉降和刚浇筑混凝土的收缩，在结合面处容易出现缝隙。为此，宜在结合面处的模板上预留若干压浆孔，以便用压力灌浆消除缝隙，保证构件连接处的密实性。

（3）侧墙模板

盖挖法施工时，先施工上层板然后开挖施工下层板而后施工下层结构侧墙，上层结构墙从板底下返 800～1200mm 与板同时浇筑混凝土，施工缝留在板下 800～1200mm 位置，方便下层结构侧墙混凝土浇筑施工，同时侧墙下施工缝设置成 20°～30°斜向施工缝，并预留止水条。

侧墙模板采用大型钢制模板时，模板台车高大而且重量集中在模板面，现场拼装及吊运至地下可由吊车配合人工完成，而内部运输只能采用人工，如采用人工推移模板台车，则需要给台车加适当的配重以防止模板倾覆，运输过程中还需要选择合适的路线。地面的强度必须满足台车运输的要求，台车需靠墙放置，可采用支撑或拉索等临时固定装置。墙体纵向施工缝应采用斜向模板支设，模板顶部高于施工缝不小于 200mm，如图 7-10 所示。

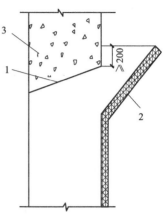

图 7-10　侧墙施工缝斜向模板
1—侧墙纵向施工缝；
2—斜向模板；3—侧墙

7.2.2.6　混凝土施工

盖挖结构混凝土施工顶板采用汽车泵，而顶板以下结构需采用地泵作为泵送设备，顶板施工前泵车位置应满足泵送及混凝土罐车运输要求，顶板以下结构混凝土施工由预留洞口下管泵送距离远、弯头多，混凝土流动性较一般施工用混凝土要大，而且墙体浇筑时需要根据墙体高度和长度设置混凝土下料口，避免混凝土离析和分层浇筑出现冷缝。

混凝土施工的重要控制点在于混凝土的振捣，由于在逆作法施工侧墙混凝土时，侧墙模板为单侧模板，墙体较高且上口无法直接插入振捣棒振捣，混凝土难以振捣到尾。在逆作法施工中除了满足混凝土施工一般的规定要求外，其混凝土振捣器要满足下列要求：

根据墙体厚度选择合理的振捣器，当墙厚小于 400mm 时，宜采用附着式振捣器，施工便利且能保证混凝土的密实和外观质量；当墙厚大于 400mm，附着式振捣器难以满足振捣要求，需要采用插入式振捣器，而由于侧墙模板采用的模板台车且墙体主筋、拉结筋密集，模板应当预留振捣口才能保证插入式振捣器顺利进入混凝土内。

思考题与习题

1. 盖挖逆作法和盖挖顺作法的基本概念分别是什么？
2. 无论是盖挖顺作法还是盖挖逆作法，均应满足哪些要求？
3. 简述盖挖顺作法的施工流程？
4. 简述盖挖逆作法的施工流程？
5. 中间立柱的作用？
6. 地模施工应符合哪些规定？

第8章 地下工程防水

■ 案例导读

　　某地铁项目盾构区间长度1289.502m，区间线路间距为2～17.6m，隧道底埋深29.7～37.7m，隧道顶部覆土厚度约23.5～31.45m。地铁区间隧道外径6.2m，属中、小断面隧道，采用板形钢筋混凝土管片，厚度为350mm，环宽1500mm。结构防水采用管片混凝土结构自防水并在管片外涂膜外防水层；衬砌管片外弧侧面沿管片四周设置一道封闭的防水弹性密封垫；衬砌管片内弧侧预留嵌缝槽，管片拼装完毕后对道床面以下及拱顶45°范围内的凹槽采用密封胶进行嵌缝密封；对每一个螺栓孔、注浆孔均设置密封垫圈；变形缝环面应贴设垫片，同时采用适应变形量大的弹性密封垫；盾构隧道进出洞及与其联络通道接口两侧25环范围内管片选用复合型盾构密封垫加强防水。

讨论
　　地下工程防水是地下工程施工的一个重要环节，对于不同的地下工程项目，地下工程防水的施工方案应该如何选择？防水材料应该如何选择？防水施工的技术要求及措施有哪些？特殊部位防水应该如何处理？

8.1 地下工程防水原则与防水等级

　　地下工程由于深埋在地下，时刻受地下水的渗透作用，如防水问题处理不好，致使地下水渗漏到工程内部，将会带来一系列问题，影响工程人员正常的工作和生活，使工程内部装修和设备加快锈蚀。使用机械排除工程内部渗漏水，需要耗费大量能源和经费，而且大量的排水还可能引起地面及地面建筑物的不均匀沉降和破坏等。另外，据有关资料记载，美国有20%左右的地下室存在氡污染，而氡是通过地下水渗漏渗入到工程内部聚积在内表面的。我国地下工程内部氡污染的情况如何，尚未见到相关报道，但如地下工程存在渗漏水则会使氡污染的可能性增加。为适应我国地下工程建设的需要，使新建、续建、改建的地下工程能合理正常地使用，充分发挥其经济效益、社会效益、战备效益，对地下工程的防水施工内容做出相应规定是极为必要的。在防水施工中，要贯彻质量第一的思想，把确保质量放在首位。

8.1.1 地下工程防水原则

防水原则既要考虑如何适应地下工程种类的多样性问题，也要考虑如何适应地下工程所处地域的复杂性的问题，同时还要使每个工程的防水设计者在符合总的原则的基础上可根据各自工程的特点有适当选择的自由。根据《地下工程防水技术规范》（GB 50108—2008）要求，地下工程防水的设计和施工应遵循"防、排、截、堵相结合，刚柔相济，因地制宜，综合治理"的原则。所谓"因地制宜"，即要紧密结合地下工程的工程地质、水文地质条件和隧道的埋深等条件采取对应措施。

从材料性能角度要求，在地下工程防水中刚性防水材料和柔性防水材料结合使用。实际上目前地下工程不仅大量使用刚性防水材料，如结构主体采用防水混凝土，也大量使用柔性防水材料，如细部构造处的一些部位、主体结构加强防水层。因此地下工程防水方案设计时要结合工程使用情况和地质环境条件等因素综合考虑。地下工程能达到防水要求实际是综合效果的体现。因此，在结构设计、土建施工、通风与给排水等工种的相互配合环节上，都应与防水一起综合治理。所以，"综合治理"有超过防水系统（如防、排、截、堵等方面）本身的内涵。

8.1.2 地下工程防水等级

考虑地下工程使用要求、用途、工程性质以及水文地质条件等，按照渗漏的程度将地下工程防水分为四级，见表 8-1。

表 8-1 地下工程防水等级

防水等级	防水标准
一级	不允许渗水,结构表面无湿渍
二级	不允许渗水,结构表面可有少量湿渍。 工业与民用建筑:总湿渍面积不应大于总防水面积(包括顶板、墙面、地面)的 1/1000;任意 $100m^2$ 防水面积上的湿渍不超过 2 处,单个湿渍的最大面积不大于 $0.1m^2$。 其他地下工程:总湿渍面积不应大于总防水面积的 2/1000;任意 $100m^2$ 防水面积上的湿渍不超过 3 处,单个湿渍的最大面积不大于 $0.2m^2$;其中,隧道工程还要求平均渗水量不大于 $0.05L/(m^2 \cdot d)$,任意 $100m^2$ 防水面积上的渗水量不大于 $0.15L/(m^2 \cdot d)$
三级	有少量漏水点,不得有线流和漏泥砂; 任意 $100m^2$ 防水面积上的漏水或湿渍点数不超过 7 处,单个漏水点的最大漏水量不大于 2.5L/d,单个湿渍的最大面积不大于 $0.3m^2$
四级	有少量漏水点,不得有线流和漏泥砂; 整个工程平均漏水量不大于 $2L/(m^2 \cdot d)$;任意 $100m^2$ 防水面积上的平均漏水量不大于 $4L/(m^2 \cdot d)$

地下工程不同防水等级的适用范围，应根据工程的重要性和使用中对防水的要求按表 8-2 选定。

表 8-2 不同防水等级的适用范围

防水等级	适用范围
一级	人员长期停留的场所;因有少量湿渍会使物品变质、失效的贮物场所及严重影响设备正常运转和危及工程安全运营的部位;极重要的战备工程、地铁车站
二级	人员经常活动的场所;在有少量湿渍的情况下不会使物品变质、失效的贮物场所及基本不影响设备正常运转和工程安全运营的部位;重要的战备工程
三级	人员临时活动的场所;一般战备工程
四级	对渗漏水无严格要求的工程

上述的防水等级可以对整个工程而言，也可对单元工程、部位而言，整个地下工程的防水等级可与单元工程（区段）、重要部位与次要部位的防水等级不同。如地铁隧道顶部有接触电网，不允许滴漏，底部必须防止渗漏造成沉降，而两侧范围要求可低些；又如寒冷地区地下隧道入口严禁渗涌，以防结冰、车辆打滑，而内部要求可低些。必须指出的是由于国标中地下工程防水等级是借鉴国外隧道的防水等级进行划分的，所以对用途不同或施工方法特殊的地下工程，其防水要求应有所不同。

8.1.3 防水设防要求

地下工程的防水设防要求，应根据使用功能、使用年限、水文地质、结构形式、环境条件、施工方法及材料性能等因素确定。明挖法地下工程的防水设防要求应按表 8-3 选用。

表 8-3 明挖法地下工程防水设防要求

防水等级	主体结构							施工缝							后浇带					变形缝(诱导缝)					
	防水混凝土	防水卷材	防水涂料	塑料防水板	膨润土防水材料	防水砂浆	金属防水板	遇水膨胀止水条(胶)	外贴式止水带	中埋式止水带	外抹防水砂浆	外涂防水涂料	水泥基渗透结晶型防水涂料	预埋注浆管	补偿收缩混凝土	外贴式止水带	预埋注浆管	遇水膨胀止水条(胶)	防水密封材料	中埋式止水带	外贴式止水带	可卸式止水带	防水密封材料	外贴防水卷材	外涂防水涂料
一级	应选	应选一至二种						应选二种							应选	应选二种				应选	应选一至二种				
二级	应选	应选一种						应选一至二种							应选	应选一至二种				应选	应选一至二种				
三级	应选	宜选一种						宜选一至二种							应选	宜选一至二种				应选	宜选一至二种				
四级	宜选	—						宜选一种							应选	宜选一种				应选	宜选一种				

暗挖法地下工程的防水设防要求应按表 8-4 选用。

表 8-4 暗挖法地下工程防水设防要求

防水等级	衬砌结构						内衬砌施工缝						内衬砌变形缝(诱导缝)				
	防水混凝土	塑料防水板	防水砂浆	防水涂料	防水卷材	金属防水层	外贴式止水带	预埋注浆管	遇水膨胀止水条(胶)	防水密封材料	中埋式止水带	水泥基渗透结晶型防水涂料	中埋式止水带	外贴式止水带	可卸式止水带	防水密封材料	遇水膨胀止水条(胶)
一级	必选	应选一至二种					应选一至二种						应选	应选一至二种			
二级	应选	应选一种					应选一种						应选	应选一种			
三级	宜选	宜选一种					宜选一种						应选	宜选一种			
四级	宜选	宜选一种					宜选一种						应选	宜选一种			

8.2　地下工程混凝土结构防水

8.2.1　防水混凝土

在建筑工程中，混凝土的配制一般是以抗压强度要求作为主要设计依据的，20世纪70年代后期由于环境劣化，混凝土质量不良，导致工程事故时有发生，因此混凝土的耐久性、安全性问题引起了国内外的关注，对有耐久性要求的工程提出了混凝土以耐久性、可靠性作为主要的设计理念。地下工程所处的环境较为复杂、恶劣，结构主体长期浸泡在水中或受到各种介质的侵蚀以及冻融、干湿交替的作用，易使混凝土结构随着时间的推移，逐渐产生劣化，因此地下工程混凝土的防水性有时比强度更为重要。各种侵蚀介质对混凝土的破坏与混凝土自身的透水性和吸水性密切相关，故防水混凝土的配制首先应以满足抗渗等级要求作为主要设计依据，同时也应根据工程所处环境条件和工作条件需要，相应满足抗压、抗冻和耐腐蚀性要求。

防水混凝土是人为从材料和施工两个方面着手，采取种种措施，提高其自身的密实性，抑制和减少其内部孔隙的生成，改变孔隙的特征，堵塞渗水通道，并以自身壁厚及其憎水性来达到自防水的一种混凝土。以混凝土自身的密实性、憎水性而具有一定防水能力的混凝土结构或钢筋混凝土结构称为混凝土结构自防水。混凝土结构自防水兼具承重、围护、防水三重作用，还可以满一定的耐冻融和耐侵蚀要求。

8.2.1.1　防水混凝土防水层组成材料的要求

（1）防水混凝土使用的水泥

用于防水混凝土的水泥品种宜采用硅酸盐水泥、普通硅酸盐水泥，采用其他品种水泥时应经试验确定。水泥的强度等级不应低于32.5MPa；在不受侵蚀性介质和冻融作用时，宜采用普通硅酸盐水泥、硅酸盐水泥、火山灰质硅酸盐水泥、粉煤灰硅酸盐水泥、矿渣硅酸盐水泥，使用矿渣硅酸盐水泥时必须掺入高效减水剂；在受侵蚀性介质作用时，应按介质的性质选用相应的水泥品种；在受冻融作用时，应优先选用普通硅酸盐水泥，不宜采用火山灰质硅酸盐水泥和粉煤灰硅酸盐水泥；不得使用过期或受潮结块的水泥，并不得将不同品种或强度等级的水泥混合使用。

（2）防水混凝土所用的砂、石

用于防水混凝土的砂石宜选用坚固耐久、粒形良好的洁净石子；石子最大粒径不宜大于40mm，泵送时其最大粒径不应大于输送管径的1/4；吸水率不应大于1.5%；不得使用碱活性骨料；砂宜选用坚硬、抗风化性强、洁净的中粗砂，不宜使用海砂。

（3）防水混凝土外加剂

防水混凝土可根据工程需要掺入减水剂、膨胀剂、防水剂、密实剂、引气剂、复合型外加剂及水泥基渗透结晶型材料，其品种和掺量应经试验确定，所有外加剂的技术性能应符合国家现行有关标准的质量要求。

8.2.1.2　防水混凝土施工

防水混凝土工程的质量保证，除要求有优良的配合比设计、良好的材料质量外，还要求有严格的施工质量控制。施工过程中的任一环节，如搅拌、运输、浇灌、振捣、养护处理不当都会对混凝土的质量带来影响。因此施工人员必须对上述各个环节严格加以控制，以确保防水混凝土工程质量。

防水混凝土施工工艺流程如图8-1所示。

防水混凝土施工要求如下：

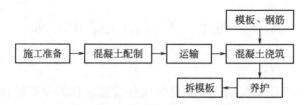

图 8-1　防水混凝土施工工艺流程图

(1) 防水混凝土工程的施工，应尽可能做到一次浇灌完成。对于沉箱、水池、水塔等圆筒形结构，应优先采用滑模方案；对于运输通廊等长构筑物可按伸缩缝位置划分不同区段间隔施工；对于大体积防水混凝土工程，应采取分区浇灌，使用发热量低的水泥或掺外加剂等相应措施，以减少温度裂缝。

(2) 防水混凝土在施工期间应做好基坑降排水工作，不得在有积水的环境中浇筑混凝土，施工时应使地下水面低于施工底面 30cm 以下，严防地下水及地面水流入基坑造成积水，影响混凝土正常硬化，导致防水混凝土强度及抗渗性降低。在主体混凝土结构施工前必须做好基础垫层混凝土，使其起到辅助防水作用。

(3) 防水混凝土可通过调整配合比或掺加外加剂、掺合料等措施配制而成，其抗渗等级不得小于 P6。防水混凝土的施工配合比应通过试验确定，试配混凝土的抗渗等级应比设计要求提高 0.2MPa。防水混凝土应满足抗渗等级要求，并应根据地下工程所处的环境和工作条件，满足抗压、抗冻和抗侵蚀性等耐久性要求。

防水混凝土的设计抗渗等级，应符合表 8-5 的规定。

表 8-5　防水混凝土设计抗渗等级

工程埋置深度 H/m	设计抗渗等级
$H<10$	P6
$10\leqslant H<20$	P8
$20\leqslant H<30$	P10
$H\geqslant 30$	P12

注：1. 本表适用于Ⅰ、Ⅱ、Ⅲ类围岩（土层及软弱围岩）。

2. 山岭隧道防水混凝土的抗渗等级可按国家现行有关标准执行。

(4) 防水混凝土施工前应做好降排水工作，不得在有积水的环境中浇筑混凝土。

(5) 防水混凝土胶凝材料用量应根据混凝土的抗渗等级和强度等级等选用，其总用量不宜小于 320kg/m³，当强度要求较高或地下水有腐蚀性时，胶凝材料用量可通过试验调整；在满足混凝土抗渗等级、强度等级和耐久性条件下，水泥用量不宜小于 260kg/m³；砂率宜为 35%～40%，泵送时可增至 45%；灰砂比宜为 1:1.5～1:2.5；水胶比不得大于 0.50，有侵蚀性介质时水胶比不宜大于 0.45；防水混凝土采用预拌混凝土时，入泵坍落度宜控制在 120～160mm，坍落度每小时损失值不应大于 20mm，坍落度总损失值不应大于 40mm；掺加引气剂或引气型减水剂时，混凝土含气量应控制在 3%～5%；预拌混凝土的初凝时间宜为 6～8h。

(6) 防水混凝土应连续浇筑，宜少留施工缝。当留设施工缝时，墙体水平施工缝不应留在剪力最大处或底板与侧墙的交接处，应留在高出底板表面不小于 300mm 的墙体上。拱（板）墙结合的水平施工缝，宜留在拱（板）墙接缝线以下 150～300mm 处。墙体有预留孔洞时，施工缝距孔洞边缘不应小于 300mm；垂直施工缝应避开地下水和裂隙水较多的地段，并宜与变形缝相结合。施工缝防水构造形式宜按图 8-2~图 8-5 选用，当采用两种以上构造措施时可进行有效组合。

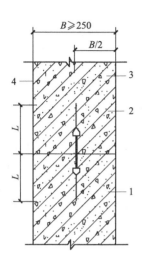

图 8-2　施工缝防水构造（一）

L—钢板止水带≥150，橡胶止水带≥200，

钢边橡胶止水带≥120；

1—先浇混凝土；2—中埋止水带；

3—后浇混凝土；4—结构迎水面

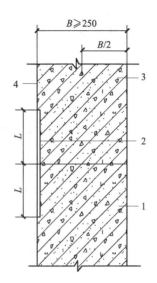

图 8-3　施工缝防水构造（二）

L—外贴止水带≥150，外涂防水涂料=200，

外抹防水砂浆=200；

1—先浇混凝土；2—外贴止水带；

3—后浇混凝土；4—结构迎水面

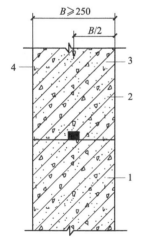

图 8-4　施工缝防水构造（三）

1—先浇混凝土；2—遇水膨胀止水条（胶）；

3—后浇混凝土；4—结构迎水面

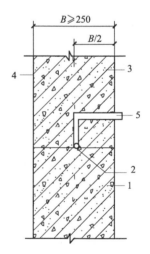

图 8-5　施工缝防水构造（四）

1—先浇混凝土；2—预埋注浆管；3—后浇混凝土；

4—结构迎水面；5—注浆导管

　　水平施工缝浇筑混凝土前，应将其表面浮浆和杂物清除，然后铺设净浆或涂刷混凝土界面处理剂、水泥基渗透结晶型防水涂料等材料，再铺 30~50mm 厚的 1:1 水泥砂浆，并应及时浇筑混凝土；垂直施工缝浇筑混凝土前，应将其表面清理干净，再涂刷混凝土界面处理剂或水泥基渗透结晶型防水涂料，并应及时浇筑混凝土；遇水膨胀止水条（胶）应与接缝表面密贴；选用的遇水膨胀止水条（胶）应具有缓胀性能，7d 的净膨胀率不宜大于最终膨胀率的 60%，最终膨胀率宜大于 220%；采用中埋式止水带或预埋式注浆管时，应定位准确、固定牢靠。

（7）大体积混凝土与普通混凝土的区别表面上看是厚度不同，但实质的区别是大体积混凝土内部的热量不如表面的热量散失得快，容易造成内外温差过大，所产生的温度应力使混凝土开裂。因此判断是否属于大体积混凝土既要考虑混凝土的浇筑厚度，又要考虑水泥品种、强度等级、每立方米水泥用量等因素，比较准确的方法是通过计算水泥水化热所引起的混凝土的温升值与环境温度的差值大小来判别。一般来说，当其差值小于 25℃ 时，所产生的温度应力将会小于混凝土本身的抗拉强度，不会造成混凝土的开裂，当差值大于 25℃ 时，所产生的温度应力有可能大于混凝土本身的抗拉强度，造成混凝土的开裂。此时就可判定该混凝土属大体积混凝土，为确保混凝土不开裂，大体积防水混凝土在设计许可的情况下，掺粉煤灰混凝土设计强度等级的龄期宜为 60d 或 90d；宜选用水化热低和凝结时间长的水泥；宜掺入减水剂、缓凝剂等外加剂和粉煤灰、磨细矿渣粉等掺合料；炎热季节施工时，应采取降低原材料温度、减少混凝土运输时吸收外界热量等降温措施，入模温度不应大于 30℃；混凝土内部预埋管道，宜进行水冷散热；应采取保温保湿养护。混凝土中心温度与表面温度的差值不应大于 25℃，表面温度与大气温度的差值不应大于 20℃，温降梯度不得大于 3℃/d，养护时间不应少于 14d。

（8）防水混凝土结构内部设置的各种钢筋或绑扎铁丝，不得接触模板。用于固定模板的螺栓必须穿过混凝土结构时，可采用工具式螺栓或螺栓加堵头，螺栓上应加焊方形止水环。拆模后应将留下的凹槽用密封材料封堵密实，并应用聚合物水泥砂浆抹平，如图 8-6 所示。

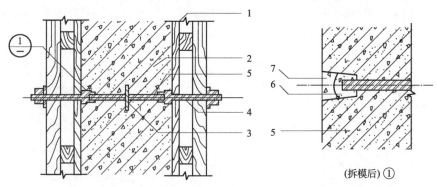

图 8-6　固定模板用螺栓的防水构造

1—模板；2—结构混凝土；3—止水环；4—工具式螺栓；
5—固定模板用螺栓；6—密封材料；7—聚合物水泥砂浆

8.2.2　水泥砂浆防水层

地下工程的防水主要是采用结构自防水法，即采用防水混凝土来抗渗，为了避免在大面积浇筑防水混凝土的过程中留下一些缺陷，往往在防水混凝土结构的内外表面抹上一层砂浆，以弥补缺陷，提高地下结构的防水抗渗能力。砂浆是由胶凝材料、细骨料、掺合料和水以及根据需要加入的外加剂，按一定的比例配制而成的建筑工程材料，在建筑工程中起着粘接、衬垫和传递应力的作用。应用于制作建筑防水层的砂浆称之为防水砂浆。

防水砂浆是通过严格的操作技术或掺入适量的防水剂、高分子聚合物等材料，以提高砂浆的密实性，达到抗渗防水目的的一种重要的刚性防水材料。防水砂浆分为掺有外加剂或掺合料的防水砂浆和聚合物水泥防水砂浆两大类，水泥砂浆防水层适用于地下工程主体结构的迎水面或背水面。水泥防水砂浆系刚性防水材料，适应基层变形能力差，不适用于持续振动或温度大于 80℃ 的地下工程。一些具有防腐蚀功能的聚合物水泥防水砂浆，常温下可用于环境有腐蚀性作用的部位，也可用于浓度不大于 2% 的酸性介质或中等浓度以下的碱性介质和盐类介质作用的部位。

8.2.2.1 水泥砂浆防水层对组成材料的要求

水泥砂浆防水层施工方法可以采用人工多层抹压法或机械喷涂法。水泥砂浆防水层适用于防水等级为 3～4 级的地下工程防水，如高于 3 级时，则需与其他防水措施复合使用。

水泥砂浆防水层应采用强度等级不低于 32.5MPa 的普通硅酸盐水泥、硅酸盐水泥、特种水泥，严禁使用过期或受潮结块水泥；砂宜采用中砂，含泥量不大于 1%，硫化物和硫酸盐含量不大于 1%；聚合物乳液的外观应为均匀液体，无杂质、无沉淀，不分层；外加剂的技术性能应符合国家有关标准的质量要求；防水砂浆的主要性能应符合表 8-6 的要求。

表 8-6　防水砂浆的主要性能要求

防水砂浆种类	粘接强度/MPa	抗渗性/MPa	抗折强度/MPa	干缩率/%	吸水率/%	冻融循环/次	耐碱性	耐水性/%
掺外加剂、掺合料的防水砂浆	>0.6	≥0.8	同普通砂浆	同普通砂浆	≤3	>50	10% NaOH 溶液浸泡 14d 无变化	—
聚合物水泥防水砂浆	>1.2	≥1.5	≥8.0	≤0.15	≤4	>50	—	≥80

注：耐水性指标是指砂浆浸水 168h 后材料的粘接强度及抗渗性的保持率。

8.2.2.2 水泥砂浆防水层施工要求

防水砂浆宜采用多层抹压法施工。水泥砂浆防水层应在基础垫层、初期支护、围护结构及内衬结构验收合格后施工。

水泥砂浆防水层施工时，基层表面应平整、坚实、清洁，并应充分湿润、无积水；基层表面的孔洞、缝隙，应采用与防水层相同的防水砂浆堵塞并抹平；施工前应将预埋件、穿墙管预留凹槽内嵌填密封材料后，再施工水泥砂浆防水层；防水砂浆的配合比和施工方法应符合所掺材料的规定，其中聚合物水泥防水砂浆的用水量应包括乳液中的含水量；水泥砂浆防水层应分层铺抹或喷射，铺抹时应压实、抹平，最后一层表面应提浆压光，聚合物水泥防水砂浆拌合后应在规定时间内用完，施工中不得任意加水；水泥砂浆防水层各层应紧密黏合，每层宜连续施工；必须留设施工缝时，应采用阶梯坡形槎，但离阴阳角处的距离不得小于 200mm；水泥砂浆防水层不得在雨天、五级及以上大风中施工。冬期施工时，气温不应低于 5℃。夏季不宜在 30℃ 以上或烈日照射下施工；水泥砂浆防水层终凝后，应及时进行养护，养护温度不宜低于 5℃，并应保持砂浆表面湿润，养护时间不得少于 14d。聚合物水泥防水砂浆未达到硬化状态时，不得浇水养护或直接受雨水冲刷，硬化后应采用干湿交替的养护方法。潮湿环境中，可在自然条件下养护，水泥砂浆防水层构造做法如图 8-7 所示。

8.2.2.3 刚性多层抹面水泥砂浆防水层的施工

防水层的施工顺序一般是先顶板、再墙板、后地面。当工程量较大需分段施工时，应由里向外按上述顺序进行。混凝土顶板与墙面防水层施工方法如下：

（1）第一层，素灰层，厚 2mm。先抹一道 1mm 厚的素灰层，用铁抹子往返用力抹压，使素灰填实混凝土基层表面的孔隙。随即再抹 1mm 厚的素灰均匀找平，并用毛刷在素灰层表面按顺序轻轻涂刷一遍，以便打乱毛细孔通路，从而形成一层坚实不透水的水泥结晶层。

（2）第二层，水泥砂浆层，厚 4～5mm。在素灰层初凝时抹第二层水泥砂浆层，要防止

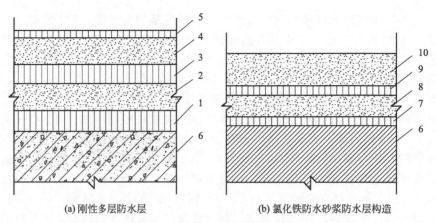

(a) 刚性多层防水层　　　　(b) 氯化铁防水砂浆防水层构造

图 8-7　水泥砂浆防水层构造做法

1、3—素灰层；2、4—水泥砂浆层；5、7、9—水泥浆；
6—结构基层；8—防水砂浆垫层；10—防水砂浆面层

素灰层过软和过硬，要使砂粒能压入素灰层厚度的 1/4 左右，抹完后，在水泥砂浆初凝时用扫帚按顺序向一个方向扫出横向条纹。

（3）第三层，素灰层，厚 2mm。在第二层水泥砂浆凝固并具有一定强度（常温下间隔昼夜）后，适当浇水湿润，方可进行第三层操作，其方法同第一层。

（4）第四层，水泥砂浆层，厚 4～5mm。按照第二层做法抹水泥砂浆。在水泥砂浆硬化过程中，用铁抹子分次抹压 5～6 遍，以增加密实性，最后再压光。

（5）第五层，水泥浆层，厚 1mm。在第四层水泥砂浆抹压两遍后，用毛刷均匀涂刷水泥浆一道，随第四层抹实压光。

防水层施工也可采用四层抹面做法，四层抹面做法与五层抹面做法相同，去掉第五层水泥浆层即可。

水泥砂浆防水层各层应紧密结合，连续施工，不留施工缝，如确因施工困难需留施工缝时，施工缝的留槎应符合下列规定。

① 平面留槎采用阶梯坡形槎，接槎要依层次顺序操作，层层搭接紧密（如图 8-8）。接槎位置一般应留在地面上，也可留在墙面上，但需离开阴阳角处 200mm。在接槎部位继续施工时，需在阶梯形槎面上均匀涂刷水泥浆或抹素灰一道，使接头密实不漏水。

② 基础面与墙面防水层转角留槎如图 8-9 所示。

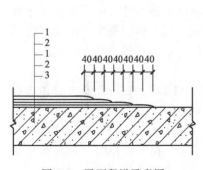

图 8-8　平面留槎示意图

1—砂浆层；2—水泥浆层；3—围护结构

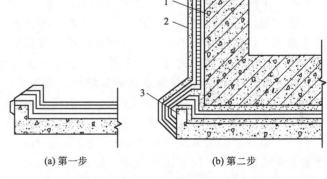

(a) 第一步　　　　(b) 第二步

图 8-9　基础面与墙面防水层转角留槎

1—围护结构；2—水泥砂浆防水层；3—混凝土垫层

8.3 盾构法隧道防水

盾构法施工的隧道，其结构多采用预制管片拼装而成。随着防水技术的发展，衬砌的管片逐步从钢或铸铁，演变为钢筋混凝土管片。衬砌管片应采用防水混凝土制作。当隧道处于侵蚀性介质的地层时，应采取相应的耐侵蚀混凝土或外涂耐侵蚀的外防水涂层的措施。当处于严重腐蚀地层时，可同时采取耐侵蚀混凝土和外涂耐侵蚀的外防水涂层措施。

8.3.1 盾构法隧道防水的分类

盾构法隧道防水的分类有许多方式，其中按隧道衬砌结构形式分为单层衬砌防水和双层衬砌防水；按隧道衬砌构造分为衬砌自防水与衬砌接缝防水；按隧道构造分为隧道衬砌防水与竖井接头防水；按隧道衬砌材质分为钢筋混凝土与铸铁。其中后一种分类，因金属衬砌用得不多，故较少采用。

8.3.1.1 单层衬砌与双层衬砌防水

（1）单层衬砌防水，衬砌在施工阶段作为隧道施工的支护结构，它保护开挖面以防止土体变形、土体坍塌以及泥水渗入，并承受盾构推进时千斤顶顶力以及其他施工荷载。同样，它也可以单独作为隧道永久性支护结构。

单层衬砌防水与单层衬砌的形式、构造、拼装方式有关。

衬砌环的环宽越大，在同等里程内，隧道环的环向接缝越少，漏水概率越小。同样衬砌环的分块越少，隧道环纵向接缝越小，漏水概率越小。实际工程上应从结构所处的土层特性、受荷情况、构造特点、计算模式、运输能力和制作拼装方便等因素综合考虑。

（2）双层衬砌防水为满足结构补强、修正施工误差以及防水、防腐蚀、通风和减小流动阻力等特殊要求（如水工隧道要求减小内壁粗糙系数，又方便检修；又如电力、通信隧道防渗漏要求严格），有些盾构隧道在单层衬砌结构的内面再浇筑整体式混凝土或钢筋混凝土内衬，构成双层衬砌结构。

双层衬砌包括在单层衬砌内再浇筑整体式内衬和浇筑设置局部内衬两种形式。

隧道内侧做整体地层衬砌时，包括：

① 用内衬自身做防水层，这就必须注重内层结构自防水与内层施工缝、变形缝的防水，但内外衬砌间一般不进行凿毛处理；

② 衬砌与内衬混凝土之间局部或全部衬铺防水膜作为隔离层的防水。

浇筑设置局部内衬时，需在该范围内进行凿毛处理，增加内外层黏合力与整体性，从而加强隧道拱底接缝的防水，满足使用要求。

8.3.1.2 衬砌自防水和衬砌接缝防水

隧道衬砌构造分为衬砌自防水与衬砌接缝防水，这是常用的划分方法。衬砌结构自防水是根本。只有衬砌混凝土满足自防水的要求时，盾构隧道的防水才有基本保证。衬砌混凝土自防水的关键是采用防水混凝土，其中包括正确选用原材料以及混凝土的配合比、水泥用量、水灰比与坍落度等工艺参数等，以满足混凝土的强度等级和抗渗要求。规范的管片制作和工艺流程十分必要，其中浇捣、养护、堆放、质检、运输是重要工序。衬砌接缝防水是盾构防水的核心，而衬砌接缝防水的关键是接缝面防水密封垫材料及其设置方法。

8.3.2 盾构法隧道防水的内容及特点

（1）管片及砌块的防水与制作精度

① 提高衬砌管片、砌块自身的抗渗性；

② 提高衬砌管片、砌块的制作精度；

③ 增设衬砌外防水涂层，加强衬砌的抗渗、防腐蚀能力。

（2）衬砌接头面（接缝）的密封防水

① 衬砌接缝的首道主要防线——弹性密封垫；

② 衬砌螺孔密封防水；

③ 填缝沟槽嵌填密封防水材料；

④ 接触面设置注入密封剂沟槽，由管片背面的注入口注入密封剂加强防水或堵水。

（3）盾构法隧道的壁后（回填）注浆

压注具有抗渗功能的灌浆材料在衬砌环外壁形成环形的固结体，构成"隧道防水屏障"。虽然它主要用来控制地面沉降，但客观上是隧道防水的第一道防线。

（4）金属的防腐

金属衬砌、金属与混凝土复合衬砌、混凝土中衬砌中的金属埋件等的防腐蚀也应一并考虑。

（5）二次衬砌的防水

除第一层衬砌的防水外，还必须考虑内层衬砌的防水或二层衬砌中的夹层防水。

（6）竖井与圆形隧道接头的防水

盾构法施工隧道防水的内容可以从《地下工程防水技术规范》（GB 50108—2008）中不同防水等级盾构隧道的衬砌防水措施表的相关设防措施中明确，见表 8-7。

表 8-7　不同防水等级盾构隧道的衬砌防水措施

措施选择　防水措施　防水等级	高精度管片	接缝防水				外防水涂料
		密封垫	嵌缝	注入密封剂	螺孔密封圈	
一级	必选	必选	全隧道或部分区段应选	可选	必选	对混凝土有中等以上腐蚀的地层应选,在非腐蚀地层宜选
二级	必选	必选	部分区段宜选	可选	必选	对混凝土有中等以上腐蚀的地层宜选
三级	应选	必选	部分区段宜选	—	应选	对混凝土有中等以上腐蚀的地层宜选
四级	可选	宜选	可选取	—	—	—

注：在电气化铁路与地铁隧道中，嵌缝材料下坠等带来负面影响，而在输水隧道嵌缝则很必要，故隧道工程的功能是选用之关键，不能完全以防水等级确定。

8.3.3　盾构法隧道防水施工

采用盾构法修建的隧道，常用的衬砌方法有预制的管片衬砌、现浇混凝土衬砌、挤压混凝土衬砌以及先安装预制管片外衬后再现浇混凝土内衬的复合式衬砌。在这些众多的衬砌方法中，以管片衬砌最为常见。

管片衬砌是采用预制管片，随着盾构的推进在盾尾依次拼装衬砌环，由无数个衬砌环纵向依次连接而成的衬砌结构。

预制管片可按其结构形式进行分类，如装配式钢筋混凝土管片，按其使用要求的不同可分为平板形管片和箱形管片，如图 8-10 和图 8-11 所示。一般钢筋混凝土管片均采用螺栓连接以增加结构的整体性和强度，在特定的条件下，平板形管片也可不设螺栓连接，不设螺栓连接的管片称其为砌块。

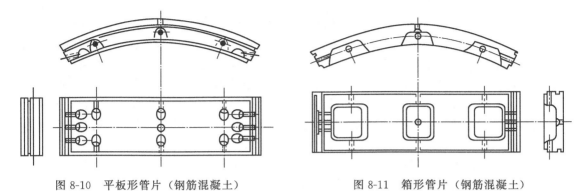

图 8-10　平板形管片（钢筋混凝土）　　　　图 8-11　箱形管片（钢筋混凝土）

管片是衬砌的基本受力和防水结构。不论采用单层衬砌防水还是双层衬砌防水，管片的防水技术均包括四项主要内容，即管片本身的防水、管片接缝的防水、螺栓孔的防水以及衬砌结构内外的防水处理、二次衬砌防水等。

8.3.3.1　衬砌结构自防水施工

隧道防水按衬砌构造分为衬砌结构本体自身的防水与衬砌间的接缝防水，衬砌结构自防水是根本。只有衬砌混凝土满足自防水的要求，盾构隧道的防水才有了基本保证。作为地下工程，尤其是深埋地下工程，首先是利用混凝土的密实性来防水，其衬砌自防水无疑是至关重要的。

（1）衬砌结构的防水

衬砌结构所采用的原材料必须达到相关的技术要求，制作钢筋混凝土管片所用的混凝土，其浇捣和养护必须严格执行相关的工艺要求。衬砌防水的性能检测方法如下：

① 混凝土试件抗渗性试验。根据《地下工程防水技术规范》（GB 50108—2008），盾构法隧道设计的抗渗等级不得低于 P6，将浇捣衬砌用的混凝土浇制试块，检测试块的抗渗性。

② 衬砌单块抗渗检测法。直接对加工制作成的衬砌混凝土的抗渗性予以检测，反映出浇捣、养护等工艺的影响因素，它是检测方法中的重点。检测方法是：在专门加工制作的衬砌单块检漏架上，对衬砌背部进行封闭加水压，检测衬砌肋腔或内肋面渗潮透水的情况。检漏应在设计抗渗压力下恒压 2h，渗水线不得超过管片厚度的 1/5。

③ 衬砌混凝土的渗透系数测定法。利用混凝土渗透系数测定仪，可以对试样混凝土或者衬砌直接取样检测，一般要求 $K \leqslant 5 \times (10^{-11} \sim 10^{-12})$ m/s。这就深入地反映了混凝土的密实程度（一般抗渗做到 P8～P16 后不再测试，难分高低），进而对是否需要于防腐性介质地层中采用衬砌外防水涂层具有指导作用。

④ 侵蚀性离子的扩散系数是评价混凝土耐久性，尤其是在腐蚀介质地层中的耐久性的重要参数。其中，氯离子的扩散系数宜为 $\leqslant 5 \times 10^{-9}$ cm²/s。

隧道在含水地层内，由于地下水压力的作用，要求衬砌应具有一定的抗渗能力，以防止地下水的渗入。为此，在施工中应做到以下几个方面。首先，应根据隧道埋深和地下水压力，提出经济合理的抗渗指标；对预制管片混凝土应采取密实级配；设计有规定时，按设计要求施工，设计无明确规定时一般按高密实度（B8）标准施工。此外还应该严格控制水灰比（一般不大于 0.4），且可适当掺入减水剂来降低混凝土水灰比；在管片生产时要提出合理的工艺要求，对混凝土振捣方式、养护条件、脱模时间、防止温度应力而引起裂缝等均应提出明确的工艺条件。对管片生产质量要有严格的检测制度，并减少管片堆放、运输和拼装过程的损坏率。

（2）衬砌结构外防水

由于在软土含水地层常含有 CL^-、SO_4^{-2} 等侵蚀性物质，有的浓度还很高，它们通过毛细管渗入混凝土结构内部，并积聚在钢筋的周围，其中靠近内壁面露点区钢筋周围的最多，从而在有氧条件下形成钢筋锈蚀膨胀，裂缝扩大，表面混凝土受膨胀剥离。而在有管片裂缝的渗漏处，随含侵蚀性介质的水漏入，水分蒸发，靠近内壁面露点区钢筋周围的盐分最多，从而在有氧条件下形成钢筋锈蚀膨胀，裂缝扩大，表面混凝土受膨胀剥离。因此，在提高混凝土结构自防水能力的前提下，根据地层中侵蚀性介质的情况及隧道埋深，对防腐蚀等要求高的公路隧道、地铁区间隧道等衬砌宜考虑外防水涂层。

衬砌外防水涂层的技术要求如下：

① 涂层应能在盾尾密封，在用钢丝刷与钢板挤压磨损条件下不损伤、抗渗水。

② 在管片弧面的混凝土裂缝宽度达到 0.3mm，仍能抗 0.8MPa 水压，长期不渗漏。

③ 涂层的耐化学腐蚀性、耐候性、抗微生物侵蚀良好，且无毒或低毒。

④ 涂层具有防杂散电流的功能，其体积电阻率、表面电阻率高。

⑤ 施工简便，冬季能操作。

⑥ 成本较低，经济合理。

衬砌外防水涂层的施工操作如下：

① 对已干燥的管片背部上的空穴和缺损用 107 胶水（或 YJ-302 胶黏剂）拌和水泥填平。同时，用油灰刀铲除基层上的突起物，再用钢丝刷清除管片外背面的浮灰和浮砂。

② 按涂料规定的配比要求，将涂料混合搅拌均。

③ 按规定的要求涂刷（或喷涂、滚刷）冷底子或直接涂刷底涂料。

④ 涂刷时要均匀一致，不得过厚或过薄。为确保涂膜厚度，用单位面积涂布量和测量仪两种手段控制。

⑤ 通常在第一道涂后 24h 刮涂第二道涂层，涂层的方向必须和第一道的涂刮方向垂直。重涂时间间隔与涂料品种有很大关系。如果面层与底层分别采用两类涂料，则按各自不同的工艺条件实施，同时必须注意两层之间的结合。

⑥ 施工中使用有机溶剂时，应注意防火。施工人员应采取防护措施（戴手套、口罩、眼镜等），施工温度宜在 0℃以上。

8.3.3.2 衬砌接缝防水施工

管片之间的接缝是隧道防水的薄弱环节。对于单层衬砌而言，接缝防水构造是隧道衬砌构造永久组成部分。管片衬砌的接缝防水主要包括密封垫防水、嵌缝防水和螺栓孔防水，防水部位如图 8-12 所示。管片应至少设置一道密封垫沟槽。接缝密封垫宜选择具有合理构造形式、良好弹性或遇水膨胀性、耐久性、耐水性的橡胶类材料，其外形应与沟槽相匹配，管片接缝密封垫应被完全压入密封垫沟槽内，密封垫沟槽的截面积应大于或等于密封垫的截面积。螺栓孔的防水也称螺孔防水，管片肋腔的螺孔口要设置锥形倒角的螺孔密封圈沟槽；螺孔密封圈的外形要与沟槽相匹配。在管片内侧环、纵向边沿设置嵌缝槽，其深宽比不应小于 2.5，槽深宜为 25~55mm，单面槽宽宜为 5~10mm。

（1）接缝螺孔密封材料与形式

管片的螺孔位于接缝面，密封防水也是重要环节。在腔肋或螺孔中，将垫圈密封圈填入螺栓与螺孔间隙，在拧紧螺栓时靠螺帽、垫圈将它压密变形，填塞于螺栓与孔壁之间间隙，使之密封止水，这是常用的方法。

目前，最广泛的应用方法是：在腔肋一侧的螺栓孔口，加工成锥形，并设置材质为氯丁

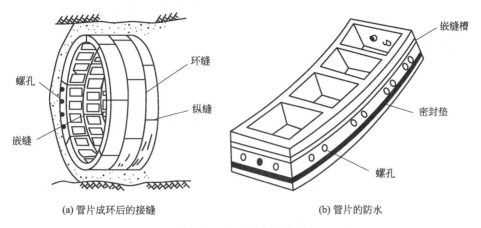

(a) 管片成环后的接缝　　　　　　　　(b) 管片的防水

图 8-12　防水部位示意图

橡胶或遇水膨胀橡胶类密封圈（其技术性能与接缝弹性密封垫的同类材料相同）。另外，螺孔密封圈的断面形式，如图 8-13 所示。它应与设置的螺孔口的形式相匹配。同样，为防止膨胀橡胶类密封圈受潮预膨胀，致使难以在螺孔内压密，除了涂以缓膨胀剂外，设计上应充分考虑此因素，适当缩小密封圈的尺寸。

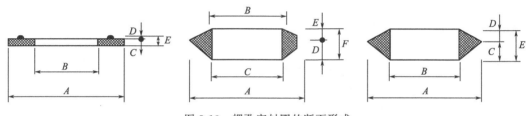

图 8-13　螺孔密封圈的断面形式

（2）衬砌变形缝防水

在软土地层中建造圆形隧道，沿隧道结构纵向，每隔一定距离需设置变形缝。特别是靠近竖井的隧道区段，由于刚度差别很大，宜较密地设置变形缝，以防止纵向变形引起环缝开裂漏入泥水。

变形缝的构造必须能适应一定量的线变形与角变形，同时在变形前后都能防水。对单层衬砌来说，应按预计的沉降曲率设置间距较小的、有足够厚度的环缝变形缝密封垫以达到纵向变形后的防水要求。对双层衬砌来说，变形缝前后环的管片（砌块）不应直接接触，间隙中应留有传力衬垫材料，其厚度应按线位移与角度量决定，它既能满足隧道纵向变形要求与防水要求，又可传递横向剪力。

变形缝的防水材料根据变形缝构造的不同，分为单层衬砌变形缝与双层衬砌变形缝两类。这里只介绍常用的单层衬砌变形缝防水材料。单层衬砌变形缝因衬入了环缝衬垫片而应加厚弹性密封垫，具体做法：

① 在原接缝密封垫表面（或底面）加贴橡胶薄片，橡胶薄片可以是普通合成橡胶与密封垫同样材质，也可以是遇水膨胀橡胶薄片，其厚度都应与环缝衬入的衬垫片相对应。

② 直接加工一种厚型弹性密封垫用在变形缝环。考虑整条隧道中变形缝数量较少，专门开设变形缝环用弹性密封垫经济上不甚合算，所以采用①的做法较多。图 8-14 是变形缝用弹性密封垫。

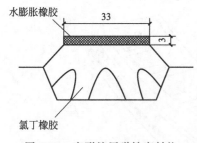

图 8-14　变形缝用弹性密封垫

（3）衬砌接缝嵌缝防水施工

嵌缝作业首先应在盾构千斤顶顶力影响范围外进行。此外，还应考虑隧道的稳定性、隧道挖进等作业的影响。其具体数值视管片结构形式、拼装方式以及盾构设备的类型而定，通常认为在 60～200m。其中泥水平衡式盾构影响最小，约在 60m 左右；土压平衡式盾构在 100m；而挤压式盾构，如网格式挤压盾构在 200m 左右。除此之外，隧道的稳定性还受地面建筑加载、隧道的其他挖掘（如旁通道、泵房）的影响，故在满足工期的前提下，应尽量在隧道趋稳定（通常指沉降量达预计的 80％）后施工。因此，加强现场测试也是至关重要的。

对于地铁盾构隧道的嵌缝应注意两个要素：

① 接触网制式的地铁区间隧道拱顶部悬有机车供电接触网；机车有受电弓，一旦拱部柔性条状嵌缝材料下挂、下坠到"网"与"弓"上，会造成供电短路，危害行车安全等，在权衡利弊后，通常不再嵌缝。

② 管片环、纵面接缝必须留有嵌缝槽。它除了作为渗漏水疏导、引流的备用槽外，也是接缝注浆堵水必需的封缝槽。由于现今极少采用定型嵌缝密封材料，嵌缝槽构造宜为未定型材料不易落出的外窄内宽形式，这细部构造同时应满足管片制作时的脱模要求。

思考题与习题

1. 简述地下工程防水的基本概念和原则。
2. 地下工程防水的类型有哪几种？
3. 简述盾构法施工防水的分类。

第9章 地下工程施工监测

案例导读

某地铁换乘车站深基坑项目位于商业区，周边建筑物较多，地下很多未知管线，施工风险大，技术要求高。车站采用明挖（局部盖挖）顺筑法施工，车站主体围护结构采用钻孔桩＋内支撑＋搅拌桩的支护形式，第一道为钢筋混凝土支撑，第二、三道为钢筋混凝土和钢管混合支撑。基坑安全等级为一级，现场监测项目有桩顶水平位移、桩顶竖向位移、桩身深层水平位移、地表沉降、地下水位、附近建筑物沉降及倾斜、地下管线沉降、支撑轴力、立柱沉降及路面竖向位移监测。故如何实时监测基坑动态、保证支护结构及周边环境安全是本工程的重难点。

讨论

地下工程监测是地下工程施工中的一个重要环节，对于难度大、周边环境如此复杂的地下工程，监测方案应如何选择？如何做到信息化施工以确保施工的安全？

9.1 地下工程监测的意义

地下工程处于岩土介质之中，其变形特性、物理组构、初始应力场分布、温度和水侵蚀效应等众多方面具有明显的非均质性、离散性、非连续性和非线性特点，致使地下工程与地面工程相比在施工、使用阶段表现出相当独特和复杂的力学特征，其变形规律和受力特点很难以纯理论的方法、按一般封闭解的形式予以描述并获得令人满意的解答和结果。借助于现代计算机技术，数值模拟方法具有考虑各种复杂因素、描述材料非线性和几何非线性等的能力及特点，突破了经典弹塑性理论有关介质与材料连续、均质、各向同性和小变形性等假定的限制，使得分析方法及其成果更加贴近工程实际。但由于数值方法在介质力学模型建立、材料参数确定等方面所存在的困难和问题，其分析成果的工程应用还有待于在实践中积累经验，其中通过将分析结果与实测数据进行对照校验，是促使该计算手段日益成熟与可靠的重要途径。

地下工程在施工过程中经常发生支护结构垮塌、周围岩土体塌陷以及建（构）筑物、地下管线等周边环境对象的过大变形或破坏等安全风险事件，因此，在地下工程施工过程中开展工程监测工作十分必要，一方面它可以作为工程建设预测预估的依据，保障建筑物和相邻土层的安全和稳定，另一方面它可以为今后的工程实践提供有价值的经验和第一手资料。

地下工程监测对安全风险事件的预防预报和控制安全风险事件的发生具有十分重要的意义。

9.2　监测方案编制

地下工程施工监测应做到监测方案可行、技术先进、监测质量保证、经济合理，为地下工程信息化施工和优化设计提供可靠依据，确保地下工程施工安全和周边环境安全。在地下工程施工中，由于工程地质水文地质条件、荷载条件、材料性质、周边环境、施工技术或外界其他因素的复杂影响，工程实际情况与理论上常常有差异。在理论分析指导下有计划地进行现场施工监测，对于保证安全，减少不必要的损失尤其重要。

通常地下工程施工监测的目的：一是及时发现不稳定因素；二是验证设计、指导施工；三是分析总结施工经验。

9.2.1　监测方案编制的基础资料

监测方案编制的基础资料主要包括：支护结构设计图，支护结构和主体结构施工方案，地质勘察报告，降水、挖土方案或打桩流程图，1∶500 地形图，1∶500 管线平面图，拟保护对象的建筑结构图，主体地下结构图，最新监测元件和设备样本，国家现行的有关规定、规范、合同协议等，类型相似或相近工程的经验资料。

9.2.2　监测方案的设计原则

① 监测方案应以安全施工为目的。根据不同的工程项目（如打桩、开挖）确定监测对象（基坑、建筑物、管线、隧道等），针对监测对象安全稳定的主要指标进行方案设计。

② 根据监测对象的重要性确定监测等级、规模及内容，项目和测点的布置应能够比较全面地反映监测对象的工作状态。

③ 设计先进的监测系统，应尽量采用先进的测试技术，如计算机技术、遥测技术，积极选用或研制效率高、可靠性强的先进仪器和设备。

④ 为确保提供可靠、连续的监测资料，各监测项目应能相互校验，以利于数值计算、故障分析和状态研究。

⑤ 方案中临时监测项目（测点）和永久监测项目（测点）应相互衔接，一定阶段后取消的临时项目（测点）应不影响长期监测和资料分析。

⑥ 在确保工程安全的前提下，确定传感器布设位置和测量时间，应尽量减少与工程施工的交叉影响。

⑦ 按照国家和地方现行的法律法规及规范规程编制监测方案。

9.2.3　监测方案的编制步骤

监测方案的编制步骤主要为：接受委托、明确监测对象和监测目的；收集编制监测方案所需的基础资料；现场踏勘，了解周围环境；编制监测方案初稿；对监测方案进行校审；完善监测方案。

9.2.4　监测方案的主要内容

监测方案的主要内容包括：工程概况，工程场地条件及周边环境状况，监测目的和依据，监测等级、内容及项目，基准点、监测点的布设与保护，监测方法及精度，监测工期和监测频率，监测报警及异常情况下的监测措施，监测数据处理与信息反馈，监测人员配备，监测仪器设备及检定要求，作业安全及其他管理制度。

9.3　施工监测的组织与实施

9.3.1　监测的前期准备工作

（1）技术准备

监测方案的交底。任务确定后，应提前与建设、设计、监理、施工、市政等部门接触，向他们介绍监测方案，以便得到诸部门的配合和支持。

熟悉监测方案。组织监测人员反复阅读监测方案，明确分工职责，检查各自应有的资料、记录表格是否齐全。

基础资料调查分析。主要包括自然条件调查和技术经济条件调查，前者主要包括监测地区的气温、施工现场地形、工程地质和水文地质、地下障碍物状况、周围建筑物的现状、临近地下工程的监测情况、地下管线的布设等的调查；后者主要包括类似监测项目在国内外的实施情况、施工单位已进行的挖土和支护结构施工的经验和教训、现场水电供应情况、主要监测设备和元件的生产厂家及供货等项的调查。

（2）物资准备

物资准备的工作内容包括监测设备准备、监测元件与材料的准备以及监测施工机具的准备。物资准备的工作程序包括编制各种物资需要量计划、签订物资供应和租赁合同以及确定物资使用时间计划。

（3）人员准备

建立现场监测队伍。根据监测工程的规模、特点和复杂程度，确定现场监测人员的数量和结构组成，遵循合理分工与密切协作的原则，建立有监测经验、能吃苦耐劳、工作效率高的现场监测队伍。

做好人员培训。为顺利完成监测方案所规定的各项监测任务，应对操作人员进行技术方案交底，内容包括元件埋设计划、现场量测计划、技术标准和质量保证措施，以及数据、报告的形式、要求和责任等事项。努力向工作人员提供监测领域的新技术、新工艺，必要时可参观同类监测工程，对新仪器、新工艺进行现场示范，以老带新，不断提高监测队伍的技术素质。

（4）监测现场准备

监测现场准备内容包括：设立现场监测控制网点；监测施工机具进场；测量元件、材料的加工和订货；仪器、仪表的订购或租赁；做好分包安排，签订分包合同；做好拟保护建筑物、构筑物的调查鉴定工作，对可能在地下工程施工中受到影响的建筑物、构筑物的使用历史和现状进行全面调查，对重点保护项目宜请专业单位进行技术鉴定，以便采取相应的监测措施。

9.3.2　监测实施阶段

监测实施一般可分三阶段进行，即测点布设阶段、量测阶段和资料报告整理阶段。

（1）监测元件的检验和率定

最常用的监测元件主要有土压力盒、钢筋应力计、混凝土应变计、轴力计、孔隙水压力计和渗压计等，无论是哪种类型的元件，在埋设前都应从外观检验、防水性检验、压力率定与温度率定等方面进行检验和率定。

（2）观测点布设原则

观测点类型和数量的确定，应结合工程性质、地质条件、设计要求、施工特点、监测费用等因素综合考虑；为验证设计数据而设的测点应布置在设计中的最不利位置和断面，如最大变形、最大内力处，为指导施工而设的测点应布置在相同工况下的最先施工部位，其目的是及时反馈信息，以便修改设计和指导施工；表面变形测点的位置既要考虑反映监测对象的变形特征，又要便于采用仪器进行观测，还要有利于测点的保护；深埋测点（如钢筋计、轴力计、测斜管等）不能影响和妨碍结构的正常受力，不能削弱结构的变形刚度和强度；在实施多项内容测试时，各类测点的布控在时间和空间上应有机结合，力求使同一监测部位能同时反映不同的物理变化量，以便找出其内在联系和变化规律；深层测点的埋设应有一定的提前量，一般不少于30d，以便监测工作开始时，测量元件进入稳定的工作状态；测点在施工过程中若遭破坏，应尽快在原来位置或尽量靠近原来位置处补设测点，以保证该点观测数据的连续性。

（3）观测点的类型与作用

按不同的观测对象、观测目的及不同的测点埋设和量测方法，可将观测点分成七大类，见表9-1。

表 9-1　观测点类型与作用

观测点类型	作用	测试原件	测量仪器
变形观测	①支护结构的表面沉降与位移测量；②地下工程主体结构内部变形的测量；③周围环境(建筑物、管线等)变形测量	沉降标、位移标	经纬仪、水准仪、全站仪
应变观测	①支护结构的应变测量；②地下工程主体结构的应变测量	埋入式混凝土应变计、表面应变计	电阻应变仪、频率接受仪
应力观测	①混凝土结构应力测量；②钢支撑应力测量	钢筋计、轴力计	电阻应变仪、频率接受仪
土压力观测	①作用于支护结构上的侧向土压力测量；②作用于底板的基底反力测量	土压力盒	电阻应变仪、频率接受仪
孔隙水压力观测	①结构渗水压力测量；②孔隙水压力测量	渗压计、孔隙水压计	电阻应变仪、频率接受仪
地下水位观测	地下水位变化测量	水位管	地下水位仪
深层变形观测	①地下结构或土层的深层水平位移；②深层土体的垂直位移；③基坑回弹	测斜管、沉降管、磁环、回弹标	测斜仪、分层沉降仪、钢尺、水准仪

（4）监测系统的选择、调试和管理

监测系统包括人工测试系统与自动化测试系统。不管是人工测试系统还是自动化测试系统，在进入正常工作状态前都应进行系统调试。系统调试可分为两部分，首先是室内单项和联机多项调试，包括利用实验室内各种调试手段和设备对测量元件、仪器仪表以及连成后的系统进行模拟试验；最终的调试是在监测现场安装完毕后的调试，调试目的在于检查系统各部分功能是否正常，传感器、二次仪表和通信设备等的运转是否正常，采集的数据是否可靠，精度能否达到安全监测控制指标的要求等。

（5）监测元件和仪器的选用标准

工程监测是一项长期和连续的工作，量测元件和仪器选用得当是做好监测工作的重要环节。由于监测元件和仪器的工作环境大多是在室外甚至地下，而且埋设好的元件不能置换，因此若元件和仪器选用不当，不仅造成人力、物力的浪费，还会因监测数据的失真导致对工程运行状态的错误判断，很难达到安全监测的目的。监测元件与仪器应该满足可靠性、坚固性、通用性、经济性以及精度与量程等相关要求。

（6）监测警戒值的确定

监测警戒值是监测工作实施前，为确保监测对象安全而设定的各项监测指标的预估最大值。在监测过程中，一旦量测数据超越警戒值，监测部门应在报表中醒目标注，予以报警。

在确定预警值时，应注意监测警戒值必须在监测工作实施前，由建设、设计、监理、施工、市政、监测等有关部门共同商定，列入监测方案；有关结构安全的监测警戒值应满足设计计算中对强度和刚度的要求，一般小于或等于设计值；有关环境保护的警戒值，应考虑保护对象（如建筑物、隧道、管线等）主管部门所提出的确保其安全和正常使用的要求；监测警戒值的确定应具有工程施工可行性，在满足安全的前提下，应考虑提高施工速度和减少施工费用；监测警戒值应满足现行的相关设计、施工的法规、规范等要求；对一些目前尚未明确规定警戒值的监测项目，可参照国内外相似工程的监测资料确定其警戒值；在监测实施过程中，当某一批测值超越警戒值时，除了及时报警外，还应与有关部门共同研究分析，必要时可对警戒值进行调整。

9.4 施工监测内容

地下工程监测对象的选择应在满足工程支护结构安全和周边环境保护要求的条件下，针对不同的施工方法，根据支护结构设计方案、周围岩土体及周边环境条件综合确定。根据《地下铁道工程施工标准》（GB/T 51310—2018），明（盖）挖法围护结构和周围岩土体监测项目与监测点的布设应符合表 9-2 的规定。

表 9-2　明（盖）挖法围护结构和周围岩土体监测项目与监测点的布设

序号	监测对象	监测项目	监测点布设
1	支护结构	桩（墙、边坡）顶竖向位移、水平位移	沿基坑周边支护结构或边坡顶部布设，间距宜为 10～30m；在基坑长短边中部、阳角部位、基坑深浅交界处、周边邻近重要建（构）筑物、重要地下管线及荷载较大部位等应布设监测点
2		桩（墙）体水平位移	沿基坑支护结构布设，间距宜为 20～50m；在基坑长短边中部、阳角部位和其他代表性部位等应布设；宜与桩（墙）顶水平位移测点处于同一位置
3		立柱竖向位移	不应少于立柱总数的 5%，且不应少于 3 根；当基底受承压水影响较大或采用逆作法施工时应适当增加监测数量；宜选择基坑中部、多根支撑交汇处、地质条件复杂处的立柱进行监测
4		支撑内力或轴力	每层支撑的监测数量不宜少于每层支撑总数的 10%，且不应少于 3 根；在支撑体系中起控制作用和基坑深度变化部位的支撑应监测
5		锚杆（索）、土钉拉力	每层锚杆（索）、土钉拉力监测的数量宜分别不少于每层锚杆（索）、土钉总数的 1%～3% 和 0.5%～1%，且每层均不应少于 3 根；应选择受力较大且有代表性的部位布设监测点

序号	监测对象	监测项目	监测点布设
6	支护结构	竖井初期支护净空收敛	沿井壁竖向每3~5m应布设一个监测断面,每个监测断面在竖井长、短边中部布设监测点,且不应少于2条测线
7		桩(墙)应力	在基坑长短边中部、深浅基坑交界处、桩(墙)体背后水土压力较大、地面荷载较大、受力条件复杂等部位应进行监测,测点竖向间距宜为3~5m
8		立柱结构应力	应布设在受力较大的立柱上,沿立柱周边在同一水平面内宜均匀布设4个应变计
9		顶板应力	宜在具有代表性立柱(或边桩)与顶板的刚性连接部位、两根立柱(边桩与立柱)的跨中部位布设,每处应在纵横两个方向上布设
10	周围岩土体	地表竖向位移	沿基坑周边布设监测点不应少于2排,排距宜为3~8m,点间距宜为10~20m;在有代表性的部位设置主监测断面,断面上在基坑每侧监测点数量不宜少于5个
11		地下水位	在降水区域及影响范围内宜分别布设,水位观测孔的数量应满足掌控降水区域和影响范围内地下水动态的要求
12		土体分层竖向位移、水平位移	沿基坑周边布设,间距宜为20~50m;基坑长边中部、阳角处或其他代表性部位等应布设监测点
13		桩(墙)侧向土压力	应布设在围护结构受力较大、土质条件变化较大或其他有代表性的部位;测孔中竖向测点间距宜为2~5m
14		坑底隆起(回弹)	沿基坑长短边中部应按纵、横向布置断面,监测点宜选择在基坑的中央、距坑底边缘1/4坑底宽度处以及其他能反映变形特征的位置;当基底土质软弱、存在承压水时,宜增加监测断面或监测点数量
15		孔隙水压力	监测点宜布设在基坑受孔隙水压力、变形较大、存在饱和软土和易产生液化的粉细砂土层部位;测点竖向布置宜在水压力变化影响深度范围内按土层分布情况布设,间距宜为2~5m,数量不宜少于3个

矿山法支护结构和周围岩土体监测项目与监测点的布设应符合表9-3的规定。

表9-3　矿山法支护结构和周围岩土体监测项目与监测点的布设

序号	监测对象	监测项目	监测点布设
1	支护结构	初支结构拱顶沉降	沿每个导洞轴线方向在隧道拱顶5~30m宜布设一横向监测断面,每个断面宜布设1~3个监测点
2		初支结构底板隆起	监测点宜布设在隧道底部,与拱顶沉降监测点宜对应布设
3		初支结构净空收敛	沿每个导洞轴线方向5~30m宜布设一横向净空收敛监测断面,且宜与拱顶下沉监测点在同一断面上,每个断面宜布设1~3条测线
4		中柱结构竖向位移	应选择有代表性的中柱进行竖向位移监测,每个车站监测数量不应少于中柱总数的10%,且不应少于3根
5		初支结构应力	宜在地质条件、环境条件复杂的部位布设监测断面,每个断面监测点数量宜为15~20个
6		中柱结构应力	应选择有代表性的中柱进行监测,每个车站监测数量不应少于中柱总数的10%,且不应少于3根,在中柱同一水平面内宜均匀布设4个应变计

序号	监测对象	监测项目	监测点布设
7	周围岩土体	地表竖向位移	应沿每条隧道或分部开挖导洞的轴线上方地表布设,点间距宜为 5~15m;应根据环境和地质条件布设横向监测断面,断面间距宜为 10~100m;车站与区间、车站与附属结构、明暗挖等分界部位,以及隧道断面变化、联络通道、施工通道等部位应布设断面;每个断面监测点的数量宜为 7~11 个
8		地下水位	降水区域及影响范围内宜分别布设水位观测孔,数量应满足反映降水区域和影响范围内地下水动态的要求
9		土体分层竖向位移、水平位移	在地层疏松、存在土洞、溶洞等地质条件复杂地段或邻近重要建(构)筑物、地下管线等周边环境条件复杂地段应布设监测点
10		初支结构围岩压力	宜在地质条件、环境条件复杂的部位布设监测断面,每个断面监测点数量宜为 15~20 个,宜与初支结构应力监测点对应布设

盾构法管片结构和周围岩土体监测项目与监测点的布设应符合表 9-4 的规定。

表 9-4　盾构法管片结构和周围岩土体监测项目与监测点的布设

序号	监测对象	监测项目	监测点布设
1	管片结构	竖向位移	盾构始发及接收、联络通道、左右线交叠或邻近、小半径曲线等地段,以及地质条件、环境条件复杂部位应布设竖向位移监测点或监测断面
2		净空收敛	在竖向位移监测点处应布设净空收敛监测断面,收敛监测点宜布设在隧道顶,底部及两侧拱腰处,测线不应少于 2 条
3		管片结构应力	围岩软硬不均、地下水位较高及地层偏压等地质条件或环境条件复杂地段,宜布设管片结构应力监测断面,每个监测断面监测点数量不应少于 5 个;管片结构应力监测点与管片结构净空收敛监测点宜布设于同一断面
4		水平位移	土层偏压或附加荷载地段宜进行水平位移监测,监测点位置及数量应根据实际情况确定
5	周围岩土体	地表竖向位移	监测点应沿盾构隧道轴线上方地表布设,点间距宜为 5~30m;应根据周边环境和地质条件情况布设横向监测断面,断面间距宜为 50~150m;在始发和接收段、联络通道等部位应布设断面,每个断面监测点数量宜为 7~11 个
6		土体分层竖向位移、水平位移	地质条件复杂、特殊性岩土地段,以及邻近重要建(构)筑物、重要地下管线等地段宜布设监测孔及监测点
7		围岩压力	管片外侧围岩压力与管片结构应力监测点布设宜在同一断面;每个监测断面监测点数量不应少于 5 个

　　施工过程中应进行现场巡查,巡查对象包括施工工况、围(支)护结构体系、周围岩土体及周边环境等,并应详细填写巡查记录,发现异常或危险情况应及时报告。

9.5　施工监测方法与技术

9.5.1　水平位移监测

　　地下工程的基坑开挖、盾构推进和顶管施工以及基础工程的压密注浆、打(压)桩施工会产生水平位移。这类水平位移的发生轻者将影响其正常使用功能，重者会导致结构破坏和管线断裂。

测定特定方向的水平位移宜采用小角法、方向线偏移法、视准线法、投点法、激光准直法等大地测量法。采用投点法和小角法时，应对经纬仪或全站仪的垂直轴倾斜误差进行检验，当垂直角超出±3°范围时，应进行垂直轴倾斜改正；采用激光准直法时，应在使用前对激光仪器进行检校；采用方向线偏移法时，对主要监测点，可以该点为测站测出对应基准线端点的边长与角度，求得偏差值；对其他监测点，可选适宜的主要监测点为测站，测出对应其他监测点的距离与方向值，按方向值的变化求得偏差值。

监测仪器和监测方法应满足水平位移监测点坐标中误差和水平位移控制值的要求，且水平位移监测精度应符合表 9-5 的规定。

表 9-5　水平位移监测精度

工程监测等级		一级	二级	三级
水平位移控制值	累计变化量 D'/mm	$D'<30$	$30 \leqslant D'<40$	$D' \geqslant 40$
	变化速率 v_d/(mm/d)	$v_d<3$	$3 \leqslant v_d<4$	$v_d \geqslant 4$
监测点坐标中误差/mm		$\leqslant 0.6$	$\leqslant 0.8$	$\leqslant 1.2$

注：1. 监测点坐标中误差是指监测点相对测站点（如工作基点等）的坐标中误差，为点位中误差的 $1/\sqrt{2}$；

2. 当根据累计变化量和变化速率选择的精度要求不一致时，优先按变化速率的要求确定。

9.5.2　竖向位移监测

竖向位移监测是地下工程监测中最常用的主要监测项目。在地基加固、基坑开挖、盾构掘进等工程的施工过程中都要进行竖向位移监测。竖向位移监测的主要对象有支护结构、周围岩土体、受施工影响的建筑物、周边道路及地下管线、地铁隧道等。

竖向位移监测可采用几何水准测量、电子测距三角高程测量、静力水准测量等方法。监测等级一级时，采用的水准仪视准轴与水准管轴的夹角（i 角）不应大于 10″，监测等级二级时，不应大于 15″，监测等级三级时，不应大于 20″，i 角检校应符合现行国家标准《国家一、二等水准测量规范》GB/T 12897—2006 的有关规定。采用钻孔等方法埋设坑底隆起（回弹）监测标志时，孔口高程宜用水准测量方法测量，高程中误差为±1.0mm，沉降标至孔口垂直距离宜采用经检定的钢尺量测。采用静力水准进行竖向位移自动监测时，设备的性能应满足监测精度的要求，并应符合现行行业标准《建筑变形测量规范》（JGJ 8—2016）的有关规定。采用电子测距三角高程进行竖向位移监测时，宜采用 0.5″～1″级的全站仪和特制觇牌采用中间设站、不量仪器高的前后视观测方法，并应符合现行行业标准《建筑变形测量规范》（JGJ 8—2016）的有关规定。

监测仪器和监测方法应满足竖向位移监测点测站高差中误差和竖向位移控制值的要求，且竖向位移监测精度应符合表 9-6 的规定。

表 9-6　竖向位移监测精度

工程监测等级		一级	二级	三级
竖向位移控制值	累计变化量 S/mm	$S<25$	$25 \leqslant S<40$	$S \geqslant 40$
	变化速率 v_s/(mm/d)	$v_s<3$	$3 \leqslant v_s<4$	$v_s \geqslant 4$
监测点测站高差中误差/mm		$\leqslant 0.6$	$\leqslant 1.2$	$\leqslant 1.5$

注：监测点测站高差中误差是指相应精度与视距的几何水准测量单程一测站的高差中误差。

9.5.3　支护结构变形监测

（1）支护体系的沉降

进行支护结构沉降监测的基准点应设置在距围护结构边缘、取基坑开挖深度 3 倍以外且不小于 50m 的稳定处，由于支撑结构的沉降监测周期一般在半年至一年间，基准点除了按 Ⅲ、Ⅳ 级水准点方法埋设外，也可采用 $\phi20mm$ 以上、长 1.5m 左右的钢筋打入地下，地面用混凝土加固，制成临时基准点或将基准点设在结构坚固且沉降已稳定的建筑物上。

沉降观测点应沿基坑周边布置，周边中部、阳角处应布置监测点，监测点水平距离不宜大于 20m，每边监测点不宜少于 3 个。测点可用 $\phi12mm$ 以上的钝头短钢筋，应在浇筑支护结构混凝土时埋设，露出表面 5～10mm。若预埋测点数量不足或遭破坏时，可用冲击钻钻孔埋设或用射钉枪（必须采用 $\phi8mm$ 以上的射钉）予以补点。

因工地条件限制，一些观测点不能做到前后视距相等，因而水准仪的 i 角不应大于 $\pm10''$。对于面积不大的基坑，只要组成单一水准线路即可，一般要求线路上的最远测点，相对于起始点的高程中误差不应大于 $\pm1.0mm$。对于不在水准线路上的观测点，测站上超过 3 个时应重读后视读数，以作校对，水准线路闭合差不宜超过 $\pm0.3\sqrt{n}\,mm$（$\sqrt{n}$ 为测站数）。

首次观测时，应按同一水准线路同时观测两次，每个测点的两次高程之差不宜超过 $\pm1.0mm$，取中数作为初始值。

观测频率一般为：基坑开挖期间对于开挖区附近的测点应保证每天一次，变化较大或有突变时，应加密观测次数，混凝土底板浇筑一周后可减为每周 1～2 次，拆支撑时适当加密，直至最后一道支撑拆除、填土完成。

（2）支护体系的水平位移

水平位移的监测主要使用经纬仪及觇牌，觇牌基座都应有光学对中器，以提高对中精度，测量中配合使用的还有带圆水准器的 T 形尺和钢卷尺。仪器上的光学对中器、水准器等应定期检查，发现误差及时校正。所用的觇牌最好与测点对号使用，以消除误差。水平位移测量的基准点的埋设方法可参照前述方法。

支护结构上的测点可独立埋设，也可利用沉降观测点，在测点端面锯上十字刻痕或凿出中心位置。观测同一条边所用的测点应尽量埋设在一直线上，以便观测。每次测量时应对其基准点和测点进行检查，保证测量数据的稳定可靠。

水平位移的观测方法很多，可根据现场情况和工程要求灵活应用，下面介绍两种常用测量方法。

① 视准线法。该方法适用于基坑直线边及直线支撑杆体的水平位移的观测，如图 9-1 所示。场地有条件者，可沿基坑某一测量边向后二倍开挖深度距离外设置测站。场地狭小时，可将测站设在基坑围护结构的转角上，所测得的位移值是相对基坑转角处的位移值。当经纬仪架设调平后，在基坑相反方向找一个固定的目标作为后视方向，用带有刻划的读数觇牌或 T 形尺设置在观测点上，读取数值。一般用经纬仪正倒镜 4 次读数，取中数作为一次观测。初始值要测两遍，以保证无误。以后每次观测结果与初始值比较，求得测点的水平位移量。

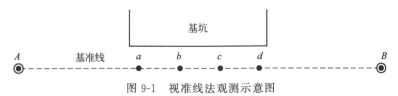

图 9-1　视准线法观测示意图

A、*B*—建筑物两端的工作基点；*a*、*b*、*c*、*d*—位移观测点

② 小角度法。该方法适用于观测点零乱、不在同一直线上的情况，如图 9-2 所示，在离基坑两倍开挖深度距离的地方，选设测站 A，若测站至观测点 T 的距离为 S，则在不小于 $2S$ 的范围之外，选设后方向点 A'。为方便起见，一般可选用建筑物棱边或避雷针等作为固定目标 A'，用 J2 级经纬仪测定 β 角，角度测量的测回数可根据距离 S 及观测点的精度要求而定，一般用 2～4 测回测定，并丈量测站点 A 至观测点 T 的距离。为保证 β 角初始值的正确性，要二次测定。以后每次测定角的变动量，按下式计算 T 的位移量：

$$\Delta T = \frac{\Delta\beta}{\rho} \times S \tag{9-1}$$

式中　$\Delta\beta$——β 角的变动量，($''$)；

　　　ρ——换算常数，$\rho = 3600 \times 180/\pi = 206265$；

　　　S——测站至观测点的距离，mm。

如果按 β 角测定中误差为 $\pm 2''$，S 为 100m，代入上式，则位移值的中误差约为 ± 1mm。

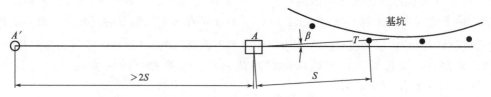

图 9-2　小角度法观测示意图

（3）支护系统的挠曲变形

支护系统的挠曲变形包括围护结构在水平方向的挠曲变形（深层水平位移）和支撑杆件在垂直方向的挠曲变形。围护结构的挠曲变形可通过测斜仪进行测量，支撑杆件的挠曲变形通过水准仪进行测量。下面介绍围护结构的挠曲变形监测（测斜）。

为了真实反映围护结构的挠曲状况，测斜管应尽量埋设在构成围护的桩体或墙体之中，如图 9-3 所示。在围护结构施筑至测点的设计桩位或连续墙的槽段时，测斜管一般采用绑扎方法固定在钢筋笼上与其一起沉入孔（槽）中。由于泥浆的浮力作用，测斜管的绑扎定位必须牢固可靠，以免浇筑混凝土时，使其发生上浮或侧向移动，影响测试数据的准确性。当结构较深，测斜管较长时，还要注意避免测斜管自身的轴向旋转，以保证测出的数据真正反映在基坑边缘垂直平面内的挠曲。在进行测斜管管段连接时，必须将上、下管段的滑槽相互对准，使测斜仪的探头在管内平滑运行。为了防止泥浆从缝隙中渗入管内，接头处应进行密封处理，涂上柔性密封材料或贴上密封条。

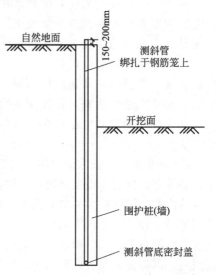

图 9-3　测斜管安装图

9.5.4　支护结构内力监测

支护结构内力监测的目的在于及时掌握基坑开挖施工过程中，支护结构的内力（弯矩、轴力）变化情况。当内力超出设计最大值时，及时采取有效措施，以避免支护结构因内力过大，超过材料的极限强度而导致破坏，引起局部支护系统失稳乃至整个支护系统的失败。支护系统内力监测可分为支撑杆件的轴力监测和围护结构的弯矩监测。

（1）支撑杆件的轴力监测

根据支撑杆件所采用的材料不同，所采用的元件和方法也有所不同，对于目前钢筋混凝土支撑杆件，主要采用钢筋计测量钢筋的应力或采用混凝土应变计测量混凝土的应变，然后通过钢筋与混凝土共同工作、变形协调条件反算支撑的轴力。对于钢结构支撑杆件，目前较普遍的是采用轴力计（亦称反力计）直接测量支撑轴力。

① 监测断面和元件布置形式。对于钢筋混凝土支撑体系，轴力传感器的埋设断面一般选择在轴力比较大的杆件上或在整个支撑系统中起关键作用的杆件上。如果支撑形式是对称的，则可布置在开挖较早、支撑受力较先的一半，以减少元件的数量，降低监测费用。除此之外，选择测量断面亦要兼顾埋设和测量的方便、与基坑施工的交叉影响较小等。当监测断面选定后，传感器应布置在该断面的四个角上或四条边上，以便必要时可计算轴力的偏心距，且在求取平均值时更可靠（考虑个别元件埋设失败或遭施工破坏等情况）。当为了使监测投资更为经济或同一工程中的测量断面较多、每次测量工作时间有限时，也可在一个测量断面上左右对称布置两个测量元件。对于钢结构支撑体系，监测断面一般布置在支撑的两头，以方便施工和测量。

② 钢筋计的布置。钢筋计主要有钢弦式和电阻应变式两种。钢弦式钢筋计应与支撑主筋串联焊接；电阻应变式钢筋计可与主筋串接，也可与主筋保持平行，绑扎或点焊在箍筋上，但传感器两边的钢筋长度应不小于 $35d$（d 为钢筋计钢筋的直径），以备有足够的锚固长度来传递黏结应力。钢筋计一般在绑扎钢筋笼的同时进行焊接，焊接时应采取降温措施，以避免钢筋传热引起钢筋计技术参数的变化。在浇筑混凝土前应对钢筋笼上的钢筋计逐一进行测量检查，并对同一断面的钢筋计进行位置核定、导线编号，最好对不同位置钢筋计选用不同颜色的导线，以便在日后施工中万一碰断导线，还可根据颜色来判断其位置。

（2）围护结构内力监测

围护结构在支护体系中是受弯构件。由于均布荷载水土压力和集中荷载支撑反力的共同作用，围护结构可近似看作是连续梁，在无支撑围护中则可近似看作是悬臂梁。作为梁式构件，其抗弯能力的大小决定了支护体系的稳定和安全，而对围护结构的内力进行监测则可随时掌握结构在施工过程中其最大弯矩是否超出设计值，以便必要时能及时采取安全措施。对于钢筋混凝土围护结构，如连续墙、灌筑桩等可通过钢筋计的应力计算来监测弯矩变化。

围护结构测量断面应选在围护结构中出现弯矩极值的部位。在平面上，可选择围护结构位于两根支撑的跨中部位、开挖深度较大以及水土压力或地面超载较大的地方。在立面上，可选择在支撑处和相邻两层支撑的中间，此处往往发生极大负弯矩和极大正弯矩。若能取得围护结构的弯矩设计值，则可参考最不利工况下的最不利截面位置进行钢筋计的布设，钢筋计应成对布置在钢筋笼的两侧，上下、左右不得偏移。当钢筋笼绑扎完毕后，再将钢筋计串联焊接到受力主筋的预留位置上，并将导线编号后牢固绑扎在钢筋笼上导出地面，从元件引出的测量导线应留有足够的长度，中间不宜有接头。在特殊情况下采用接头时，应采取有效的防水措施。钢筋笼下沉前应对所有钢筋计全数测定，核查焊接位置及编号无误后方可施工。对于桩内的环形钢筋笼，要保证焊有钢筋计的主筋位于开挖时的最大受力位置，即一对钢筋计的水平连线与基坑边线垂直，并保持其在下沉过程中不发生扭曲。钢筋笼焊接时，要对测量电缆遮盖湿麻袋进行保护。浇捣混凝土的导管与钢筋计位置应错开，以免导管上下时损伤测量元件和电缆。电缆露出围护结构顶面时应套上钢管，避免日后凿除浮渣时造成损坏。混凝土浇筑完毕后，应立即复测所有钢筋计，核对编号，并将同一立面上的钢筋计导线接在同一块接线板不同编号的接线柱上，以便日后测量。

9.5.5　地下水土压力和变形监测

要精确计算作用在支护结构上的水土压力和定量计算地下工程施工所引起的地层变形是十分困难的，所以对于重要的地下工程，在较完善的理论计算基础上，通常通过加强对地下环境的监测作为确保地下工程施工安全的有效手段。

（1）土压力监测

土压力监测采用土压力盒。土压力盒有多种形式，按外形可分为竖式和卧式，按用途可分为测量接触面土压力用的单膜式和测量土中土压力用的双膜式。在平面上，土压力盒应紧贴监测对象布置，如挡土结构的表面、被保护建筑的基础、地下隧道的附近，若有其他监测项目如测斜、支护内力等，应布置在相应部位与之匹配，以便进行综合分析；在立面上，应考虑计算土压力的图形，在不同性质的土层中布置土压力盒，监测挡土结构接触面土压力时，可选择在支撑围檩处和二道围檩的中点，以及水平位移最大处布置。

选用土压力盒的一个重要指标就是受压板直径 D 与板中心变形 δ 之比要大，以减小应力集中的影响。研究结果表明：D/δ 的下限，对土中的土压力盒为 2000；对接触式土压力盒为 1000。故测量土中土压力，应采用直径与厚度之比较大的双膜土压力盒；测量接触面土压力，可采用直径与厚度之比较小的单膜土压力盒。

（2）孔隙水压力监测

饱和软黏土受荷后，首先产生的是孔隙水压力的变化或迁移，随后才是颗粒的固结变形，孔隙水压力的变化是土体运动的前兆。通过监测孔隙水压力在施工过程中的变化情况，能及时为控制沉桩速率、开挖、掘进速度等提供可靠依据。同时结合土压力监测，可以进行土体有效应力分析，以此作为土体稳定计算的依据，孔隙水压计的埋设方法与土压力盒基本相同，但还有以下方面需要注意。

①　在确定孔隙水压计量程时，除了按孔深计算孔隙水压力的变化幅度外，还要考虑大气降水或井点抽水等影响因素，以免造成孔隙水压力超出量程或者量程选用过大而影响测量精度。

②　采用钻孔法施工时，原则上不得采用泥浆护壁工艺成孔。如因地质条件差，不得不采用泥浆护壁时，在钻孔完成之后，需用清水洗孔，直至泥浆全部清除为止，接着在孔底填入部分净砂后，将孔隙水压计送至设计标高，再在周围填上约 0.5m 高的净砂作为滤层。

③　封口是孔隙水压计埋设质量好坏的关键工序。封口材料宜使用直径为 $1\sim2cm$、塑性指数 I_p 不小于 17 的干燥黏土球，最好采用膨润土。封口时应从滤层顶一直封至孔口，如在同一钻孔中埋设多个探头，则封至上一个孔隙水压计的深度。

④　如果所测地层土质较软，则可用压入法进行埋设，即用外力将孔隙水压力计缓缓压入土中至设计埋设标高。如土质稍硬，可先用钻孔法钻入一定深度后，再用压入法将探头压送至标高。

⑤　为了将埋设孔隙水压计引起的孔隙水压变化对后期测量数据的影响减小到最低限，孔隙水压计一般应在正式测量开始前一个月进行埋设。

（3）地下水位监测

地下水监测是检验降水方案的实际效果，控制基坑开挖降水对周围地下水位下降的影响范围和程度，检查围护结构的抗渗漏能力，防止地下工程施工中水土流失的重要手段。

检验降水效果的地下水位孔布置在降水区内，采用轻型井点管的可布置在总管的两侧，采用深井降水的应布置在几口深井之间，水位孔的深度应在最低设计水位之下。保护周围环境的水位孔应围绕围护结构和被保护对象或在两者之间进行布置，其深度应在允许最低地下水位之下或根据不透水层的位置而定。

水位孔一般用小型钻机成孔，孔径应略大于水位管的直径。当水位管采用 Φ50mm 时，可取孔径为 Φ100mm。孔径过小会导致下管困难，而孔径过大会使观测产生一定的滞后效应。成孔至设计标高后，放入裹有滤网的水位管，管壁与孔壁之间用净砂回填至离地表 0.5m 处，再用黏土进行封填，以防地表水流入。

水位管选用直径 50mm 左右的钢管或硬质塑料管，管底加盖密封，防止泥沙进入管中。下部留出 0.5～1m 的沉淀段（不打孔）用来沉积滤水段带入的少量泥沙，中部管壁周围钻出 6～8 列直径为 6mm 左右的滤水孔，纵向孔距 50～100mm。相邻两列的孔交错排列，呈梅花状布置。管壁外部包扎过滤层，过滤层可选用土工织物或网纱；上部再留出 0.5～1.5m 作为管口段（不打孔），以保证封口质量。

9.5.6 建筑物变形监测

在城市地下工程施工现场的附近，常有许多各种类型的新老建筑物。进行建筑物变形的监测，目的在于掌握工程施工期间建筑物各个特征部位的变化情况，当建筑物的某一部位或构件变形过大时，可以迅速采取有效的维修加固措施，确保建筑物的结构安全和正常使用。

建筑物的变形监测可分为沉降监测、水平位移监测、倾斜监测和裂缝监测。

（1）建筑物沉降监测

沉降观测点的位置和数量应根据建筑物的体形特征、基础形式、结构种类及地质条件等因素综合考虑。为了反映沉降特征、便于数据分析，测点应埋设在沉降差异较大和施工便利的位置，一般可设置在建筑物的四角（拐角）上、高低悬殊或新旧建筑物连接处、伸缩缝、沉降缝和不同埋深基础的两侧、框架结构的主要柱基或纵横轴线上。对于烟囱、水塔、油罐等高耸构筑物，应沿周边在其基础轴线上的对称位置布点。

沉降观测标志应根据建筑物的构造类型和建筑材料确定，一般可分为墙（柱）标志、基础标志和隐蔽式标志（用于宾馆或商场内）。图 9-4 为各种观测标志的埋设示意图。观测标志埋设完毕后，应待其稳固后方能使用。特殊情况下，也可采用射钉枪、冲击钻将射钉或膨胀螺丝固定在建筑物的表面，涂上红漆作为观测标志。沉降观测标志埋设时应特别注意要保证能在点上垂直置尺和良好的通视条件。

（2）建筑物水平位移监测

当建筑物产生水平位移时，应在其纵横方向上设置观测点及控制点。如在可判断其位移方向的情况下，可只观测此方向上的位移。每次观测时，仪器必须严格对中，平面观测点可用红漆画在墙（柱）上，亦可利用沉降观测点，但要凿出中心点或刻出十字线，并对所使用的控制点进行检查，以防止其变化。水平位移观测可根据现场通视条件，采用视准线法或小角度法。

（3）建筑物倾斜监测

建筑物倾斜度是指建筑物或独立构筑物顶部相对底部或某一段高度范围内上下两点的相对水平位移的投影与高度之比，倾斜监测就是对建筑物的倾斜度、倾斜方向和倾斜速率进行测量。

倾斜监测可根据不同的观测条件和要求选用下列不同的方法：当被测的建筑物具有明显的外部特征点和宽敞的观测场地时，宜选用投点法、测水平角法；当被测建筑物内部有一定的竖向通视条件时，宜选用垂吊法、激光铅直仪观测法；当被测建筑物有较大的结构刚度和基础刚度时，可选用倾斜仪法和差异沉降测定法。

（4）建筑物裂缝监测

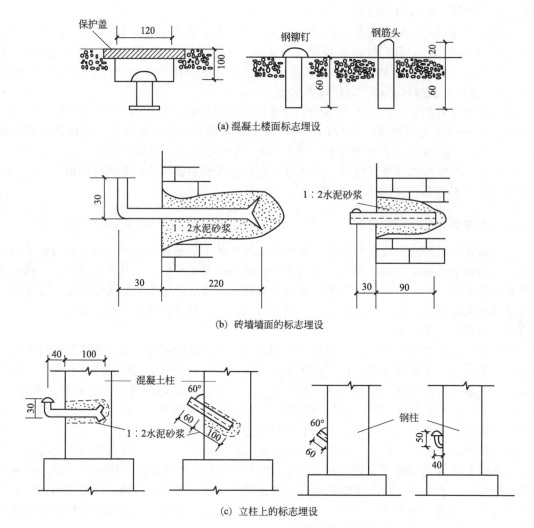

(a) 混凝土楼面标志埋设

(b) 砖墙墙面的标志埋设

(c) 立柱上的标志埋设

图 9-4　建筑物沉降观测标志的埋设

① 裂缝宽度的测量。对于测量精度要求不是很高的部位，如墙面开裂，简易有效的方法是粘贴石膏饼，将 10mm 厚 50mm 宽的石膏饼骑缝粘贴在墙面上，当裂缝继续发展时，石膏饼随之开裂，也可采用画平行线方法测量裂缝的上、下错位；或采用金属片固定法，把两块白铁片分别固定在裂缝两侧，并相互紧贴，再在铁片表面涂上油漆，裂缝发展时，两块铁片逐渐拉开，露出的未涂油漆部分铁片，即为新增的裂缝宽度。裂缝宽度可用裂缝观测仪（可精确至 0.1mm）、小钢尺（可精确至 0.5mm）观测或用裂缝宽度板来对比。

对于精度要求较高的裂缝测量，如混凝土构件的裂缝，应采用仪表进行测量，可以在裂缝两侧粘贴几对手持应变计的头针，用手持式应变计测量，也可以粘贴安装千分表的支座，用千分表测量。当需要连续监测裂缝变化时，还可采用测缝计或传感器自动测计的方法观测。

② 裂缝深度的测量。当裂缝深度不是很大时，可采用凿出法和单面接触超声波法测量裂缝深度。

凿出法就是预先准备易于渗入裂缝的彩色溶液，如墨水等，灌入细小裂缝中，若裂缝走向是垂直的，可用针筒打入，待其干燥或用电吹风加热吹干后，从裂缝的一侧将混凝土渐渐凿除，露出裂缝另一侧，观察是否留有溶液痕迹（颜色）以判断裂缝的深度。

对于不允许损坏被测表面的构件，可采用超声波原理进行测量。如图 9-5 所示，将换能器对称置于裂缝两侧，其距离为 $2x$，超声波从发射探头出发，绕裂缝末端到达接收探头所需时间为 T_1。另外，将探头以 $2x$ 的距离平置在无裂缝、表观完好的混凝土表面，测得传播时间为 T_0，则可得裂缝深度 h 为：

$$h = x \sqrt{\left(\frac{T_1}{T_0}\right) - 1} \tag{9-2}$$

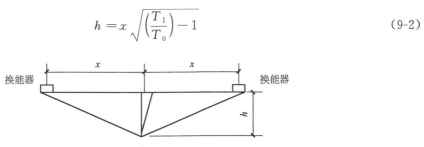

图 9-5　浅层垂直裂缝深度的测量

当裂缝发展很深时，可采用取芯法和钻孔超声波法测量裂缝深度。取芯法是用钻芯机配上人造金刚石（空心薄壁）钻头，跨于裂缝之上沿裂缝面由表向里进行钻孔取芯。当一次取芯未及裂缝深度时，可换直径小一号的钻头继续往里取，直至裂缝末端出现，然后将取出的岩心拼接起来，量测裂缝深度。

钻孔超声波探测法如图 9-6 所示。在裂缝两侧各钻一个孔，清理后充水作为耦合介质，若是垂直走向的裂缝，孔口要采取密封措施。将换能器置于钻孔中，在钻孔的不同深度上进行对测，根据接收信号的振幅突变情况来判断裂缝末端的深度。

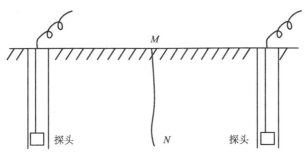

图 9-6　深缝的测量

9.5.7　地下管线变形监测

地下管线是城市建设和人民生活正常进行的重要保证，一旦遭到破坏，将会给国家和人民带来不可估量的损失。

由于地下工程不可避免地要对土体产生扰动，因而埋设在土层中的地下管线会随土体变形，产生竖向位移和水平位移。地下管线变形监测的目的在于：根据观测数据，掌握地下管线的位移量和变化速率，及时调整施工方案，采取有效防范措施，保证地下管线的安全和正常使用，确保地下工程的顺利施工。

目前地下管线测点主要有以下三种设置方法：

（1）抱箍式

由扁铁做成抱箍固定在管线上，抱箍上焊一测杆，如图 9-7 所示。测杆顶端不应高出地面，路面处布置阴井，既用于测点保护，又便于道路交通正常通行。抱箍式测点的特点是监

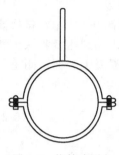

图 9-7　抱箍式测点

测精度高，能如实反映管线的位移情况，但埋设时必须进行开挖，且要挖至管底，对于交通繁忙的路段影响甚大。抱箍式测点主要用在一些次要的干道和十分重要的管道，如高压煤气管、压力水管等。

（2）直接式

用敞开式开挖和钻孔取土的方法挖至管顶表面，露出管线接头或闸门开关，利用凸出部位涂上红漆或粘贴金属物（如螺帽等）作为测点。直接式测点主要用于沉降监测，其特点是开挖量小，施工便捷，但若管线埋深较大，易受地下水位或地面积水的影响，造成立尺困难，影响测量精度。直接式测点适用于埋深浅、管径较大的地下管线。

（3）模拟式

对于地下管线排列密集且管底标高相差不大或因种种原因无法开挖的情况，可采用模拟式测点，方法是选有代表性的管线，在其邻近打一直径 100mm 的钻孔，如表面有硬质路面应先将其穿透（孔径大于 50mm 即可）、孔深至管底标高，取出浮土后用砂铺平孔底，先放入直径不小于 50mm 的钢板一片，以增大接触面积，然后放入直径 20mm 的钢筋一根作为测杆，周围用净砂填实。模拟式测点的特点是简便易行，避免了道路开挖对交通的影响，但因测得的是管底地层的位移，模拟性强，精度较低。

上述三种形式的测点均可用于竖向位移监测。抱箍式和直接式亦可用于水平位移的测量，但应注意抱箍式测点的测杆周围不得回填，否则会引起数据出错。

在管线位移监测中，由于允许位移量比较小，一般在 10～20mm，故应使用精度较高的仪器和测量方法，如采用精密水准仪和钢钢尺测量竖向位移。测量水平位移用的经纬仪应有光学对中装置。计算位移值时应精确至 0.1mm，同时应将同一点上的竖向位移值和水平位移值进行矢量和的叠加，求出最大值，与允许值进行比较。当最大位移值超出报警值时应及时报警，并会同有关方面研究对策，同时加密测量频率，防止意外突发事故，直至采取有效措施。

思考题与习题

1. 为什么要进行地下工程监测？
2. 简述地表竖向位移监测的常用方法。
3. 支护结构监测实施方法有哪些要点？

参考文献

[1] 杜华林,于全胜,黄守刚,等.盖挖地铁车站施工安全技术与风险控制 [M].北京:中国铁道出版社,2016.

[2] 付厚利,王清标,赵景伟.地下工程施工技术 [M].武汉:武汉大学出版社,2016.

[3] 向伟明.地下工程设计与施工 [M].北京:中国建筑工业出版社,2013.

[4] 重庆大学,同济大学,哈尔滨工业大学.土木工程施工 [M].北京:中国建筑工业出版社,2015.

[5] 地下工程盖挖法施工规程:JGJ/T 364—2016 [S].北京:中国建筑工业出版社,2016.

[6] 地下铁道工程施工标准:GB/T 51310—2018 [S].北京:中国建筑工业出版社,2018.

[7] 张广兴.地下工程施工技术 [M].武汉:武汉大学出版社,2017.

[8] 姜玉松.地下工程施工技术 [M].武汉:武汉理工大学出版社,2008.

[9] 徐颖,孟益平,吴德义.爆破工程 [M].武汉:武汉大学出版社,2014.

[10] 刘勇,朱永全.地下空间工程 [M].北京:机械工业出版社,2014.

[11] 朱永全,宋玉香.隧道工程 [M].北京:中国铁道出版社,2005.

[12] 夏明耀,曾进伦.地下工程设计施工手册 [M].北京:中国建筑工业出版社,2014.

[13] 王长柏,汪鹏程.隧道工程 [M].武汉:武汉大学出版社,2014.

[14] 关宝树.隧道工程施工要点集 [M].北京:人民交通出版社,2011.

[15] 关宝树,杨其新.地下工程概论 [M].成都:西南交通大学出版社,2001.

[16] 王梦恕.地下工程浅埋暗挖技术通论 [M].合肥:安徽教育出版社,2004.

[17] 王梦恕.中国隧道及地下工程修建技术 [M].北京:人民交通出版社,2010.

[18] 城市轨道交通土建重点施工工艺——矿山法:20T107-2 [S].北京:中国计划出版社,2020.

[19] 肖树芳,杨淑碧,佴磊,等.岩体力学 [M].北京:地质出版社,2016.

[20] 霍润科.隧道与地下工程 [M].北京:中国建筑工业出版社,2011.

[21] 公路桥涵地基与基础设计规范:JTG 3363—2019 [S].北京:人民交通出版社,2019

[22] 张凤祥,朱合华,付德明.盾构隧道 [M].北京:人民交通出版社,2004.

[23] 工程岩体分级标准:GB/T 50218—2014 [S].北京:中国计划出版社,2015.

[24] 公路隧道设计规范 第一册 土建工程:JTG 3370.1—2018 [S].北京:人民交通出版社,2019.

[25] 公路隧道施工技术规范:JTG/T 3660—2020 [S].北京:人民交通出版社,2020.

[26] 岩土锚杆与喷射混凝土支护工程技术规范:GB 50086—2015 [S].北京:中国计划出版社,2016.

[27] 铁路隧道设计规范:TB 10003—2016 [S].北京:中国铁道出版社,2017.

[28] 地铁设计规范:GB 50157—2013 [S].北京:中国建筑工业出版社,2014.

[29] 吴俊.盾构刀具与岩土体力学相互作用及磨损研究 [D].北京交通大学,2020.

[30] 爆破安全规程:GB 6722—2014 [S].北京:中国标准出版社,2015.

[31] 水工隧洞设计规范:SL 279—2016 [S].北京:中国水利水电出版社,2016.

[32] 李慧民,田卫,郭海东,等.城市地下工程施工安全预警系统构建指南 [M].北京:冶金工业出版社,2018.

[33] 王晓龙.一种TBM支撑-推进-换步机构静刚度分析与设计方法研究 [D].天津:天津大学,2018.

[34] 隧道工程防水技术规范:CECS 370:2014 [S].北京:中国计划出版社,2014.

[35] 盾构法隧道施工及验收规范:GB 50446—2017 [S].北京:中国建筑工业出版社,2017.

[36] 陈浩.TBM掘进效率与围岩相关性研究 [D].成都:西南交通大学,2010.

[37] 袁文华.地下工程施工技术 [M].武汉:武汉大学出版社,2014.

[38] 白云,丁志诚,刘千伟.隧道掘进机施工技术 [M].北京:中国建筑工业出版社,2013.

[39] 曹净,张庆.地下空间工程施工技术 [M].北京:中国水利水电出版社,2014.

[40] 全断面隧道掘进机 单护盾岩石隧道掘进机:GB/T 34653—2017 [S].北京:中国标准出版社,2018.

[41] 刘统.硬岩隧道掘进机位姿调控及刀盘驱动技术研究 [D].杭州:浙江大学,2018.

[42] 郭院成.城市地下工程概论 [M].郑州:黄河水利出版社,2014.

[43] 杨硕.深部复合地层TBM隧道支护作用机理与稳定控制研究 [D].合肥:中国矿业大学,2020.

[44] 双护盾岩石隧道掘进机:JB/T 13672—2019 [S].北京:机械工业出版社,2020.

[45] 陈志敏,欧尔峰,马丽娜.隧道及地下工程 [M].北京:清华大学出版社,2014.

[46] 王怀东,彭红霞.从仑头—生物岛沉管隧道浅谈混凝土管段的防水设计 [J].现代隧道技术,2006(03):18-22.

[47] 杨世东,贺伟国,宋承诚.仑头—生物岛沉管隧道岸上最终接头设计 [J].隧道建设,2005(05):31-34.

[48] 何毅.内河中游南昌红谷沉管隧道施工关键技术 [J].隧道建设,2016,36(09):1085-1094.

地下工程施工

[49] 崔玉国，陈旺．南昌红谷沉管隧道短管节干坞内拉合对接施工技术 [J]．隧道建设，2017，37（06）：735-741.

[50] 郭俊，吴刚，沈永芳，等．南昌红谷隧道基础灌砂施工工艺的模型试验研究 [J]．现代隧道技术，2017，54（06）：56-62.

[51] 姚怡文，吴刚，李志军，等．大型内河沉管隧道基础灌砂模型试验及效果检测技术研究 [J]．隧道建设，2016，36（09）：1060-1070.

[52] 高翔，吴德兴，郭霄．宁波甬江沉管隧道建设和运营维护 [J]．隧道建设，2015（S2）：209-214.

[53] 邓建林．沈家门港海底沉管隧道浮运、沉放施工控制技术 [J]．隧道建设，2015，35（09）：914-919.

[54] 胡指南，杨鹏，单超，等．沉管隧道 GINA 止水带结构形式对比研究 [J]．隧道建设，2014，34（10）：937-943.

[55] 陈海军．沉管隧道主体结构设计关键技术分析研究 [J]．隧道建设，2007（01）：46-50＋69.

[56] 冯海暴，苏长玺．沉管隧道基础处理方法研究分析 [J]．现代隧道技术，2019，56（01）：33-38.

[57] 杨文武．沉管隧道工程技术的发展 [J]．隧道建设，2009，29（04）：397-404.

[58] 陈越．沉管隧道技术应用及发展趋势 [J]．隧道建设，2017，37（04）：387-393.

[59] 吴瑞大，任朝军，吕黄，等．沉管隧道管节沉放施工技术 [J]．水运工程，2015（02）：150-155.

[60] 林巍，张志刚．海中沉管隧道回填防护设计的讨论 [J]．中国港湾建设，2013（05）：29-33.

[61] 段进涛，董毓利，朱三凡，等．港珠澳大桥沉管隧道的横截面承载力分析 [J]．华侨大学学报（自然科学版），2020，41（01）：8-18.

[62] 李志军，王秋林，陈旺，等．中国沉管法隧道典型工程实例及技术创新与展望 [J]．隧道建设（中英文），2018，38（06）：879-894.

[63] 葛春辉．顶管工程设计与施工 [M]．北京：中国建筑工业出版社，2012.

[64] 给水排水管道工程施工及验收规范：GB 50268—2008 [S]．北京：中国建筑工业出版社，2009.

[65] 给水排水工程顶管技术规程：CECS 246：2008 [S]．北京：中国建筑工业出版社，2008.

[66] 任建喜．地下工程施工技术 [M]．西安：西北工业大学出版社，2012.

[67] 魏纲，魏新江，徐日庆．顶管工程技术 [M]．北京：化学工业出版社，2011.

[68] 建筑基坑工程监测技术标准：GB 50497—2019 [S]．北京：中国计划出版社．2019.

[69] 夏明耀，地下工程设计施工手册．北京：中国建筑工业出版社，2014.

[70] 地下工程防水技术规范：GB 50108—2008 [S]．北京：中国计划出版社，2008.

[71] 沈春林．地下工程防水设计与施工．第 2 版．北京：化学工业出版社，2016.

210